Python

数据结构与算法

（视频教学版）

孙玉胜　陈　锐　张志锋　著

清華大學出版社
北京

内 容 简 介

数据结构与算法是计算机、软件工程、大数据、人工智能等专业非常重要的一门专业基础和核心课程。本书内容全面，通俗易懂，所选案例典型，结构清晰，重点难点突出，所有算法均采用 Python 实现，示例可直接运行。本书配套示例源码、PPT 课件、教学视频、教学大纲、作者 QQ 群答疑服务。

本书共分 8 章，内容包括数据结构与算法概述，线性表，栈和队列，串、数组与广义表，树和二叉树，图，查找，排序。

本书适合 Python 数据结构与算法的初学者、Python 软件开发人员，可作为备考计算机专业研究生和软考人员学习数据结构与算法的参考书，也可作为高等院校计算机、软件工程、大数据等相关专业学生学习数据结构与算法的教材。

图书在版编目（CIP）数据

Python 数据结构与算法：视频教学版/孙玉胜，陈锐，张志锋著. 一北京：清华大学出版社，2022.11（2024.8 重印）
ISBN 978-7-302-62165-2

Ⅰ. ①P… Ⅱ. ①孙… ②陈… ③张… Ⅲ. ①软件工具－程序设计 Ⅳ. ①TP311.561

中国版本图书馆 CIP 数据核字（2022）第 213237 号

责任编辑：夏毓彦
封面设计：王　翔
责任校对：闫秀华
责任印制：曹婉颖

出版发行：清华大学出版社
　　　　　网　　　址：http://www.tup.com.cn，http://www.wqbook.com
　　　　　地　　　址：北京清华大学学研大厦 A 座　　　　　邮　　编：100084
　　　　　社 总 机：010-83470000　　　　　　　　　　　邮　　购：010-62786544
　　　　　投稿与读者服务：010-62776969，c-service@tup.tsinghua.edu.cn
　　　　　质 量 反 馈：010-62772015，zhiliang@tup.tsinghua.edu.cn

印 装 者：三河市铭诚印务有限公司
经　　销：全国新华书店
开　　本：190mm×260mm　　　　　印　张：19　　　　　字　　数：512 千字
版　　次：2022 年 12 月第 1 版　　　　印　次：2024 年 8 月第 4 次印刷
定　　价：79.00 元

产品编号：091275-02

前　　言

数据结构是高等院校计算机科学与技术、软件工程、大数据、人工智能等专业的一门重要的专业基础课程，是算法设计与分析、人工智能、机器学习、编译原理等众多后续课程的重要基础，它对软件开发具有举足轻重的作用。目前，在使用计算机的各种软件时，都需要处理各种数据，而这些软件的设计都需要研究数据之间关系的表示与处理，这正是数据结构的研究内容。数据结构是计算机、软件工程大多数专业课程的核心基础，直接决定着其他专业课程的学习效果。通过学习数据结构，可为算法设计和软件开发等方面课程的学习打下坚实的知识基础。

本书比较系统地介绍数据结构中的线性结构、树结构、图结构及查找、排序技术，阐述各种数据结构的逻辑关系，讨论它们在计算机中的存储表示及其运算。本书理论与实践并重，结合教学工作实际，除了对数据结构中的抽象概念和数据类型的基本运算进行详细讲解外，还通过丰富的图表和实例、完整的代码讲解算法的应用，帮助读者理解每种数据类型常见的基本操作及其具体应用案例的算法思想，使其学会运用数据结构知识解决日常生活中的实际问题。本书主张通过算法实现来强化对算法的理解，因此，不仅精选了一些涵盖知识点丰富且具有代表性的案例，还挑选了部分历年考研试题作为课后习题，所有算法均采用 Python 语言给出完整实现，方便读者学习和理解，从而巩固所学知识点。

由于 Python 语言强大的第三方工具库、开发快捷、擅长数据分析与处理等优势，被广泛应用于人工智能、机器学习、大数据分析与处理，且已成为最主流的开发语言之一，是数据分析与处理的首选工具。国内各高校均开设了 Python 语言程序设计课程，因此，本书采用 Python 语言作为描述语言，也为读者学习人工智能、机器学习、大数据分析与处理打下牢固的基础。

本书内容

本书共分为 8 章，内容分别为数据结构与算法概述，线性表，栈与队列，串、数组与广义表，树，图，查找和排序。

第 1 章：如果读者刚接触数据结构，这一章将告诉你数据结构是什么，以及本书的学习目标、学习方法和学习内容。另外，这一章还介绍了本书对算法的描述方法。

第 2 章：主要介绍线性表。首先讲解线性表的逻辑结构，然后介绍线性表的各种常用存储结构，在每一节均给出了算法的具体应用。通过学习本章内容，读者可以掌握顺序表、动态链表的基本操作及应用。

第 3 章：主要介绍操作受限的线性表——栈和队列，内容包括栈的定义，栈的基本操作及栈与递归的转化，队列的概念，顺序队列和链式队列的运算。

第 4 章：主要介绍串、数组与广义表。串是另一种特殊的线性表，数组和队列可看作线性表的推广。首先介绍串的概念、串的各种存储表示及串的模式匹配算法，然后介绍数组的概念、数组（矩阵）的存储结构及运算、特殊矩阵，最后介绍广义表的概念、表示与存储方式。

第 5 章：主要介绍非线性数据结构——树和二叉树。首先介绍树和二叉树的概念，然后介绍树和二叉树的存储表示、二叉树的性质、二叉树的遍历和线索化、树、森林与二叉树的转换及哈夫曼树。

第 6 章：主要介绍非线性数据结构——图。首先介绍图的概念和存储结构，然后介绍图的遍历、最小生成树、拓扑排序、关键路径及最短路径。

第 7 章：主要介绍数据结构的常用技术——查找。首先介绍查找的概念，然后结合具体实例介绍各种查找算法，并给出完整的实现代码。

第 8 章：主要介绍数据结构的常用技术——排序。首先介绍排序的相关概念，然后介绍各种排序技术，并给出具体的实现算法。

资源下载

本书提供配套的教学资源，包括示例源码、PPT 课件、教学视频、教学大纲、作者 QQ 群答疑服务。读者可用微信扫描右侧二维码下载。如果发现问题或者有任何建议，可通过邮件与作者联系，电子邮箱为 booksaga@163.com，邮件主题写"Python 数据结构与算法：视频教学版"。

本书作者与鸣谢

参与本书编写的有孙玉胜、陈锐、张志锋、郑倩、崔建涛、刘育熙、桑永宣。

在本书的出版过程中，得到了郑州轻工业大学和清华大学出版社的大力支持，在此表示衷心感谢。尤其感谢清华大学出版社的编辑们对于本书顺利出版所做的辛勤工作。

在本书编写的过程中，参阅了大量的相关教材、著作，个别案例也参考了网络资源，在此向各位原著者致敬！

由于作者水平有限，书中难免存在一些不足之处，恳请读者批评指正。

编　者

2022 年 9 月

目　　录

第1章　数据结构与算法概述 ·· 1

1.1　为什么要学习数据结构 ··· 1

1.2　基本概念和术语 ·· 3

1.3　数据的逻辑结构与存储结构 ··· 4

    1.3.1　逻辑结构 ··· 5

    1.3.2　存储结构 ··· 5

1.4　抽象数据类型及其描述 ··· 6

    1.4.1　什么是抽象数据类型 ·· 6

    1.4.2　抽象数据类型的描述 ·· 7

1.5　算法 ··· 9

    1.5.1　数据结构与算法的关系 ··· 9

    1.5.2　什么是算法 ·· 9

    1.5.3　算法的5大特性 ·· 10

    1.5.4　算法的描述 ··· 10

1.6　算法分析 ·· 12

    1.6.1　算法设计的4个目标 ··· 12

    1.6.2　算法效率评价 ·· 13

    1.6.3　算法时间复杂度 ··· 14

    1.6.4　算法的空间复杂度 ·· 16

1.7　学好数据结构的秘诀 ··· 17

1.8　习题 ··· 19

第2章　线性表 ··· 21

2.1　线性表的定义及抽象数据类型 ··· 21

    2.1.1　线性表的定义 ·· 21

2.1.2 线性表的抽象数据类型 ·· 22

2.2 线性表的顺序表示与实现 ·· 23

2.2.1 线性表的顺序存储 ·· 23

2.2.2 顺序表的基本运算 ·· 24

2.2.3 基本操作性能分析 ·· 27

2.2.4 顺序表应用举例 ·· 27

2.3 线性表的链式表示与实现 ·· 30

2.3.1 单链表的存储结构 ·· 30

2.3.2 单链表上的基本运算 ·· 32

2.3.3 单链表应用举例 ·· 35

2.3.4 循环单链表 ·· 37

2.3.5 双向链表 ·· 40

2.4 一元多项式的表示与相乘 ·· 42

2.4.1 一元多项式的表示 ·· 43

2.4.2 一元多项式相乘 ·· 43

2.5 小结 ·· 47

2.6 习题 ·· 47

第3章 栈与队列 ·· 52

3.1 栈的表示与实现 ·· 52

3.1.1 栈的定义 ·· 52

3.1.2 栈的抽象数据类型 ·· 53

3.1.3 顺序栈 ·· 54

3.1.4 链栈 ·· 58

3.2 栈的应用 ·· 60

3.2.1 进制转换 ·· 60

3.2.2 行编辑程序 ·· 61

3.2.3 算术表达式求值 ·· 62

3.3 栈与递归 ·· 68

3.3.1 递归 ·· 68

3.3.2　消除递归 ·· 71

3.4　队列的表示与实现 ··· 73

3.4.1　队列的定义 ·· 74

3.4.2　队列的抽象数据类型 ··· 74

3.4.3　顺序队列 ··· 75

3.4.4　顺序循环队列 ·· 76

3.4.5　双端队列 ··· 79

3.4.6　链式队列 ··· 79

3.4.7　链式队列的实现 ··· 81

3.5　队列的应用 ··· 82

3.5.1　队列在杨辉三角中的应用 ·· 82

3.5.2　队列在回文中的应用 ··· 84

3.6　小结 ··· 86

3.7　习题 ··· 87

第4章　串、数组与广义表 ··· 91

4.1　串的定义及抽象数据类型 ·· 91

4.1.1　什么是串 ··· 91

4.1.2　串的抽象数据类型 ·· 92

4.2　串的存储表示 ·· 94

4.2.1　串的顺序存储结构 ·· 94

4.2.2　串的链式存储结构 ·· 94

4.2.3　顺序串应用举例 ··· 95

4.3　串的模式匹配 ·· 97

4.3.1　朴素模式匹配算法——Brute-Force ··································· 97

4.3.2　改进算法——KMP 算法 ·· 99

4.3.3　模式匹配应用举例 ·· 104

4.4　数组的定义及抽象数据类型 ··· 105

4.4.1　数组的基本概念 ·· 105

4.4.2　数组的抽象数据类型 ·· 106

4.4.3　数组的顺序存储结构··106

4.4.4　特殊矩阵的压缩存储··108

4.4.5　稀疏矩阵的压缩存储··110

4.5　广义表··118

4.5.1　什么是广义表··118

4.5.2　广义表的抽象数据类型··119

4.5.3　广义表的头尾链表表示··119

4.5.4　广义表的扩展线性链表表示···120

4.6　小结···121

4.7　习题···121

第5章　树··126

5.1　树的定义和抽象数据类型···126

5.1.1　树的定义···126

5.1.2　树的逻辑表示···128

5.1.3　树的抽象数据类型···129

5.2　二叉树的定义、性质和抽象数据类型··130

5.2.1　二叉树的定义···130

5.2.2　二叉树的性质···131

5.2.3　二叉树的抽象数据类型··133

5.2.4　二叉树的存储表示···134

5.3　二叉树的遍历···137

5.3.1　二叉树遍历的定义···137

5.3.2　二叉树的先序遍历···137

5.3.3　二叉树的中序遍历···139

5.3.4　二叉树的后序遍历···141

5.4　二叉树的线索化···143

5.4.1　二叉树的线索化定义··143

5.4.2　二叉树的线索化算法实现···144

5.4.3　线索二叉树的遍历···145

　　　5.4.4　线索二叉树的应用举例 ···················· 146

　5.5　树、森林与二叉树 ·························· 149

　　　5.5.1　树的存储结构 ························· 149

　　　5.5.2　树转换为二叉树 ······················· 151

　　　5.5.3　森林转换为二叉树 ······················ 153

　　　5.5.4　二叉树转换为树和森林 ···················· 153

　　　5.5.5　树和森林的遍历 ······················· 154

　5.6　并查集 ····························· 155

　　　5.6.1　并查集的定义 ························· 155

　　　5.6.2　并查集的实现 ························· 156

　　　5.6.3　并查集的应用 ························· 159

　5.7　哈夫曼树 ···························· 160

　　　5.7.1　哈夫曼树的定义 ······················· 160

　　　5.7.2　哈夫曼编码 ·························· 162

　　　5.7.3　哈夫曼编码算法的实现 ···················· 163

　5.8　小结 ····························· 166

　5.9　习题 ····························· 167

第6章　图 ······························· 172

　6.1　图的定义与相关概念 ························ 172

　　　6.1.1　图的定义 ··························· 172

　　　6.1.2　图的相关概念 ························· 173

　　　6.1.3　图的抽象数据类型 ······················ 175

　6.2　图的存储结构 ·························· 177

　　　6.2.1　邻接矩阵表示法 ······················· 177

　　　6.2.2　邻接表表示法 ························· 179

　　　6.2.3　十字链表 ··························· 183

　　　6.2.4　邻接多重表 ·························· 184

　6.3　图的遍历 ···························· 185

　　　6.3.1　图的深度优先遍历 ······················ 185

6.3.2 图的广度优先遍历 188

6.4 图的连通性问题 190

6.4.1 无向图的连通分量与生成树 190

6.4.2 最小生成树 191

6.5 有向无环图 197

6.5.1 AOV 网与拓扑排序 197

6.5.2 AOE 网与关键路径 200

6.6 最短路径 206

6.6.1 从某个顶点到其余各顶点的最短路径 206

6.6.2 每一对顶点之间的最短路径 212

6.7 图的应用举例 216

6.7.1 距离某个顶点的最短路径长度为 k 的所有顶点 216

6.7.2 求图中顶点 u 到顶点 v 的简单路径 219

6.8 小结 221

6.9 习题 221

第 7 章 查找 226

7.1 查找的基本概念 226

7.2 静态查找 227

7.2.1 顺序表的查找 227

7.2.2 有序顺序表的查找 228

7.2.3 索引顺序表的查找 231

7.3 动态查找 232

7.3.1 二叉排序树 232

7.3.2 平衡二叉树 237

7.4 B-树与 B+树 244

7.4.1 B-树 245

7.4.2 B+树 252

7.5 哈希表 252

7.5.1 哈希表的定义 252

7.5.2　哈希函数的构造方法 ·· 253

7.5.3　处理冲突的方法 ·· 254

7.5.4　哈希表查找与分析 ·· 256

7.5.5　哈希表应用举例 ·· 257

7.6　小结 ·· 260

7.7　习题 ·· 261

第8章　排序 　264

8.1　排序的基本概念 ·· 264

8.2　插入排序 ·· 265

8.2.1　直接插入排序 ··· 265

8.2.2　折半插入排序 ··· 266

8.2.3　希尔排序 ·· 267

8.2.4　插入排序应用举例 ·· 268

8.3　选择排序 ·· 269

8.3.1　简单选择排序 ··· 269

8.3.2　堆排序 ··· 270

8.4　交换排序 ·· 275

8.4.1　冒泡排序 ·· 275

8.4.2　快速排序 ·· 277

8.4.3　交换排序应用举例 ·· 279

8.5　归并排序 ·· 282

8.6　基数排序 ·· 283

8.6.1　基数排序算法 ··· 284

8.6.2　基数排序应用举例 ·· 286

8.7　小结 ·· 289

8.8　习题 ·· 290

参考文献　292

第1章

数据结构与算法概述

数据结构是计算机、软件工程、大数据、人工智能等专业至关重要的专业基础课和核心课程，是今后学习编译原理、操作系统、人工智能、机器学习等课程和从事计算机软件开发的重要基础，它主要研究数据在计算机中的存储表示和对数据的处理方法。

近年来，随着计算机技术的快速发展，数据规模呈现几何级增长，数据类型也变得多样化，实际的软件开发需要处理的数据日趋复杂，数据结构在人工智能、大数据技术飞速发展的今天显得尤为重要。要想编写出好的程序，不仅需要选择好的数据结构，还要有高效的算法。数据结构与算法往往是紧密联系在一起的。本章旨在让读者对数据结构有个总体上的把握，首先介绍数据结构的相关概念，接着介绍什么是抽象数据类型及抽象数据类型的描述方法，然后介绍数据的逻辑结构与存储结构，最后介绍算法的定义、算法的描述方法、算法设计的要求以及如何分析算法的效率高低。

学习目标：

- 数据结构的相关概念
- 数据的逻辑结构与存储结构
- 抽象数据类型描述
- 算法的时间复杂度和空间复杂度

1.1 为什么要学习数据结构

1. 数据结构的前世今生

数据结构作为一门独立的课程是从 1968 年开始在美国设立的。1968 年，算法和程序设计技术的先驱，美国的唐·欧·克努特（Donald Ervin Knuth）教授开创了数据结构的最初体系，他所著的《计算机程序设计艺术》第一卷《基本算法》是第一本较系统地阐述数据的逻辑结构和存储结构及其操作的著作。从 20 世纪 60 年代末到 70 年代初，随着大型程序的出现，软件也相对独立，结构化程序设计成为程序设计方法学的主要内容，数据结构显得越来越重要。

从 20 世纪 70 年代中期到 80 年代，各种版本的数据结构著作相继出现。目前，数据结构的发展并未就此止步，随着大数据和人工智能时代的到来，数据结构开始在新的应用领域发挥重要作用。面对爆炸性增长的数据和计算机技术的发展，人工智能、大数据、机器学习等各应用领域中需要处理的大量多维数据就需要对数据进行组织和处理，数据结构的重要性不言而喻。

高德纳（Donald Ervin Knuth）写出了计算机科学理论与技术的经典巨著《计算机程序设计艺术》（The Art of Computer Programming）（共五卷），该著作被《美国科学家》杂志列为 20 世纪最重要的 12 本物理科学类专著之一，与爱因斯坦《相对论》、狄拉克《量子力学》、理查•费曼《量子电动力学》等经典比肩。因此，高德纳在他 36 岁时就荣获 ACM 1974 年年度的图灵奖，迄今为止，他仍然是最年轻的图灵奖获得者纪录保持者。高德纳肖像如图 1.1 所示。

图 1.1　高德纳肖像

此外，高德纳花了整整 9 年的时间，完成了对西文印刷行业具有革命性变革的 TeX 排版软件和 METAFONT 字型设计软件，并因此获得了 ACM 的软件系统奖（Software System Award）。《计算机程序设计艺术》推出之后，可真正能读完读懂的人为数并不多，据说比尔•盖茨花费了几个月才读完第一卷，然后说，"如果你觉得自己是一名优秀的程序员，那就去读《计算机程序设计艺术》吧。对我来说，读完这本书不仅花了好几个月，而且还要求我有极高的自律性。如果你能读完这本书，不妨给我发个简历"。

2. 数据结构的作用与地位

数据结构是介于数学、计算机硬件和计算机软件三者之间的一门核心课程。数据结构已经不仅仅是计算机相关专业的核心课程，还是其他非计算机专业的主要选修课程之一，其重要性不言而喻。数据结构与计算机软件的研究有着更密切的关系，开发计算机系统软件和应用软件都会用到各种类型的数据结构。例如，算术表达式求值问题、迷宫求解、机器学习中的决策树分类等分别利用了数据结构中的栈、树进行解决，因此，要想更好地运用计算机来解决实际问题，使编写出的程序更高效、具有通用性，仅掌握计算机程序设计语言是难以应付众多复杂问题的，还必须学习和掌握好数据结构方面的有关知识。数据结构也是学习操作系统、软件工程、人工智能、算法设计与分析、机器学习、大数据等众多后继课程的重要基础。

在计算机刚出现的那些年，人们使用计算机的目的主要是处理数值计算问题。当时所涉及的运算对象是简单的整型、实型或布尔类型数据，程序设计者的主要精力是集中于程序设计的技巧上。随着计算机应用领域的扩大和软、硬件的发展，非数值计算问题成为各研究领域要处理的主要对象。这类问题涉及的数据结构更为复杂，数据元素之间的相互关系一般无法用数学方程式描述，解决这类问题的关键不再是数学分析和计算方法，而是要设计出合适的数据结构，然后选择合适的算法。

因此，学习数据结构与算法有利于培养我们的逻辑思维能力和解决复杂软件工程问题的能力。

1.2　基本概念和术语

在学习数据结构的过程中，经常会涉及一些基本概念和专业术语会经常出现，下面先来了解一下这些基本概念和术语。

1. 数据

数据（data）是描述客观事物的符号，能输入到计算机中并能被计算机程序处理的符号集合。它是计算机程序加工的"原料"。例如，一个文字处理程序（如 Microsoft Word）的处理对象就是字符串，一个数值计算程序的处理对象就是整型和浮点型数据。因此，数据的含义非常广泛，如整型、浮点型等数值类型及字符、声音、图像、视频等非数值数据都属于数据范畴。

2. 数据元素

数据元素（data element）是数据的基本单位，在计算机程序中通常作为一个整体来考虑和处理。一个数据元素可由若干个数据项（data item）组成，数据项是数据不可分割的最小单位。例如，一个学校的教职工基本情况表包括工号、姓名、性别、籍贯、所在院系、出生年月及职称等数据项，如表 1.1 所示。表中的一行就是一个数据元素，也称为一条记录。

表1.1　教职工基本情况

工　号	姓　名	性　别	籍　贯	所在院系	出生年月	职　称
2006002	孙冬平	男	河南	计算机学院	1970.10	教　授
2019056	朱　琳	女	北京	文学院	1985.08	讲　师
2015028	刘晓光	男	陕西	软件学院	1981.11	副教授

3. 数据对象

数据对象（data object）是性质相同的数据元素的集合，是数据的一个子集。例如，对于正整数来说，数据对象是集合 N={1,2,3,...}；对于字母字符数据来说，数据对象是集合 C={'A','B','C',...}。

4. 数据结构

数据结构（data structure）即数据的组织形式，它是数据元素之间存在的一种或多种特定关系的数据元素集合。在现实世界中，任何事物都是有内在联系的，而不是孤立存在的，同样在计算机中，数据元素不是孤立的、杂乱无序的，而是具有内在联系的数据集合。例如，表 1.1 所示的教职工基本情况表是一种表结构，学校的组织机构是一种层次结构，城市之间的交通路线属于图结构，如图 1.2 和图 1.3 所示。

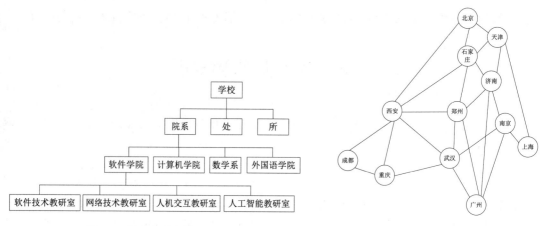

图 1.2 学校组织机构图   图 1.3 城市之间交通路线图

5. 数据类型

数据类型（data type）用来刻画一组性质相同的数据及其上的操作。数据类型是按照值的不同进行划分的。在高级语言中，每个变量、常量和表达式都有各自的取值范围，该类型就说明了变量或表达式的取值范围以及所能进行的操作。例如，在 Python 语言中，一个英文字符占一个字节，即 8 位, 对于使用 UTF-8 编码的汉字来说, 一个中文字符占 3 个字节, 对于使用 GBK 编码的汉字来说, 一个汉字占 2 个字节。在相同的字符编码情况下，字符类型决定了它的取值范围，同时也定义了在其范围内可以进行赋值运算、比较运算等。

在 Python 语言中，数据类型按结构可分为：原子类型和结构类型。原子类型是不可以再分解的基本类型，包括整型、浮点型、复数型、布尔型、字符串型。结构类型是可以再分解的，它由若干个类型组合而成，包括列表、元组、集合、字典，如图 1.4 所示。

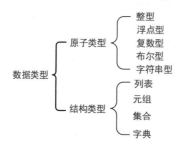

图 1.4 数据类型

随着计算机技术的飞速发展，计算机从最初仅能够处理数值信息，发展到现在能处理的对象包括数值、字符、文字、声音、图像及视频等信息。任何信息只要经过数字化处理，能够让计算机识别，都能够进行处理。当然，这需要对要处理的信息进行抽象描述，让计算机能理解。

1.3 数据的逻辑结构与存储结构

数据结构的主要任务就是通过分析数据对象的结构特征，包括逻辑结构及数据对象之间的关系，并把逻辑结构表示成计算机可实现的物理结构，以便设计、实现算法。

1.3.1　逻辑结构

数据的逻辑结构（logical structure）是指在数据对象中数据元素之间的相互关系。数据元素之间存在不同的逻辑关系构成了以下 4 种结构类型。

（1）集合。结构中的数据元素除了同属于一个集合外，数据元素之间没有其他关系。这就像数学中的自然数集合，集合中的所有元素都属于该集合，除此之外，没有其他特性。例如，数学中的正整数集合{5,67,978,20,123,18}，集合中的数除了属于正整数外，元素之间没有其他关系。数据结构中的集合关系就类似于数学中的集合。集合表示如图 1.5 所示。

（2）线性结构。结构中的数据元素之间是一对一的关系。线性结构如图 1.6 所示。数据元素之间有一种先后的次序关系，a、b、c 是一个线性表，其中，a 是 b 的前驱，b 是 a 的后继。

（3）树形结构。结构中的数据元素之间存在一种一对多的层次关系。树形结构如图 1.7 所示。这就像学校的组织结构图，学校下面是教学的院系、行政机构及一些研究所。

（4）图结构。结构中的数据元素是多对多的关系。图 1.8 所示就是一个图结构。城市之间的交通路线图就是多对多的关系，a、b、c、d、e、f、g 是 7 个城市，城市 a 和城市 b、e、f 都存在一条直达路线，而城市 b 也和 a、c、f 存在一条直达路线。

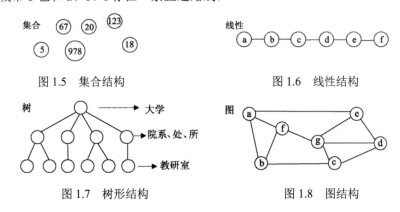

图 1.5　集合结构　　　　图 1.6　线性结构

图 1.7　树形结构　　　　图 1.8　图结构

1.3.2　存储结构

存储结构（storage structure）也称为物理结构（physical structure），指的是数据的逻辑结构在计算机中存储形式。数据的存储结构应能正确反映数据元素之间的逻辑关系。

数据元素的存储结构形式通常有顺序存储结构和链式存储结构两种。顺序存储是把数据元素存放在一组地址连续的存储单元里，其数据元素间的逻辑关系和物理关系是一致的。采用顺序存储的字符串"abcdef"地址连续的存储的存储结构如图 1.9 所示。链式存储是把数据元素存放在任意的存储单元里，这组存储单元可以是连续的，也可以是不连续的，数据元素的存储关系并不能反映其逻辑关系，因此需要借助指针来表示数据元素之间的逻辑关系。字符串"abcdef"的链式存储的链式存储结构如图 1.10 所示。

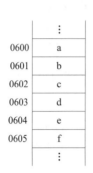

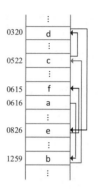

图 1.9　顺序存储结构　　　　　　　　　　　图 1.10　链式存储结构

　　数据的逻辑结构和物理结构是密切相关的，在学习数据结构的过程中，你将会发现，任何一个算法的设计取决于选定的数据逻辑结构，而算法的实现则依赖于所采用的存储结构。

　　如何描述存储结构呢？通常是借助 Python、C、C++、Java 等高级程序设计语言中提供的数据类型进行描述。例如，对于数据结构中的顺序表可以用 Python 语言中的列表来表示；对于链表，可用 Python 语言中的类进行描述，通过引用类型记录元素之间的逻辑关系。

1.4　抽象数据类型及其描述

　　在数据结构中，我们把一组包含数据类型、数据关系及在该数据上的一组基本操作统称为抽象数据类型。

1.4.1　什么是抽象数据类型

　　抽象数据类型（abstract data type，ADT）是描述具有某种逻辑关系的数学模型，以及对在该数学模型上进行的一组操作。这个抽象数据类型有点类似于 Python 中的类，例如，Python 中的 list 类定义了一些常用方法和属性，如 append(x)、insert(index,x)、count(x)等，它们的区别在于，抽象数据类型描述的是一组逻辑上的特性，与在计算机内部如何表示无关；Python 中的类是依赖具体实现的，是抽象数据类型的具体化表现形式。

　　抽象数据类型不仅包括在计算机中已经定义了的数据类型，例如数字类型、字符串、列表、元组等，还包括用户自己定义的数据类型。

　　一个抽象数据类型定义了一个数据对象、数据对象中数据元素之间的关系及对数据元素的操作。抽象数据类型通常是指用来解决应用问题的数据模型，包括数据的定义和操作。

　　抽象数据类型体现了程序设计中的问题分解、抽象和信息隐藏特性。抽象数据类型把实际生活中的问题分解为多个规模小且容易处理的问题，然后建立起一个计算机能处理的数据模型，并把每个功能模块的实现细节作为一个独立的单元，从而使具体实现过程隐藏起来。这就类似人们日常生活中盖房子，把盖房子分成若干个小任务：地皮审批、图纸设计、施工、装修等，工程管理人员负责地皮的审批，地皮审批下来之后，工程技术人员根据用户需求设计图纸，建筑工人根据设计好的图纸进行施工（包括打地基、砌墙、安装门窗等），盖好房子后请装修工人装修。

盖房子的过程与抽象数据类型中的问题分解类似，工程管理人员不需要了解图纸如何设计，工程技术人员不需要了解打地基和砌墙的具体过程，装修工人不需要知道怎么画图纸和怎样盖房子，这就是抽象数据类型中的信息隐藏。

1.4.2　抽象数据类型的描述

对于初学者来说，抽象数据类型的概念及描述不太容易理解，这主要是由于很多读者不清楚为什么要定义抽象数据类型，其作用类似于 Python 语言中的类，区别在于这里的数据类型是抽象的，不依赖具体语言实现，是更高层次的抽象描述，使用抽象数据类型描述的算法可通过任何语言实现。为方便读者理解，本书尽量使用较为通俗的语言进行描述，并通过具体的实例解释。

抽象数据类型包括 3 个方面的内容：数据对象、数据关系和基本运算，通常采用三元组（D,SP）来表示，其中 D 表示数据对象，S 是 D 上的关系集合，P 是 D 中数据的基本运算集合。其基本格式如下：

```
ADT 抽象数据类型名
{
    数据对象：数据对象的描述
    数据关系：数据关系的描述
    基本运算：基本运算的声明
}ADT 抽象数据类型名
```

数据对象和数据关系的定义可采用数学符号和自然语言描述，基本操作的定义格式如下：

基本操作名（参数表）：初始条件和操作结果描述。

大多数教材用以下方式描述线性表的抽象数据类型。

```
ADT List
{
    数据对象：D={a_i|a_i∈ElemSet, i=1, 2, …, n, n≥0}
    数据关系：R={<a_{i-1},a_i>|a_{i-1}, a_i∈D, i=2, 3, …, n}
    基本操作如下：

    （1）InitList(&L)
    初始条件：表 L 不存在。
    操作结果：建立一个空的线性表 L。

    （2）ListEmpty(L)
    初始条件：表 L 存在。
    操作结果：若表 L 为空，则返回 1，否则返回 0。

    （3）GetElem(L,i,&e)
    初始条件：表 L 存在，且 i 值合法，即 1 合 i≤ListLength(L)。
    操作结果：返回表 L 的第 i 个位置元素值给 e。

    （4）LocateElem(L,e)
    初始条件：表 L 存在，且 e 为合法元素值。
    操作结果：在表 L 中查找与给定值 e 相等的元素。如果查找成功，则返回该元素在表中的序号；如果这样的元素不存在，则返回 0。

    （5）InsertList(&L,i,e)
    初始条件：表 L 存在，e 为合法元素且 1 合 i≤ListLength(L)。
    操作结果：在表 L 中的第 i 个位置插入新元素 e。

    （6）DeleteList(&L,i,&e)
    初始条件：表 L 存在且 1≤i≤ListLength(L)。
    操作结果：删除表 L 中的第 i 个位置元素，并用 e 返回其值。
```

```
  （7）ListLength(L)
  初始条件：表 L 存在。
  操作结果：返回表 L 的元素个数。
  （8）ClearList(&L)
  初始条件：表 L 存在。
  操作结果：将表 L 清空。
}ADT List
```

有的教材把抽象数据类型分为两个部分来描述，即数据对象集合和基本操作集合。其中，数据对象集合包括数据对象的定义及数据对象中元素之间关系的描述，基本操作集合是对数据对象的运算的描述。

例如，线性表的抽象数据类型说明如下。

1．数据对象集合

线性表的数据对象集合为$\{a_1,a_2,...,a_n\}$，每个元素的类型均为 DataType。其中，除了第一个元素a_1外，每一个元素只有一个直接前驱元素，除了最后一个元素a_n外，每一个元素只有一个直接后继元素。数据元素之间的关系是一对一的关系。

2．基本操作集合

线性表的基本操作如下所述。

（1）InitList(&L)：初始化操作，建立一个空的线性表 L。这就像是在日常生活中，某院校为了方便管理建立一个教职工基本情况表，用于登记教职工信息。

（2）ListEmpty(L)：若线性表 L 为空，则返回 1，否则返回 0。这就像是刚刚建立了教职工基本情况表，还没有登记教职工信息。

（3）GetElem(L,i,&e)：返回线性表 L 的第 i 个位置元素值给 e。这就像在教职工基本情况表中，根据给定序号查找某个教师信息。

（4）LocateElem(L,e)：在线性表 L 中查找与给定值 e 相等的元素，如果查找成功，则返回该元素在表中的序号表示成功，否则返回 0 表示失败。这就像在教职工基本情况表中，根据给出的姓名查找教师信息。

（5）InsertList(&L,i,e)：在线性表 L 中的第 i 个位置插入新元素 e。这就类似于经过招聘考试，引进了一名教师，这个教师信息被登记到教职工基本情况表中。

（6）DeleteList(&L,i,&e)：删除线性表 L 中的第 i 个位置元素，并用 e 返回其值。这就像某个教职工到了退休年龄或者被调入其他学校，需要将该教职工从教职工基本情况表中删除。

（7）ListLength(L)：返回线性表 L 的元素个数。这就像查看教职工基本情况表中有多少个教职工。

（8）ClearList(&L)：将线性表 L 清空。这就像学校被撤销，不需要再保留教职工基本信息，将这些教职工信息全部清空。

以上是抽象数据类型的两种描述方式，本书沿用大多数教材的描述方式。

需要注意的是，在基本操作的描述过程中，参数传递有两种方式：一种是数值传递，另一种是引用传递。前者仅仅是将数值传递给形参，并不返回结果；后者其实是把实参的地址传递给形参，实参和形参其实是同一个变量，被调用函数通过修改该变量的值返回给调用函数，从而把结果带回。

在描述算法时，在参数前加上&表示引用传递；如果参数前没有&，表示是数值传递。

1.5 算 法

在定义好了数据类型之后，就要在此基础上设计实现算法，即程序。本节将介绍数据结构与算法的关系、算法的定义、算法的特性、算法的描述方式。

1.5.1 数据结构与算法的关系

算法与数据结构关系密切。两者既有联系又有区别。数据结构与算法的联系可用如下公式描述：

$$程序=算法+数据结构$$

数据结构是算法实现的基础，算法依赖于某种数据结构才能实现。算法的操作对象是数据结构。算法的设计和选择要同时结合数据结构，只有确定了数据的存储方式和描述方式，即数据结构确定了之后，算法才能确定，例如，在列表和链表中查找元素值的具体算法实现是不同。算法设计的实质就是对实际问题要处理的数据选择一种恰当的存储结构，并在选定的存储结构上设计一个好的算法。

数据结构是算法设计的基础。比如你要装修房子，装修房子的设计就相当于算法设计，而如何装修房子是要看房子的结构设计。不同的房间结构，其装修设计是不同的，只有确定了房间结构，我们才能进行房间的装修设计。房间的结构就像数据结构。算法设计必须考虑到数据结构的构造，算法设计是不可能独立于数据结构而存在的。数据结构的设计和选择需要为算法服务，根据数据结构及特点，才能设计出好的算法。

数据结构与算法相辅相成，不是相互孤立存在的。数据结构关注的是数据的逻辑结构、存储结构以及基本操作，而算法更多的是关注如何在数据结构的基础上怎样设计解决实际问题的方法。算法是编程思想，数据结构则是为了算法实现方便而提供存储结构及基本操作，是算法设计的基础。

1.5.2 什么是算法

算法（algorithm）是解决特定问题求解步骤的描述，在计算机中表现为有限的操作序列。操作序列包括了一组操作，每一个操作都完成特定的功能。例如，求 n 个数中最大者的问题，其算法描述如下。

（1）定义一个列表对象 a 并赋值，用列表中第一个元素初始化 max，即初始时假定第一个数最大。

```
a=[30,50,10,22,67,90,82,16]
max=a[0]
```

（2）依次把列表 a 中其余的 n-1 个数与 max 进行比较，遇到较大的数时，将其赋值给 max。

```
for i in range(len(a)):          #for 循环处理
    if max<a[i]:                 #判断是否满足 max 小于 a[i] 的条件
        max=a[i]                 #如果满足条件，将 a[i] 赋值给 max
print("max=:",max)
```

最后，max 中的数就是 n 个数中的最大者。

1.5.3　算法的 5 大特性

算法具有以下 5 大特性。

（1）有穷性（finiteness）。有穷性指的是算法在执行有限的步骤之后，自动结束而不会出现无限循环，并且每一个步骤在可接受的时间内完成。

（2）确定性（definiteness）。算法的每一步骤都具有确定的含义，不会出现二义性。算法在一定条件下只有一条执行路径，也就是相同的输入只能有一个唯一的输出结果。

（3）可行性（feasibility）。算法的每个操作都能够通过执行有限次基本运算完成。

（4）输入（input）。算法具有零个或多个输入。

（5）输出（output）。算法至少有一个或多个输出。输出的形式可以是打印输出，也可以是返回一个或多个值。

1.5.4　算法的描述

算法的描述方式有多种，如自然语言、伪代码（或称为类语言）、程序流程图及程序设计语言（如 Python、C、Java、C++）等。其中，自然语言描述可以是汉语或英语等文字描述；伪代码形式类似于程序设计语言形式，但是不能直接运行；程序流程图的优点是直观，但是不易直接转化为可运行的程序；采用程序设计语言描述算法，就是直接利用像 Python、C、C++、Java 等语言来表述，优点是可以直接在计算机上运行。

例如，判断正整数 m 是否为质数，算法可用以下几种方式描述。

1. 自然语言描述法

利用自然语言描述"判断 m 是否为质数"的算法如下：

① 输入正整数 m，令 i=2。

② 如果 $i \leqslant \sqrt{m}$，则令 m 对 i 求余，将余数送入中间变量 r；否则输出"m 是质数"，算法结束。

③ 判断 r 是否为零。如果为零，输出"m 不是质数"，算法结束；如果 r 不为零，则令 i 增加 1，转到步骤②执行。

2. 程序流程图法

判断 m 是否为质数的程序流程图如图 1.11 所示。不难看出，采用自然语言描述算法直观性和可读性不强；采用程序流程图描述算法比较直观，可读性好，缺点是

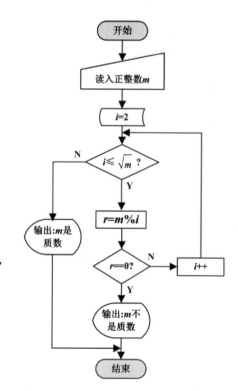

图 1.11　判断 m 是否为质数的程序流程图

不能直接转化为计算机程序，移植性不好。

3. 类语言法

类 C 语言描述如下：

```
void IsPrime()
/*判断 m 是否为质数的函数*/
{
    scanf(m);                          /*输入正整数 m*/
    for(i=2;i<=sqrt(m);i++)            /*for 循环处理*/
    {
        r=m%i;                         /*求余数*/
        if(r==0)                       /*如果 m 能被整除*/
        {
            printf("m 不是质数！");      /*输出信息*/
            break;                     /*退出循环*/
        }
    }
    printf("m 是质数！");               /*输出信息*/
}
```

4. 程序设计语言法

C 语言描述如下：

```
void IsPrime()
/*判断 m 是否为质数*/
{
    printf("请输入一个正整数：");        /*输出信息*/
    scanf("%d",&m);                    /*输入正整数 m*/
    for(i=2;i<=sqrt(m);i++)            /*for 循环处理*/
    {
        r=m%i;                         /*求余数*/
        if(r==0)                       /*如果 m 能被整除*/
        {
            printf("m 不是质数！\n");    /*输出信息*/
            break;                     /*退出循环*/
        }
    }
    printf("m 是质数！\n");             /*输出信息*/
}
```

Python 语言描述如下：

```
import numpy as np
def IsPrime():#判断 m 是否为质数
    flag=True
    m=int(input('请输入一个正整数：'))              #输入正整数 m
    for i in range(2,int(np.sqrt(m))+1):          #for 循环处理
        r=m % i                                   #求余数
        if r==0:                                  #如果 m 能被整除
```

```
            flag=False
            break                        #退出循环
    if flag==True:
        print('%d 是质数！' % m )         #输出信息
    else:
        print('%d 不是质数！' % m )       #输出信息
```

可以看出，类语言的描述除了没有变量的定义，输入和输出的写法之外，与程序设计语言的描述的差别不大，类语言的描述可以直接转化为可以直接运行的计算机程序。

本书所有算法均采用 Python 语言描述，所有程序均可直接上机运行。

1.6　算 法 分 析

一个好的算法往往可以使程序尽可能快地运行，衡量一个算法的好坏往往将算法效率和存储空间作为重要依据。算法的效率需要通过算法思想编写的程序在计算机上的运行时间来衡量，存储空间需求通过算法在执行过程中所占用的最大存储空间来衡量。

1.6.1　算法设计的 4 个目标

一个好的算法应该具备以下目标。

1. 算法的正确性（correctness）

算法的正确性是指算法至少应该包括对于输入、输出和处理无歧义性的描述，能正确反映问题的需求，且能够得到问题的正确答案。

通常算法的正确性应包括以下 4 个层次：

（1）算法对应的程序没有语法错误。

（2）对于几组输入数据能得到满足规格要求的结果。

（3）对于精心选择的典型的、苛刻的带有刁难性的几组输入数据，能得到满足规格要求的结果。

（4）对于一切合法的输入都能得到满足要求的结果。

对于这 4 层算法正确性的含义，达到第 4 层意义上的正确是极为困难的，所有不同输入数据的数量大得惊人，逐一验证的方法是不现实的。一般情况下，我们把层次 3 作为衡量一个程序是否正确的标准。

2. 可读性（readability）

算法主要是为了人们方便阅读和交流，其次才是计算机执行。可读性好有助于人们对算法的理解，晦涩难懂的程序往往隐含着不易被发现的错误，难以调试和修改。

3. 健壮性（robustness）

当输入数据不合法时，算法也应该能做出反应或进行处理，而不会产生异常或莫名其妙的输出结果。例如，求一元二次方程根 $ax^2+bx+c=0$ 的算法，需要考虑多种情况，先判断 b^2-4ac 的正负，如果为正数，则该方程有两个不同的实根；如果为负，表明该方程无实根；如果为零，表明该方程只有一个实根；如果 a=0，则该方程又变成了一元一次方程，此时若 b=0，还要处理除数为零的情况。如果输入的 a、b、c 不是数值型，还要提示用户输入错误。

4. 高效率和低存储量（High efficiency and low storage）

效率指的是算法的执行时间。对于同一个问题，如果有多个算法能够解决，执行时间短的算法效率高，执行时间长的效率低。存储量需求指算法在执行过程中需要的最大存储空间。效率与低存储量需求都与问题的规模有关，求 100 个人的平均分与求 1000 个人的平均分所花的执行时间和运行空间显然有一定差别。设计算法时应尽量选择高效率和低存储量需求的算法。

1.6.2　算法效率评价

算法执行时间需通过依据该算法编制的程序在计算机上的运行时所耗费的时间来度量，而度量一个算法在计算机上的执行时间通常有如下两种方法。

1. 事后统计方法

目前计算机内部大都有计时功能，有的甚至可精确到毫秒级，不同算法的程序可通过一组或若干组相同的测试程序和数据以分辨算法的优劣。但是，这种方法有两个缺陷：一是必须依据算法事先编制好程序，这通常需要花费大量的时间与精力；二是时间的长短依赖计算机硬件和软件等环境因素，有时会掩盖算法本身的优劣。因此，人们常常采用事前分析估算的方法来评价算法的好坏。

2. 事前分析估算方法

这个方法指在计算机程序编制前，对算法依据数学中的统计方法进行估算。这个方法可行，主要是因为算法的程序在计算机上的运行时间取决于以下因素：

- 算法采用的策略、方法。
- 编译产生的代码质量。
- 问题的规模。
- 书写的程序语言，对于同一个算法，语言级别越高，执行效率越低。
- 机器执行指令的速度。

在以上 5 个因素中，算法采用不同的策略，或不同的编译系统，或不同的语言实现，或不同的机器运行，效率都不相同。抛开以上因素，算法效率则可以通过问题的规模来衡量。

一个算法由控制结构（顺序、分支和循环结构）和基本语句（赋值语句、声明语句和输入输出语句）构成，则算法的运行时间取决于两者执行时间的总和，所有语句的执行次数可以作为语句的执行时间的度量。语句的重复执行次数称为语句频度（frequency count）。

例如，斐波那契数列的算法和语句的频度如下：

```
n=10                         #每一条语句的频度
f0=0                         #赋值              1
f1=1                         #赋值              1
print('%d,%d'%(f0,f1),end='') #输出前两项        1
for i in range(n):           #for 循环处理       n
```

```
fn=f0+f1                        #fn=f0+f1              n-1
print(',%d'%fn,end='')          #输出其他项             n-1
f0=f1                           #赋值 f0=f1            n-1
f1=fn                           #赋值 f1=fn            n-1
```

每一条语句的右端是对应语句的频度，即语句的执行次数。上面算法总的执行次数为 f(n)=1+1+1+n+4(n-1)=5n-1。

1.6.3 算法时间复杂度

算法分析的目的是看设计的算法是否具有可行性，并尽可能挑选运行效率高效的算法。

1. 什么是算法时间复杂度

在进行算法分析时，语句总的执行次数 f(n) 是关于问题规模 n 的函数，进而分析 f(n) 随 n 的变化情况并确定 f(n) 的数量级。算法的时间复杂度，也就是算法的时间量度，记作 T(n)=O(f(n))。

它表示随问题规模 n 的增大，算法的执行时间的增长率和 f(n) 的增长率相同，称作算法的渐进时间复杂度（asymptotic time complexity），简称为时间复杂度，记作 T(n)。其中，f(n) 是问题规模 n 的某个函数。

一般情况下，随着 n 的增大，T(n) 的增长较慢的算法为最优的算法。例如，在下列三段程序段中，给出基本操作 x=x+1 的时间复杂度分析。

```
（1）x=x+1
（2）for i in range(1,n+1):
        x=x+1
（3）for i in range(1,n+1):
        for j in range(1,n+1):
            x=x+1
```

程序段（1）的时间复杂度为 O(1)，称为常量阶；程序段（2）的时间复杂度为 O(n)，称为线性阶；程序段（3）的时间复杂度为 O(n²)，称为平方阶。此外算法的时间复杂度还有对数阶 $O(\log_2 n)$、指数阶 $O(2^n)$ 等。

上面的斐波那契数列的时间复杂度 T(n)=O(n)。

常用的时间复杂度所耗费的时间从小到大依次是 $O(1)<O(\log_2 n)<O(n)<O(n^2)<O(n^3)<O(2^n)<O(n!)$。

算法的时间复杂度是衡量一个算法好坏的重要指标。一般情况下，具有指数级的时间的复杂度算法只有当 n 足够小时才是可使用的算法。具有常量阶、线性阶、对数阶、平方阶和立方阶的时间复杂度算法是常用的算法。一些常见函数的增长率如图 1.12 所示。

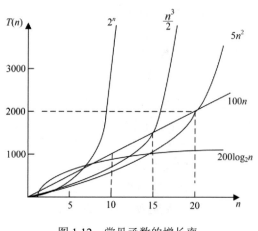

图 1.12　常见函数的增长率

一般情况下，算法的时间复杂度只需要考虑关于问题规模 n 的增长率或阶数。例如以下程序段：

```
for i in range(2,n+1):                  #for 外层循环
    for j in range(2,i):                #for 内层循环
        k=k+1                           #k 自增 1
        a[i][j]=k                       #k 赋值给列表 a[i][j]
```

语句 k++的执行次数关于 n 的增长率为 n^2，它是语句频度(n-1)(n-2)/2 中增长最快的项。

在某些情况下，算法的基本操作的重复执行次数不仅依赖于输入数据集的规模，还依赖于数据集的初始状态。例如，在以下的冒泡排序算法中，其基本操作执行次数还取决于数据元素的初始排列状态：

```
def BubbleSort(a,n):                     #冒泡排序
    change=True                          #变量 change 赋值为 True
    for i in range(n-1):                 #for 外层循环处理
        if change==True:
            change=False                 #变量 change 赋值为 False
            for j in range(n-i-1):       #for 内层循环处理
                if a[j]>a[j+1]:          #判断，冒泡排序算法实现
                                         #比较两个元素，如果顺序错误就将它们交换过来
                    t=a[j]
                    a[j]=a[j+1]
                    a[j+1]=t
                    change=True          #变量 change 赋值为 True
```

交换相邻两个整数为该算法中的基本操作。当列表 a 中的初始序列为从小到大有序排列时，基本操作的执行次数为 0；当列表中初始序列从大到小排列时，基本操作的执行次数为 n(n-1)/2。对这类算法的分析，一种方法是计算所有情况的平均值，这种时间复杂的计算方法称为平均时间复杂度；另外一种方法是计算最坏情况下的时间复杂度，这种方法称为最坏时间复杂度。若列表 a 中初始输入数据可能出现 n!种的排列情况的概率相等，则冒泡排序的平均时间复杂度为 $T(n)=O(n^2)$。

然而，在很多情况下，各种输入数据集出现的概率难以确定，算法的平均复杂度也就难以确定。因此，另一种更可行也更为常用的办法是讨论算法在最坏情况下的时间复杂度，即分析最坏情况以估算算法执行时间的上界。例如，上面冒泡排序的最坏时间复杂度为列表 a 中初始序列为从大到小有序，则冒泡排序算法在最坏情况下的时间复杂度为 $T(n)=O(n^2)$。一般情况下，本书以后讨论的时间复杂度，在没有特殊说明情况下，都指的是最坏情况下的时间复杂度。

2. 算法时间复杂度分析举例

一般情况下，算法的时间复杂度只需要考虑算法中的基本操作，即算法中最深层循环体内的操作。

【例 1.1】分析以下程序段的时间复杂度。

```
for i in range(1,n):
    for j in range(1,i):
        x=x+1             #基本操作
        a[i][j]=x         #基本操作
```

该程序段中的基本操作是第二层 for 循环中的语句，即 x=x+1 和 a[i][j]=x，其语句频度为(n-1)(n-2)/2。因此，其时间复杂度为 $O(n^2)$。

【例 1.2】分析以下算法的时间复杂度。

```
def Fun( ):
    i=1
    while i<=n:
        i=i*2       #基本操作
```

该函数 fun()的基本运算是 i=i*2，设执行次数为 f(n)，则 $2^{f(n)} \leq n$，则有 $f(n) \leq \log_2 n$。因此，时间复杂度为 $O(\log_2 n)$。

【例 1.3】分析以下算法的时间复杂度。

```
def Func():
    i=0
    s=0
    while s<n:
        i=i+1       #基本操作
        s+=i        #基本操作
```

该算法中的基本操作是 while 循环中的语句，设 while 循环次数为 f(n)，则变量 i 从 0 到 f(n)，因此循环次数为 $f(n)*(f(n)+1)/2 \leq n$，则 $f(n) \leq \sqrt{8n}$，故时间复杂度为 $O(\sqrt{n})$。

【例 1.4】一个算法所需时间由以下递归方程表示，分析算法的时间复杂度。

$$T(n)=\begin{cases} 1 & 若n=1 \\ 2T(n-1)+1 & 若n>1 \end{cases}$$

根据以上递归方程，可得 $T(n)=2T(n-1)+1=2(2T(n-2)+1)+1=2^2 T(n-2)+2+1$

$$=2^2(2T(n-3)+1)+2+1$$
$$=\ldots$$
$$=2^{k-1}(2T(n-k)+1)+2^{k-2}+\ldots+2+1$$
$$=\ldots$$
$$=2^{n-2}(2T(1)+1)+2^{n-2}+\ldots+2+1$$
$$=2^{n-1}+\ldots+2+1$$
$$=2^n-1$$

因此，该算法的时间复杂度为 $O(2^n)$。

1.6.4 算法的空间复杂度

空间复杂度（Space Complexity）作为算法所需存储空间的量度，记作 $S(n)=O(f(n))$。其中，n 为问题的规模，f(n)为语句关于 n 的所占存储空间的函数。一般情况下，一个程序在机器上执行时，除了需要存储程序本身的指令、常数、变量和输入数据外，还需要存储对数据操作的存储单元。若输入数据所占空间只取决于问题本身，和算法无关，这样只需要分析该算法在实现时所需的辅助单元即可。若算法执行时所需的辅助空间相对于输入数据量而言是个常数，则称此算法为原地工作，空间复杂度为 O(1)。

【例 1.5】以下是一个简单插入排序算法，分析算法的空间复杂度。

```
for i in range(n-1):
    t=a[i+1]
    j=i
    while j>=0 and t<a[j]:
        a[j+1]=a[j]
        j=j-1
        a[j+1]=t
```

该算法借助了变量 t，与问题规模 n 的大小无关，空间复杂度为 O(1)。

【例 1.6】以下算法是求 n 个数中的最大者，分析算法的空间复杂度。

```
def FindMax(a, n):
    if n<=1:
        return a[0]
    else:
        m=FindMax(a,n-1)
    return a[n-1] if a[n-1]>=m else m
```

设 FindMax(a,n)占用的临时空间为 S(n)，由以上算法可得到以下占用临时空间的递推式。

$$S(n)=\begin{cases} 1 & 若n=1 \\ S(n-1)+1 & 若>1 \end{cases}$$

则有 S(n)=S(n-1)+1=S(n-2)+1+1=...=S(1)+1+1+...+1=O(n)。因此，该算法的空间复杂度为 O(n)。

1.7　学好数据结构的秘诀

作为计算机专业的一名"老兵"，笔者从事数据结构和算法的研究已经近 20 余年了，在学习的过程中，也会遇到一些问题，但在解决问题时，积累了一些经验，为了让读者在学习数据结构的过程中少走弯路，本节分享一些笔者在学习数据结构与算法时的一些经验，希望对读者的学习有所帮助。

1. 明确数据结构的重要性，树立学好数据结构的信心

数据结构是计算机科学与技术专业的核心课程，不仅仅涉及计算机硬件的研究范围，并且与计算机软件的研究有着更为密切的关系，"数据结构"课程还是操作系统、数据库原理、编译原理、人工智能、算法设计与分析等课程的基础。数据结构是计算机专业硕士研究生入学考试的必考科目之一，还是计算机软件水平考试、等级考试的必考内容之一，数据结构在计算机专业中的重要性不言而喻。

万事开头难，学习任何一样新东西，都是比较困难的。对于初学者来说，数据结构的确是一门不容易掌握的专业基础课，但你一定要树立学好数据结构的信心，主要困难无非有两个：一个是数据结构的概念比较抽象，不容易理解；另一个是没有熟练掌握一门程序设计语言。面对以上困难，只要我们见招拆招，其实也没有什么可怕的，不过选择一本适合自己的参考书是十分有必要的。

2. 熟练掌握程序设计语言，变腐朽为神奇

程序语言是学习数据结构和算法设计的基础，很显然，没有良好的程序设计语言能力，就不能

很好地把算法用程序设计语言描述出来。算法思想固然重要，但它最终必须通过程序设计语言去实现，否则算法对软件开发人员来说就是毫无意义的。程序开发人员的任务就是要实现这些算法，将它变成可运行的软件，因此，学习数据结构与算法必须熟练掌握好至少一门高级程序设计语言，如Python 语言、C 语言、Java 语言。程序设计语言和数据结构、算法的关系就像是画笔和画家的思想之间关系一样，程序设计语言就是画笔，数据结构、算法就是画家的思想，即便画家的水平很高，如果不会使用画笔，再美的图画也无法给我们展现出来。

3. 结合生活实际，变抽象为具体

数据结构是一项把实际问题抽象化和进行复杂程序设计的工程。它要求学生不仅具备 Python、C、Java 语言等高级程序设计语言的基础，而且还要学会掌握把复杂问题抽象成计算机能够解决的离散的数学模型的能力。在学习数据结构的过程中，要将各种结构与实际生活结合起来，把抽象的东西具体化，以便理解。例如学到队列时，很自然就会联想到火车站售票窗口前面排起的长队，这支长长的队伍其实就是队列的具体化，这样就会很容易理解关于队列的概念，如队头、队尾、出队、入队等。

4. 多思考，多上机实践

数据结构既是一门理论性较强的课程，也是一门实践性很强的课程。特别是对于初学者而言，接触到的算法相对较少，编写算法还不够熟练，俗话说"熟能生巧，勤能补拙"，在学习数据结构与算法时，一方面需要多看有关算法和数据结构方面的图书，认真理解其中的算法思想，多做习题，不断巩固自己对一些概念和性质的理解；另一方面，还要自己动手写算法，并在计算机上调试，这样才能知道算法思路是否正确，编写出的算法是否能够正确运行，存在哪些错误和缺陷，以避免今后再犯类似的错误，只有这样长期坚持下去，自己的算法和数据结构水平才能快速提高。

有的表面上看是正确的程序，在电脑上运行后才发现隐藏的错误，特别是很细微的错误，只有多试几组数据，才知道程序到底是不是正确。因此，对于一个程序或算法，除了仔细阅读程序或算法、判断是否存在逻辑错误外，还需要上机调试，在可能出错的地方设置断点，单步跟踪调试程序，观察各变量的变化情况，才能找到具体哪个地方出了问题。有时，可能仅仅是误敲了一个符号或把一个变量误写成另一个变量，就可能产生意想不到的错误结果；还有本来是希望将一个栈中的栈顶元素返回，但是实际上在返回之前已经把该元素删除，这样就无法得到正确的输出结果。这些错误往往不容易发现，只有上机调试才能发现错误。因此，在学习数据结构与算法的时候一定要多上机实践。通过上机实践，不仅加深了对理论知识的掌握，还提高了编程语言的应用技巧和调试水平，这是提高自身综合算法能力的过程。

只要能做到以上几点，选择一本好的数据结构教材或参考书（最好算法完全用 Python、Java 或C 语言实现，有完整代码），加上读者的勤奋，学好数据结构自然不在话下。

思政元素： 在软件开发过程中，特别是在算法实现时，首先保证算法的正确性，其次是保证算法的高效性。这些都考验着我们对算法思想的理解和编程技术的掌握情况，一个小小的细节可能是决定算法是否正确的关键，而找出其中的错误除了要求我们熟悉算法思想外，还要求精通 Python 语言及调试技术。在学习数据结构的过程中，我们更要以在各行各业做出卓越贡献的先进典型代表为榜样，学习他们精益求精、追求卓越的工匠精神和报国热情。从导弹之父钱学森，两弹元勋邓稼先、钱三强、赵九章、孙家栋等群体，计算机汉字激光照排技术创始人王选，青蒿素治疗人类疟疾发明者屠呦呦，王码五笔发明者王永民，华为 5G 技术，比亚迪的王传福，等等，正是他们在经历无数

次失败，在工作中一丝不苟、精益求精，始终坚持科学真理与创新精神，才会有我国科学技术日新月异的飞速发展。在我们学习数据结构时，一是要学习利用数据结构知识进行抽象建模的方法，二是要掌握算法设计思想，三是要用 Python、C、C++、Java 实现算法，在算法实现过程中理解算法、熟悉调试技术，反复练习，才能百炼成钢。"科学的精神不是猜测、盲从、迷信、揣摩，而是通过真真实实的实践，去研究和验证，从而得到相应的客观结果模型的好坏，协同产业界去实践相关的理念和模型。"

1.8　习　题

一、选择题

1. 研究数据结构就是研究（　　）。
　　A. 数据的逻辑结构
　　B. 数据的存储结构
　　C. 数据的逻辑结构和存储结构
　　D. 数据的逻辑结构、存储结构及其基本操作

2. 算法分析的两个主要方面是（　　）。
　　A. 空间复杂度和时间复杂度
　　B. 正确性和简单性
　　C. 可读性和文档性
　　D. 数据复杂性和程序复杂性

3. 具有线性的数据结构是（　　）。
　　A. 图
　　B. 树
　　C. 广义表
　　D. 栈

4. 计算机中的算法指的是解决某一个问题的有限运算序列，它必须具备输入、输出、（　　）等 5 个特性。
　　A. 可行性、可移植性和可扩充性
　　B. 可行性、有穷性和确定性
　　C. 确定性、有穷性和稳定性
　　D. 易读性、稳定性和确定性

5. 下面程序段的时间复杂度是（　　）。

```python
for i in range(m):
    for j in range(n):
        a[i][j]=i*j
```

　　A. $O(m^2)$
　　B. $O(n^2)$
　　C. $O(m*n)$
　　D. $O(m+n)$

6. 算法是（　　）。
　　A. 计算机程序
　　B. 解决问题的计算方法
　　C. 排序算法
　　D. 解决问题的有限运算序列

7. 某算法的语句执行频度为 $(3n+n\log_2 n+n^2+8)$，其时间复杂度表示（　　）。
　　A. $O(n)$
　　B. $O(n\log_2 n)$
　　C. $O(n^2)$
　　D. $O(\log_2 n)$

8. 下面程序段的时间复杂度为（　　）。

```python
i=1
while i<=n:
```

```
i=i*3
```

A. O(n) B. O(3n) C. O(log₃n) D. O(n³)

9. 数据结构是一门研究非数值计算的程序设计问题中计算机的数据元素以及它们之间的（　　）和运算等的学科。

A. 结构 B. 关系 C. 运算 D. 算法

10. 下面程序段的时间复杂度是（　　）。

```
i=0
s=0
while s<n:
    i=i+1
    s+=i
```

A. O(√n) B. O(n²) C. O(log₂n) D. O(n)

11. 通常从正确性、易读性、健壮性、高效性等 4 个方面评价算法的质量，以下解释错误的是（　　）。

A. 正确性算法应能正确地实现预定的功能

B. 易读性算法应易于阅读和理解，以便调试、修改和扩充

C. 健壮性指当环境发生变化时，算法能适当地做出反应或进行处理，不会产生不需要的运行结果

D. 高效性即达到所需要的时间性能

二、算法分析题

1. 一个算法所需时间由下面的递归方程表示，试求出该算法的时间复杂度（以大 O 形式表示）。

$$T(n)=\begin{cases} 1 & 若n=1 \\ 2T(n/2)+n & 若n>1 \end{cases}$$

其中，n 是问题的规模，为了简单起见，设 n 为 2 的整数幂。

2. 调用下面的 c 函数 f(n)，回答以下问题：

（1）试指出 f(n)值的大小，并写出 f(n)值的推导过程。

（2）设 n=5，试指出 f(5)值的大小和执行 f(5)时的输出结果。

```python
def f(n):
    sum=0
    for i in range(1,n+1):
        for j in range(n,i-1,-1):
            for k in range(1,j+1):
                sum=sum+1
    print('sum=%d'%sum)
    return sum
```

第2章

线 性 表

线性结构的特点是在非空的有限集合，除了第一个元素没有直接前驱元素、最后一个没有直接后继元素外，其他元素都有唯一的前驱元素和唯一的后继元素。线性表是一种最简单的线性结构。线性表可以用顺序存储结构和链式存储结构存储，可以在线性表的任意位置进行插入和删除操作。

学习目标：

- 线性表的概念及基本运算
- 线性表的顺序存储和链式存储
- 循环链表、双向链表的存储结构
- 链表的运用——一元多项式的表示与相乘

2.1 线性表的定义及抽象数据类型

线性表（Linear_List）是一种最简单且最常用的一种线性结构。本节主要介绍线性表的逻辑结构及在线性表上的运算。

2.1.1 线性表的定义

线性表是由 n 个类型相同的数据元素组成的有限序列，记$(a_1,a_2,...,a_{i-1},a_i,a_{i+1},...,a_n)$。其中，这里的数据元素可以是原子类型，也可以是结构类型。线性表的数据元素存在着序偶关系，即数据元素之间具有一定的次序。在线性表中，数据元素 a_{i-1} 在 a_i 的前面，a_i 又在 a_{i+1} 的前面，我们把 a_{i-1} 称为 a_i 的直接前驱元素，a_i 称为 a_{i+1} 的直接前驱元素。a_i 称为 a_{i-1} 的直接后继元素，a_{i+1} 称为 a_i 的直接后继元素。

知识点：在线性表中，除了第一个元素 a_1，每个元素有且仅有一个直接前驱元素，除了最后一个元素 a_n，每个元素有且只有一个直接后继元素。

线性表的逻辑结构如图 2.1 所示。

图 2.1　线性表的逻辑结构

在简单的线性表中，例如，英文单词"China""Science""Structure"等就属于线性结构。可以把每一个英文单词看成是一个线性表，其中的每一个英文字母就是一个数据元素，每个数据元素之间存在着唯一的顺序关系。如"China"中字母"C"后面是字母"h"，字母"h"后面是字母"i"。

在较复杂的线性表中，一个数据元素可以由若干个数据项组成，如图 2.2 所示的一个学校的教职工信息表，一个数据元素由姓名、性别、出生年月、籍贯、学历、职称及任职时间 7 个数据项组成。数据元素也称为记录。

姓名	性别	出生年月	籍贯	学历	职称	任职时间
王欢	女	1957年10月	河南	本科	教授	2000年10月
康全宝	男	1967年5月	陕西	研究生	副教授	2002年10月
冯筠	女	1978年12月	四川	研究生	讲师	2006年11月
⋮	⋮	⋮	⋮	⋮	⋮	⋮

图 2.2　教职工信息表

2.1.2　线性表的抽象数据类型

线性表的抽象数据类型定义了线性表中数据对象、数据关系和基本操作。线性表的抽象数据类型定义如下：

```
ADT List
{
    数据对象：D={aᵢ|aᵢ∈ElemSet,i=1,2,…,n,n≥0}
    数据关系：R={<aᵢ₋₁,aᵢ>|aᵢ₋₁,aᵢ∈D,i=2,3,…,n}
    基本操作：

    （1）InitList(&L)
    初始条件：表 L 不存在。
    操作结果：建立一个空的线性表 L。
    这就像日常生活中，新生入学刚建立一个学生信息表，准备登记学生信息。

    （2）ListEmpty(L)
    初始条件：表 L 存在。
    操作结果：若表 L 为空，则返回 1，否则返回 0。
    这就像日常生活中，刚刚建立了学生信息表，还没有学生来登记。

    （3）GetElem(L,i,&e)
    初始条件：表 L 存在，且 i 值合法，即 1≤i≤ListLength(L)。
    操作结果：返回表 L 的第 i 个位置元素值给 e。
    这就像在学生信息表中查找一个学生信息，将查到的信息报告给老师。
```

（4）LocateElem(L,e)

初始条件：表 L 存在，且 e 为合法元素值。

操作结果：在表 L 中查找与给定值 e 相等的元素。如果查找成功，则返回该元素在表中的序号；如果这样的元素不存在，则返回 0。

这就像在学生信息表中查找一个学生，只报告是否找到这个学生，并不报告这个学生的基本信息。

（5）InsertList(&L,i,e)

初始条件：表 L 存在，e 为合法元素且 1≤i≤ListLength(L)。

操作结果：在表 L 中的第 i 个位置插入新元素 e。

这就像新来了一个学生报到，被登记到学生信息表中。

（6）DeleteList(&L,i,&e)

初始条件：表 L 存在且 1≤i≤ListLength(L)。

操作结果：删除表 L 中的第 i 个位置元素，并用 e 返回其值。

这就像一个学生违反了校规，被学校开除，需要把该学生从学生信息表中删除。

（7）ListLength(L)

初始条件：表 L 存在。

操作结果：返回表 L 的元素个数。

这就像学校招了新生之后，需要统计下学生的总人数，查找学生信息表，看有多少个学生。

（8）ClearList(&L)

初始条件：表 L 存在。

操作结果：将表 L 清空。

这就像学生已经毕业，不再需要保留这些学生信息，将这些学生信息全部清空。

}ADT List

2.2　线性表的顺序表示与实现

要想在计算机上表示线性表，必须先将其逻辑结构转化存储结构来存放在计算机中。线性表的存储结构主要有两种：顺序存储和链式存储。本节讨论线性表的顺序存储及实现。

2.2.1　线性表的顺序存储

线性表的顺序存储指的是将线性表中的各个元素依次存放在一组地址连续的存储单元中。线性表的这种机内表示称为线性表的顺序映像或线性表的顺序存储结构，用这种方法存储的线性表称为顺序表。顺序表具有以下特征：逻辑上相邻的元素，在物理上也是相邻的。

假设线性表有 n 个元素，每个元素占用 m 个存储单元，如果第一个元素的存储位置为 $LOC(a_1)$，第 i 个元素的存储位置为 $LOC(a_i)$，第 i+1 个元素的存储位置为 $LOC(a_{i+1})$。则线性表的第 i+1 个元素的存储位置与第 i 个元素的存储位置满足以下关系：

```
LOC(aᵢ₊₁)=LOC(aᵢ)+m
```

线性表的第 i 个元素 a_i 的存储位置与第一个元素 a_1 的存储位置满足以下关系：

```
LOC(aᵢ)=LOC(a₁)+(i-1)*m
```

其中，第一个元素的位置 $LOC(a_1)$ 称为起始地址或基地址。

线性表的顺序存储结构是一种随机存取的存储结构。只要知道其中一个元素的存储地址，就可以得到线性表中任何一个元素的存储地址。线性表的顺序存储结构如图 2.3 所示。

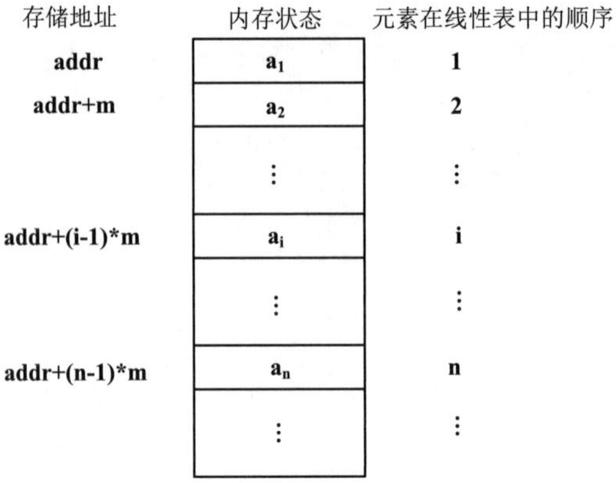

存储地址	内存状态	元素在线性表中的顺序
addr	a_1	1
addr+m	a_2	2
	$\vdots$	$\vdots$
addr+(i-1)*m	a_i	i
	$\vdots$	$\vdots$
addr+(n-1)*m	a_n	n
	$\vdots$	$\vdots$

图 2.3　线性表存储结构

由于在 Python 语言中，列表具有存储地址连续、随机存取的特点，因此，可采用列表来存储顺序表中的元素。顺序表的存储结构描述如下：

```python
class SeqList(object):
    def __init__(self, size=100):
        self.MAXSIZE = size
        self.length = 0
        self.mylist= [None for x in range(0, self.MAXSIZE)]
```

其中，SeqList 是类名，mylist 用于存储顺序表中的数据元素，length 表示顺序表当前的数据元素个数。顺序表的构造函数__init__(self, size=100)包含了顺序表的成员变量定义及初始化。

2.2.2　顺序表的基本运算

顺序表的基本运算如下：

（1）顺序表的初始化。顺序表的初始化可通过构造函数实现。

```python
def __init__(self, size=100):
    self.MAXSIZE = size
    self.length = 0
    self.mylist= [None for x in range(0, self.MAXSIZE)]
```

（2）判断顺序表是否为空。

```python
def ListEmpty(self):
# 判断线性表是否为空
    if self.length==0:
        return True
    else:
        return False
```

（3）按序号查找操作。查找操作分为两种：按序号查找和按内容查找。按序号查找就是查找顺序表 L 中的第 i 个元素，如果找到该元素值，则返回该元素值。

```python
def GetElem(self, i):
#取线性表中某一位置上的元素值
    if not isinstance(i, int):
        raise TypeError
    if 1 <= i <= self.length:
        return self.mylist[i-1]
    else:
        raise IndexError
```

（4）按内容查找操作。

```python
def LocateElem(self,x):
    for i in range(self.length):
        if self.mylist[i] == x:
            return i+1
    return -1
```

（5）插入操作。插入操作就是在顺序表 L 中的第 i 个位置插入新元素 e，使顺序表 $\{a_1,a_2,\ldots,a_{i-1},a_i,\ldots,a_n\}$ 变为 $\{a_1,a_2,\ldots,a_{i-1},e,a_i,\ldots,a_n\}$，顺序表的长度也由 n 变成 n+1。

【算法思想】要在顺序表中的第 i 个位置上插入元素 e，首先需将表中位置为 n、n-1、…、i 上的元素依次后移一个位置，将第 i 个位置空出，然后在该位置插入新元素 e。当 i=n+1 时，是指在顺序表的末尾插入元素，无需移动元素，直接将 e 插入表的末尾即可。

例如，要在顺序表{3,15,49,20,23,44,18,36}的第 5 个元素之前插入一个元素 22，需要将序号为 36、18、44、23 依次向后移动一个位置，然后在第 5 号位置插入元素 22，顺序表就变成了 {3,15,49,20,22,23,44,18,36}，如图 2.4 所示。

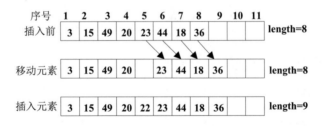

图 2.4 在顺序表中插入元素 22 的过程

```python
def InsertList(self, i, e):
    if not isinstance(i, int):
        raise IndexError
    if self.length >= self.MAXSIZE:
        print("list is full!")
    if 1 <= i<=self.length:
        for j in range(self.length, i-1, -1):
            self.mylist[j] = self.mylist[j-1]
        self.mylist[i-1] = e
        self.length += 1
    else:
        raise IndexError
```

在执行插入操作时，插入元素的位置 i 的合法范围应该是 1≤i≤L.length+1。当 i=1 时，插入位置是在第一个元素之前，对应 Python 语言列表中的第 0 个元素，则需要移动所有元素；当 i=L.length+1 时，插入位置是最后一个元素之后，对应 Python 语言列表中的最后一个元素之后的位置。当插入位置是 i=L.length+1 时，不需要移动元素。

注意：插入元素之前要判断插入位置是否合法，另外还要判断顺序表的存储空间是否已满，在插入元素后要将表长增加 1。

（6）删除操作。删除操作就是将顺序表 L 中的第 i 个位置元素删除，使顺序表{$a_1,a_2,...,a_{i-1}$,$a_i,a_{i+1},...,a_n$}变为{$a_1,a_2,...,a_{i-1},a_{i+1},...,a_n$}，顺序表的长度也由 n 变成 n-1。

【算法思想】为了删除顺序表中的第 i 个元素，需要将第 i+1 个位置之后的元素依次向前移动一个位置，即先将第 i+1 个元素移动到第 i 个位置，再将第 i+2 个元素移动到第 i+1 个位置，以此类推，直到最后一个元素移动到倒数第二个位置。最后将顺序表的长度减 1。

例如，要删除顺序表{3,15,49,20,22,23,44,18,36}的第 4 个元素，需要将序号为 5、6、7、8、9 的元素依次向前移动一个位置，这样就删除了第 4 个元素，最后将表长减 1，如图 2.5 所示。

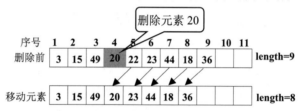

图 2.5　在顺序表中删除元素 20 的过程

```python
def DeleteList(self, i):
    if not isinstance(i, int):
        raise IndexError
    if 1 <= i < self.length:
        for j in range(i, self.length):
            self.mylist[j-1] = self.mylist[j]
        self.length -= 1
    else:
        raise IndexError
```

删除元素的位置 i 的合法范围应该是 1≤i≤L.length。当 i=1 时，表示要删除第一个元素（对应 Python 语言列表中下标为 0 的元素）；当 i=L.length 时，表示要删除的是最后一个元素。

注意：在删除元素时，要首先判断顺序表中是否还有元素，另外，还需要判断删除的序号是否合法。删除成功后，将顺序表的长度减 1。

（7）求顺序表的长度。

```python
def Listlength(self):
    return self.length
```

（8）清空顺序表。

```
def ClearList(self):
    self.length=0
```

2.2.3 基本操作性能分析

在以上顺序表的基本操作算法中，除了按内容查找运算、插入和删除操作外，算法的时间复杂度都为 O(1)。

在按内容查找的算法中，如果要查找的元素在第一个位置，则需要比较一次；如果要查找的元素在最后一个位置，则需要比较 n 次（n 为线性表的长度）。设 p_i 为在第 i 个位置上找到与 e 相等元素的概率，假设在任何位置上找到元素的概率相等，即 $p_i=1/n$，则查找过程中需要比较的平均次数为：

$$E_{loc}=\sum_{i=1}^{n}p_i*i=\frac{1}{n}\sum_{i=1}^{n}i=\frac{n+1}{2}$$

因此，按内容查找的平均时间复杂度为 O(n)。

在顺序表的插入算法中，时间的耗费主要集中在移动元素上。如果要插入的元素在第一个位置，则需要移动元素的次数为 n 次；如果要插入的元素在最后一个位置，则需要移动元素次数为 1 次；如果插入位置在最后一个元素之后，即第 n+1 个位置，则需要移动次数为 0 次。设 p_i 为在第 i 个位置上插入元素的概率，假设在任何位置上找到元素的概率相等，即 $p_i=1/(n+1)$，则顺序表的插入操作需要移动元素的平均次数为：

$$E_{ins}=\sum_{i=1}^{n+1}p_i*(n-i+1)=\frac{1}{n+1}\sum_{i=1}^{n+1}(n-i+1)=\frac{n}{2}$$

因此，插入操作的平均时间复杂度为 O(n)。

在顺序表的删除算法中，时间的耗费同样在移动元素上。如果要删除的元素是第一个元素，则需要移动元素次数为 n-1 次；如果要删除的元素是最后一个元素，则需要移动 0 次。设 p_i 表示删除第 i 个位置上的元素的概率，假设在任何位置上找到元素的概率相等，即 $p_i=1/n$，则顺序表的删除操作需要移动元素的平均次数为：

$$E_{del}=\sum_{i=1}^{n}p_i*(n-i)=\frac{1}{n}\sum_{i=1}^{n}(n-i)=\frac{n-1}{2}$$

因此，删除操作的平均时间复杂度为 O(n)。

2.2.4 顺序表应用举例

【例 2.1】利用顺序表的基本运算，将非递减排列的顺序表 A 和 B 合并为顺序表 C，使 C 也呈非递减排列。例如 A=(11,12,13,14,15,16,17,18,19,20)，B=(6,10,14,18,22,26)，则合并后 C=(6,10,11,12,13,14,14,15,16,17,18,18,19,20,22,26)。

分析：顺序表 C 是一个空表，首先取出顺序表 A 和 B 中的元素 e1 和 e2，并比较这两个元素，若 e1<=e2，则将 A 中的元素 e1 插入到 C 中，继续取 A 中的下一个元素与 B 中的

e2 进行比较；否则，将 B 中的元素 e2 插入到 C 中，继续取 B 中的下一个元素与 A 中的元素 e1 进行比较；以此类推，直到 A 或 B 中的元素比较完毕，将表中剩下的元素插入到 C 中。

将顺序表 A 和 B 合并为非递减排列的顺序表 C 的实现算法如下：

```python
def MergeList(A,B,C):
    #合并顺序表 A 和 B 的元素到顺序表 C 中，并保持非递减排列
    i=1
    j=1
    k=1
    while i<=A.length and j<B.length:
        e1=A.GetElem(i)#取出顺序表 A 中第 i 个元素
        e2=B.GetElem(j)#取出顺序表 B 中第 j 个元素
        if e1<=e2:#若 A 中的元素小于 B 中的元素
            C.InsertList(k,e1)#则将 A 中的元素插入到 C 中
            i+=1
            k+=1
        else:#若 A 中的元素大于 B 中的元素
            C.InsertList(k,e2)#则将 B 中的元素插入到 C 中
            j+=1
            k+=1
    while i<=A.length:#若顺序表 A 中的元素还有其他元素
        e1=A.GetElem(i)
        C.InsertList(k,e1)#将剩余元素插入到 C 中
        i+=1
        k+=1
    while j<=B.length:#若顺序表 B 中的元素还有其他元素
        e2=B.GetElem(j)
        C.InsertList(k,e2)#将剩余元素插入到 C 中
        j+=1
        k+=1
    C.length=A.length+B.length
```

测试程序如下：

```python
if __name__ == '__main__':
    mylist_A= SeqList()
    mylist_B = SeqList()
    mylist_C= SeqList()
    for i in range(1,11):          #将 1-10 插入到顺序表 A 中
        mylist_A.InsertList(i,i+10)
    i=1
    for j in range(1,7):
        i=i+2
        mylist_B.InsertList(j,i*2)

    print('顺序表 A 中有%d 个元素:'%mylist_A.Listlength())
    mylist_A.TravelList()
    print('顺序表 B 中有%d 个元素:'%mylist_B.Listlength())
    mylist_B.TravelList()
    MergeList(mylist_A,mylist_B,mylist_C)
    print('将在 A 中但不在 B 中的元素插入到 A 中,顺序表 A 中有%d 个元素:'%mylist_C.Listlength())
```

mylist_C.TravelList()程序运行结果如图 2.6 所示。

```
Run:    合并顺序表 ×
▶  ↑   C:\ProgramData\Anaconda3\python.exe "D:/Python程序/数据结构
■  ↓   顺序表A中有10个元素:
⊞  ⊐   11 12 13 14 15 16 17 18 19 20
✦  ⊟   顺序表B中有6个元素:
   ⎙   6 10 14 18 22 26
   ▥   将在A中但不在B中的元素插入到A中，顺序表A中有16个元素:
       6 10 11 12 13 14 14 15 16 17 18 18 19 20 22 26

       Process finished with exit code 0
```

图 2.6　合并顺序表 A 和 B 的程序运行结果

【例 2.2】编写一个算法，把一个顺序表分拆成两个部分，使顺序表中小于或等于 0 的元素位于左端，大于 0 的元素位于右端。要求不占用额外的存储空间。例如，顺序表(-12,3,-6,-10,20,-7,9,-20)经过分拆调整后变为(-12,-20,-6,-10,-7,20,9,3)。

分析：设置两个指示器 i 和 j，分别扫描顺序表中的元素，i 和 j 分别从顺序表的左端和右端开始扫描。如果 i 遇到小于等于 0 的元素，略过不处理，继续向前扫描；如果遇到大于 0 的元素，暂停扫描。如果 j 遇到大于 0 的元素，略过不处理，继续向前扫描；如果遇到小于等于 0 的元素，暂停扫描。如果 i 和 j 都停下来，则交换 i 和 j 指向的元素。重复执行直到 i≥j 为止。

算法描述如下：

```python
def SplitSeqList(L):
    # 将顺序表 L 分成两个部分：左边是小于或等于 0 的元素，右边是大于 0 的元素
    i=0                 #指示器 i 和指示顺序表的左端元素
    j=L.length-1        #指示器 j 指示顺序表的右端元素
    while i<j:
        while L.mylist[i]<=0:   #i 遇到小于或等于 0 的元素
            i=i+1               #略过
        while L.mylist[j]>0:    #j 遇到大于 0 的元素
            j=j-1               #略过
        if i<j:                 #交换 i 和 j 指向的元素
            e=L.mylist[i]
            L.mylist[i]=L.mylist[j]
            L.mylist[j]=e
```

测试程序如下：

```python
if __name__ == '__main__':
    L= SeqList()
    a = [-12, 3, -6, -10, 20, -7, 9, -20]
    for i in range(1,len(a)+1):            #将 1-10 插入到顺序表 A 中
        L.InsertList(i,a[i-1])
    print('顺序表 L 中的元素:')
    L.TravelList()
    print('顺序表 L 调整后(左边元素<=0,右边元素>0):')
    SplitSeqList(L)
    L.TravelList()
```

程序运行结果如图 2.7 所示。

```
例2-2 ×
C:\Users\o.o\.conda\envs\tensorflow\python.exe
顺序表L中的元素：
-12 3 -6 -10 20 -7 9 -20
顺序表L调整后(左边元素<=0,右边元素>0)：
-12 -20 -6 -10 -7 20 9 3
```

图 2.7　程序运行结果

2.3　线性表的链式表示与实现

在顺序表中，由于逻辑上相邻的元素其物理位置也相邻，因此可以随机存取顺序表中的任何一个元素。但是，顺序表也存在着如下缺点：

● 插入和删除运算需要移动大量的元素。
● 顺序表中的存储空间必须事先分配好，而事先分配的存储单元大小可能不适合问题的需要。对很多高级程序设计语言来说，事先分配好存储空间后不容易调整。

采用链式存储的线性表称为链表，链表可以分为单链表、双向链表、循环链表。

2.3.1　单链表的存储结构

所谓线性表的链式存储，是指采用一组任意的存储单元存放线性表中的元素。这组存储单元可以是连续的，也可以是不连续的。为了表示这些元素之间的逻辑关系，除了需要存储元素本身的信息外，还需要存储指示其后继元素的地址信息。这两部分组成的存储结构，称为结点。结点包括两个域：数据域和指针域。其中，数据域存放数据元素的信息，指针域存放元素的直接后继的存储地址，如图 2.8 所示。

通过指针域把 n 个结点根据线性表中元素的逻辑顺序链接在一起，就构成了链表。由于链表中的每个结点的指针域只有一个，这样的链表称为线性链表或者单链表。

例如，一个采用链式存储结构的线性表(Yang,Zheng,Feng,Xu,Wu,Wang,Geng)的存储结构如图 2.9 所示。

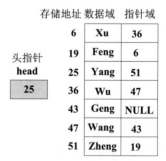

data	next
数据域	指针域

图 2.8　结点结构

图 2.9　线性表的链式存储结构

存取链表中的元素时，必须从头指针 head 出发，头指针 head 指向链表的第一个结点，从头指针 head 可以找到链表中的每一个元素。

单链表的每个结点的地址存放在其直接前驱结点的指针域中，而第一个结点没有直接前驱结点，因此需要一个头指针指向第一个结点。同时，由于表中的最后一个元素没有直接后继，需要在单链表的最后一个结点的指针域置为"空"（None）。

一般情况下，我们只关心链表的逻辑顺序，而不关心链表的实际存储位置。通常用箭头代替指针来连接结点序列。因此，图 2.9 所示的线性表可以形象化为图 2.10 所示的序列。

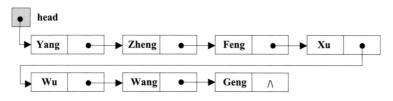

图 2.10　单链表的逻辑状态

其中，"∧"表示指针域为空，不指向任何结点。有时为了操作上的方便，在单链表的第一个结点之前增加一个结点，称为头结点。头结点的数据域可以存放线性表的附加信息，如线性表的长度；头结点的指针域存放第一个结点的地址信息，即指向第一个结点。头指针指向头结点，不再指向链表的第一个结点。带头结点的单链表如图 2.11 所示。

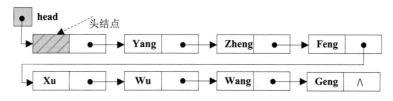

图 2.11　带头结点的单链表的逻辑状态

若带头结点的链表为空链表，则头结点的指针域为"空"，如图 2.12 所示。

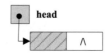

图 2.12　带头结点的单链表

单链表的存储结构用 Python 语言描述如下：

```python
class ListNode(object):
    def __init__(self, data):
        self.data = data
        self.next = None
```

其中，ListNode 为链表的结点类型。

链表的基本操作可通过 LinkList 类成员函数实现，初始时，链表为空，通过其构造函数实现。

```python
class LinkList(object):
    def __init__(self):
```

```
    self.head = ListNode(None)
```

2.3.2　单链表上的基本运算

单链表上的基本运算包括链表的建立、单链表的插入、单链表的删除、单链表的长度等。带头结点的单链表的运算具体实现如下：

（1）单链表的初始化操作。

```
def __init__(self):
    self.head = ListNode(None)
```

（2）判断单链表是否为空。

```
def ListEmpty(self):                #判断单链表是否为空
    if self.head.next==None:        #如果链表为空
        return True                 #返回 True
    else:                           #否则
        return False                #返回 False
```

（3）按序号查找操作。

链表是一种顺序存取结构，只能从头指针开始存取元素。因此，要查找单链表中的第 i 个元素，需要从单链表的头指针 head 出发，利用结点的 next 域依次访问链表的结点，并进行比较操作。利用计数器从 0 开始计数，当直到计数器为 i，就找到了第 i 个结点。

```
def GetElem(self,i):        #查找单链表中第 i 个结点。查找成功返回该结点的引用，否则返回 None
    if self.ListEmpty():    #查找第 i 个元素之前，判断链表是否为空
        return None
    if  i < 1:  #判断该序号是否合法
        return None
    j = 0
    p = self.head
    while p.next != None and j < i:
        p = p.next
        j=j+1
    if j == i:              #如果找到第 i 个结点
        return p            #返回元素的引用
    else:                   #否则
        return None         #返回 None
```

（4）定位操作。定位操作是指按内容查找并返回结点的序号的操作。从单链表的头指针出发，依次访问每个结点，并将结点的值与 e 比较，如果相等，则返回该序号表示成功；如果没有与 e 值相等的元素，则返回 0，表示失败。

```
def LocatePos(self,e):  #查找线性表中元素值为 e 的元素，查找成功返回对应元素的序号，否则返回 0
    if self.ListEmpty():        #查找第 i 个元素之前，判断链表是否为空
        return 0
    p = self.head.next          #从第一个结点开始查找
    i = 1
    while p!=None:
```

```
    if p.data == e:        #找到与e相等的元素
        return i           #返回该序号
    else: #否则
        p = p.next         #继续查找
        i=i+1
  if p==None:              #如果没有找到与e相等的元素，则返回0，表示失败
    return 0
```

（5）插入操作。插入操作就是将元素 e 插入到链表中指定的位置 i，若插入成功则返回 1，否则返回 0。

```
def InsertList(self,i,e):#在单链表中第i个位置插入值e的结点，插入成功返回1，失败返回0
    pre=self.head    #pre指向头结点
    j=0
    while pre.next!=None and j<i-1: #找到第i-1个结点，即第i个结点的前驱结点
        pre=pre.next
        j=j+1
    if j!=i-1:    #如果没找到，说明插入位置错误
        print('插入位置错误')
        return 0
    #新生成一个结点，并将e赋值给该结点的数据域
    p=ListNode(e)
    #插入结点操作
    p.next = pre.next
    pre.next = p
    return 1
```

在单链表的第 i 个位置插入一个新元素 e 可分为 3 步进行：

① 在链表中找到其直接前驱结点，即第 i-1 个结点，并由 pre 指向该结点，如图 2.13 所示。

② 动态申请一个新的结点，并由 p 指向该结点，将值 e 赋值给 p 指向结点的数据域，如图 2.14 所示。

③ 修改 pre 和 p 指向结点的指针域，如图 2.15 所示。这样就完成了在第 i 个位置插入结点的操作。

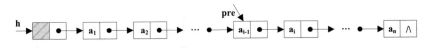

图 2.13 找到第 i 个结点的直接前驱结点

图 2.14 p 指向生成的新结点

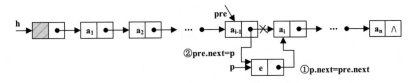

图 2.15 在单链表中插入新结点的过程

在单链表中插入将新结点分为两个步骤：① 将新结点的指针域指向第 i 个结点，即 p.next=pre.next；② 直接将前驱结点的指针域指向新结点，即 pre.next=p。

注意： 插入结点的操作步骤不能反过来，即先执行 pre.next=p 操作，后执行 p.next=pre.next 操作，这是错误的。

（6）删除操作。删除操作就是将单链表中的第 i 个结点删除，其他结点仍然构成一个单链表。若删除成功，则返回 1，否则返回 0：

```python
def DeleteList(self,i):
#删除单链表中的第 i 个位置的结点。删除成功返回 1，失败则返回 0
    pre =self.head
    j = 0
    while (pre.next != None and j < i-1): # 在寻找的过程中确保被删除结点存在
        pre = pre.next
        j =j+1
    if pre.next==None or j != i - 1:    #如果没找到要删除的结点位置，说明删除位置错误
        print('删除位置错误')
        return 0
    p= pre.next
    pre.next=p.next #将前驱结点的指针域指向要删除结点的下一个结点，将 pre 指向的结点与单
链表断开
    e=pre.data
    del pre
    return e
```

删除单链表中的第 i 个结点分为以下 3 个步骤：

① 找到第 i 个结点的直接前驱结点，即第 i-1 个结点，并将 pre 指向该结点，p 指向第 i 个结点，如图 2.16 所示。

② 修改 pre 和 p 指向结点的指针域，使 p 指向的结点与原链表断开，即 pre.next=p.next。

③ 动态释放 p 指向的结点，如图 2.17 所示。

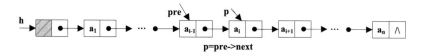

图 2.16　找到第 i−1 个结点和第 i 个结点

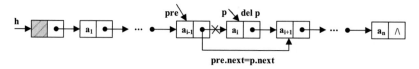

图 2.17　删除第 i 个结点

注意： 在寻找第 i-1 个结点（被删除结点的前驱结点）时，要保证被删除结点存在。如果要删除的结点在链表中不存在，就会在执行循环后出现 p 指向空指针域，执行 pre.next=p.next 就会造成错误。

（7）求线性表的表长。

```python
def ListLength(self):
    #求线性表的表长
    count = 0
    p = self.head
    while p.next!=None:
        p = p.next
        count=count+1
    return count
```

（8）销毁链表。

```python
def DestroyList(self):
    #销毁链表
    p=self.head
    while p != None:
        q = p
        p = p.next
        del q
```

2.3.3 单链表应用举例

【例 2.3】利用单链表的基本运算，求 A–B。即删除单链表 A 在 B 中出现的元素。

分析：如果采用单链表的基本运算来实现，则可取出单链表 B 中的每个元素，与单链表 A 中每个元素进行比较，如果 A 中存在相同的元素，则将该元素从 A 中删除。

算法描述如下：

```python
def DelElem(A,B):
#A-B 的算法实现
    for i in range(B.ListLength()):
    #取出链表 B 中的每个元素与单链表 A 中的元素比较，如果相等则删除 A 中对应的结点
        p=B.GetElem(i+1)  #取出 B 中的结点，返回对象的引用给 p
        if p!=None:
            pos=A.LocatePos(p.data)  #比较 B 中的元素是否与 A 中的元素相等
            if pos>0:
                A.DeleteList(pos)  #如果相等，将其从 A 中删除
```

测试程序如下：

```python
if __name__=='__main__':
    A = LinkList()
    B = LinkList()
    a= [5, 7, 9, 11, 15, 18, 23, 35, 42, 66]
    b= [2, 4, 7, 9, 13, 18, 45, 66]
    for i in range(len(a)):
        A.InsertList(i+1,a[i])
    print('A中的元素有{}个：'.format(A.ListLength()))
    A.DispLinkList()
    for i in range(len(b)):
        B.InsertList(i+1,b[i])
```

```
print('B中的元素有{}个：'.format(B.ListLength()))
B.DispLinkList()
DelElem(A,B)
print('执行A-B后，A中的元素有{}个：'.format(A.ListLength()))
A.DispLinkList()
```

程序的运行结果如图 2.18 所示。

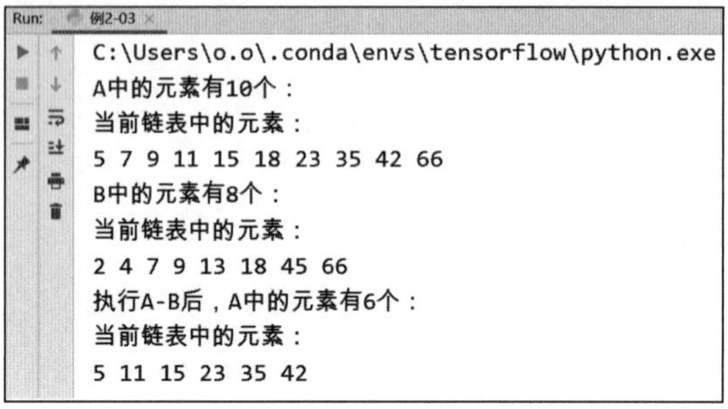

图 2.18　程序运行结果

在具体实现算法 A–B 时，利用 p=B.GetElem(i+1)依次取出单链表 B 中的元素，然后通过
A.LocatePos(p.data)在链表 A 中查找与该值相等的元素，并调用函数 A.DeleteList(pos)将 A 中对应的
结点删除。时间主要耗费在 A 和 B 中对元素的查找上，在该算法中，假设单链表 A 的长度为 m，
单链表 B 的长度为 n，算法的时间复杂度为 O(n×max(m,n))。

上面的算法通过单链表的基本运算实现，也可以不用单链表的基本运算实现该算法。如果不使
用单链表的基本运算，直接对单链表进行操作的话，则需要从单链表的第一个元素开始，依次与 B
中的每个元素比较，如果有相同的元素，则从 A 中删除该结点，并取 A 中的下一个元素继续与 B
中的每一个元素进行比较，重复以上操作，直到 A 中最后一个元素比较完毕。

```
def DelElem2(A,B):  #A-B 的算法实现
    pre=A.head
    p=A.head.next
    #取出 B 中的每个元素依次与单链表 A 中的元素比较，如果相等则删除 A 中元素对应的结点
    while p!=None:
        q=B.head.next   #取出 B 中的元素
        while q!=None and q.data!=p.data: #依次与 A 中的元素进行比较
            q=q.next
        if q!=None:               #如果 B 中存在与 A 中元素相等的结点
            r=p                   #r 指向要删除的结点
            pre.next=p.next       #将 p 指向的结点与链表断开
            p=r.next              #将 p 指向 A 中下一个待比较的结点
            del r                 #释放结点 r
        else:                     #如果 B 中不存在与 A 中元素相等的结点
            pre=p                 #将 pre 指向刚比较过的结点
            p=p.next              #p 指向下一个待比较的结点
```

上面算法中，在单链表 A 中，p 指向单链表 A 中与单链表 B 中要比较的结点，pre 指向 p 的前
驱结点。在单链表 B 中，利用 q 指向 B 中的第一个结点，依次与 A 中 p 指向的结点的元素比较，如
图 2.19 所示。

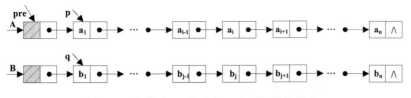

图 2.19 初始时，p 指向第一个要比较的结点

如果当前 A 中要比较的是元素 a_i，p 指向 a_i 所在结点。在 B 中，如果 q 指向元素 b_j 所在结点，而 $b_j=a_i$，则 q 停止向前比较。在 A 中，利用 r 指向要删除的结点 p，令 pre 指向 p 的后继结点，从而使 p 指向的结点与链表断开，即 r=p、pre.next=p.next，如图 2.20 所示。

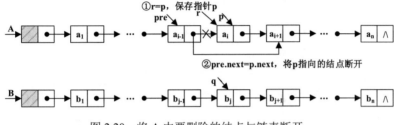

图 2.20 将 A 中要删除的结点与链表断开

然后，p 指向链表 A 中下一个要比较的结点，最后释放 r 指向的结点，如图 2.21 所示。

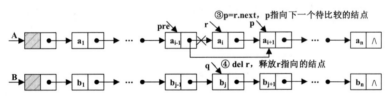

图 2.21 p 指向下一个要比较的结点同时释放 r 指向的结点

算法 DelElem2 省去了算法 DelElem 中重复查找元素的操作，总的比较次数会比 DelElem 算法少，其时间复杂度为 $O(m×n)$。

说明： 在算法 DelElem2 的实现过程中，隐藏了查找元素结点与删除元素结点的实现细节，而在算法 DelElem2 中，将整个查找过程和删除过程展现得淋漓尽致。

2.3.4 循环单链表

1. 循环单链表的存储

循环单链表（Circular Linked List）是一种首尾相连的单链表。在线性链表中，每个结点的指针都指向它的下一个结点，最后一个结点的指针域为空，不指向任何结点，仅表示链表结束。若把这种结构改变一下，使最后一个结点的指针域指向链表的第一个结点，就构成了循环链表。

与单链表类似，循环单链表也可分为带头结点结构和不带头结点结构。循环单链表不为空时，最后一个结点的指针域指向头结点，如图 2.22 所示。

图 2.22　带头结点的循环单链表

循环单链表为空时，头结点的指针域指向头结点本身，如图 2.23 所示。

图 2.23　循环单链表为空时的情况

注意：带头结点为空时，则 head.next==head。

有时为了操作方便，在循环单链表中只设置尾指针 rear 而不设置头指针，利用 rear 指向循环单链表的最后一个结点，如图 2.24 所示。

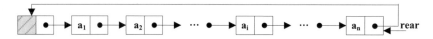

图 2.24　只设置尾指针的循环单链表示意图

利用尾指针可以使有些操作变得简单，例如，要将如图 2.25 所示的两个循环单链表（尾指针分别为 LA 和 LB）合并成一个链表，只需要将一个表的表尾和另一个表的表头连接即可，如图 2.26 所示。

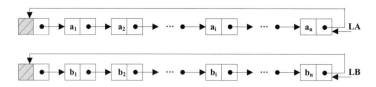

图 2.25　设置尾指针的循环单链表 LA 和 LB

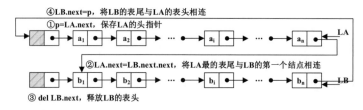

图 2.26　两个设置尾指针的循环单链表合并后的示意图

合并两个设置尾指针的循环单链表需要 4 步操作：

① 保存 LA 的头指针，即 p=LA.next。
② 将 LA 的表尾与 LB 的第一个结点相连接，即 LA.next=LB.next.next。
③ 释放 LB 的头结点，即 del LB.next。
④ 把 LB 的表尾与 LA 的表头相连接，即 LB.next=p。

2. 循环单链表的应用

【例 2.4】约瑟夫问题。有 n 个人，编号为 1、2、…、n，围成一个圆圈，按照顺时针方向从编号为 k 的人从 1 开始报数，报数为 m 的人出列，他的下一个人重新开始从 1 报数，数到 m 的人出列，一直这样重复下去，直到所有的人都出列。要求编写一个算法，输入 n、k 和 m，依次输出每次出列人的编号。

分析：解决约瑟夫问题可以分为 3 个步骤：

① 建立一个具有 n 个结点的不带头结点的循环单链表，编号从 1 到 n，代表 n 个人。

② 找到第 k 个结点，即第一个开始报数的人。

③ 编号为 k 的人从 1 开始报数，并开始计数，报数为 m 的人出列即删除该结点。从下一个结点开始继续开始报数，重复执行步骤②和③，直到最后一个结点被删除。

约瑟夫问题算法描述如下：

```python
def Josephus( h,n, m, k):
#在由 n 个人围成的圆圈中，从第 k 个人开始报数，数到 m 的人出列
    p=h
    for i in range(1,k):  #从第 k 个人开始报数
        q=p
        p=p.next
    while p.next!=p:
        for i in range(1,m): #数到 m 的人出列
            q=p
            p=p.next
        q.next=p.next      #将 p 指向的结点删除，即报数为 m 的人出列
        print("%4d"%(p.data),end=' ')
        del p
        p=q.next           #p 指向下一个结点，重新开始报数
    print("%4d"%(p.data),end=' ')
```

测试程序如下：

```python
if __name__=='__main__':
    L = LinkList()
    n=int(input("输入圈中人的个数："))
    k=int(input("输入开始报数的序号："))
    m=int(input("报数为 m 的人出列："))
    head = L.CreateCycList(n)
    Josephus(head, n, m, k)
def CreateCycList(self,n):
    #创建循环单链表
    head = None
    for i in range(1,n+1):
        s=ListNode(i)
        if head == None:
            head=s
        else:
            r.next=s
        r=s
    r.next=head
```

```
return head
```

程序运行结果如图 2.27 所示。

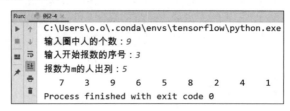

图 2.27　程序运行结果

2.3.5　双向链表

在前面讨论过的单链表和循环链表中，每个结点的指针域只有一个，用来存放后继结点的指针，而没有关于前驱结点的信息。因此，从某个结点出发，只能顺着指针往后查找其他结点。若要查找结点的前驱，则需要从表头结点开始，顺着指针寻找，显然，使用单链表处理不够方便。同样，从单链表中删除一个结点也会遇到类似的问题。为了克服单链表的这种缺点，可以使用双向链表。

1. 双向链表的存储结构

双向链表中，每个结点有两个指针域：一个指向直接前驱结点，另一个指向直接后继结点。双向链表的结点结构如图 2.28 所示。

图 2.28　双向链表的结点结构

在双向链表中，每个结点包括 3 个域：data 域、prior 域和 next 域。其中，data 域为数据域，存放数据元素；prior 域为前驱结点指针域，指向直接前驱结点；next 域为后继结点域，指向直接后继结点。

双向链表也可分为带头结点和不带头结点，带头结点使某些操作更加方便。另外，双向链表也有循环结构，称为双向循环链表。带头结点的双向循环链表如图 2.29 所示。

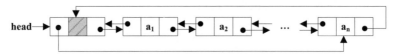

图 2.29　带头结点的双向循环链表

双向循环链表为空的情况如图 2.30 所示，判断带头结点的双循环链表为空的条件是 head.prior==head 或 head.next==head。

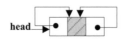

图 2.30　带头结点的双向循环链表为空时的情况

在双向链表中，每个结点既有前驱结点的指针域又有后继结点的指针域，因此查找结点非常方便。如果 p 是指向链表中某个结点的指针，则有 p=p.prior.next=p.next.prior。

双向链表的结点类型描述如下：

```
class DListNode(object):
    def __init__(self, data):
        self.data = data
        self.prior=None
        self.next = None
class DLinkList(object):
    def __init__(self):
        self.head = DListNode(None)
        self.head.next=self.head
        self.head.prior=self.head
```

2. 双向链表的插入操作和删除操作

对于双向链表的有些操作，如求链表的长度、查找链表的第 i 个结点等，与单链表中的算法实现基本没什么差异。但是，对于双向循环链表的插入和删除操作，因为涉及的是前驱结点指针和后继结点指针，所以需要修改两个方向的指针。

（1）插入操作

插入操作就是要在双向循环链表的第 i 个位置插入一个元素值为 e 的结点。若插入成功则返回 1，否则返回 0。

【算法思想】首先找到第 i 个结点，用 p 指向该结点。再申请一个新结点，由 s 指向该结点，将 e 放入到数据域。然后开始修改 p 和 s 指向的结点的指针域：修改 s 的 prior 域，使其指向 p 的直接前驱结点，即 s.prior=p.prior；将 p 的直接前驱结点的 next 域指向 s 指向的结点，即 p.prior.next=s；修改 s 的 next 域，使其指向 p 指向的结点，即 s.next=p；修改 p 的 prior 域，使其指向 s 指向的结点，即 p.prior=s。插入操作指针修改情况如图 2.31 所示。

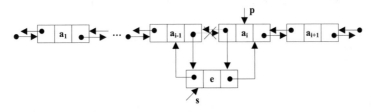

图 2.31　双向循环链表的插入操作过程

插入操作算法实现如下所示：

```
def InsertDList(self,i,e):
    p = self.head.next
    j = 1
    while p != self.head and j < i:
        p = p.next
        j +=1
    if j != i:
        print('插入位置不正确')
        return 0
```

```
s = DListNode(e)
s.prior = p.prior
p.prior.next = s
s.next = p
p.prior = s
return 1
```

（2）删除操作

删除操作就是将带头结点的双向循环链表中的第 i 结点删除。若删除成功则返回 1，否则返回 0。

【算法思想】首先找到第 i 个结点，用 p 指向该结点。然后开始修改 p 指向的结点的直接前驱结点和直接后继结点的指针域，从而将 p 与链表断开。将 p 指向的结点与链表断开需要两步：

① 修改 p 的前驱结点的 next 域，使其指向 p 的直接后继结点，即 p.prior.next=p.next。

② 修改 p 的直接后继结点的 prior 域，使其指向 p 的直接前驱结点，即 p.next.prior=p.prior。

删除操作指针修改情况如图 2.32 所示。

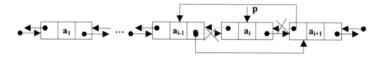

图 2.32　双向循环链表删除操作过程

删除操作算法实现如下所示：

```
def DeleteDList(self,i):
    p = self.head.next
    j = 1
    while p != self.head and j < i:
        p = p.next
        j +=1
    if j != i:
        print('删除位置不正确')
        return 0
    p.prior.next = p.next
    p.next.prior = p.prior
    del p
    return 1
```

插入和删除操作的时间耗费主要在查找结点上，两者的时间复杂度都为 O(n)。

注意：双向链表的插入和删除操作需要修改结点的 prior 域和 next 域，因此要注意修改结点指针域的顺序。

2.4　一元多项式的表示与相乘

一元多项式的相乘是线性表在日常生活中一个典型应用，它的各种操作集中了线性表的各种基本操作。

2.4.1 一元多项式的表示

一元多项式 $A_n(x)$ 可以写成降幂的形式：

$$A_n(x)=a_nx^n+a_{n-1}x^{n-1}+\ldots+a_1x+a_0$$

如果 $a_n\neq0$，则 $A_n(x)$ 被称为 n 阶多项式。一个 n 阶多项式由 n+1 个系数构成，它的系数可以用线性表 $(a_n,a_{n-1},\ldots,a_1,a_0)$ 表示。

线性表的存储可以采用顺序存储结构，这样使多项式的一些操作变得更加简单。可以定义一个维数为 n+1 的列表 a[n+1]，a[n] 存放系数 a_n，a[n-1] 存放系数 a_{n-1}…a[0] 存放系数 a_0。但是，实际情况是可能多项式的阶数（最高的指数项）会很高，多项式的每个项的指数会差别很大，这可能会浪费很多的存储空间。例如，一个多项式：

$$P(x)=10x^{2001}+x+1$$

若采用顺序存储，则存放系数需要 2002 个存储空间，但是存储有用的数据只有 3 个。若只存储非零系数项，还必须存储相应的指数信息。

一元多项式 $A_n(x)=a_nx^n+a_{n-1}x^{n-1}+\ldots+a_1x+a_0$ 的系数和指数同时存放，可以表示成一个线性表，线性表的每一个数据元素由一个二元组构成。因此，多项式 $A_n(x)$ 可以表示成线性表：

$$((a_n,n),(a_{n-1},n-1),\ldots,(a_1,1),(a_0,0))$$

多项式 P(x) 可以表示成 ((10,2001),(1,1),(1,0)) 的形式。

因此，多项式可以采用链式存储方式表示，每一项可以表示成一个结点，结点的结构由 3 个域组成：存放系数的 coef 域，存放指数的 expn 域和指向下一个结点的 next 指针域，如图 2.33 所示。

coef	expn	next

图 2.33 多项式的结点结构

结点结构类型描述如下：

```python
class PolyNode(object):
    def __init__(self, coef, expn):
        self.coef = coef
        self.expn= expn
        self.next = None
```

例如，多项式 $S(x)=7x^6+3x^4-3x^2+6$ 可以表示成链表，如图 2.34 所示。

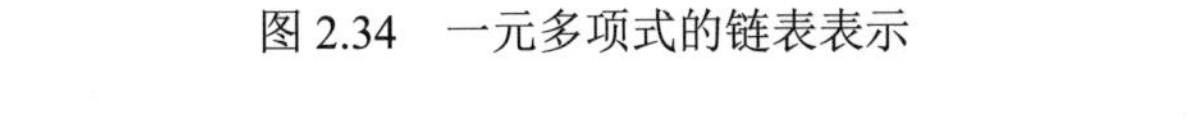

图 2.34 一元多项式的链表表示

2.4.2 一元多项式相乘

两个一元多项式的相乘，需要将一个多项式的每一项的指数与另一个多项式的每一项的指数相加，并将其系数相乘。假设两个多项式 $A_n(x)=a_nx^n+a_{n-1}x^{n-1}+\ldots+a_1x+a_0$ 和 $B_m(x)=b_mx^m+b_{m-1}x^{m-1}+\ldots+b_1x+b_0$，要将这两个多项式相乘，就是将多项式 $A_n(x)$ 中的每一项与 $B_m(x)$ 相乘，相乘的结果用线性表表示为 $((a_n*b_m,n+m),(a_{n-1}*b_m,n+m-1),\ldots,(a_1,1),(a_0,0))$。

例如，两个多项式 A(x)和 B(x)的相乘后得到 C(x)。

$A(x)=7x^4+2x^2+3x$

$B(x)=6x^3+5x^2+6x$

$C(x)=42x^7+49x^6+74x^5+51x^4+59x^3+40x^2$

以上多项式可以表示成链式存储结构，如图 2.35 所示。

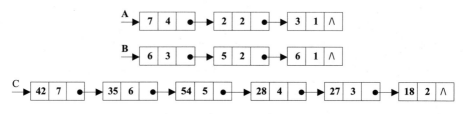

图 2.35　多项式的链表表示

A、B 和 C 分别是多项式 A(x)、B(x)和 C(x)对应链表的头指针，A(x)和 B(x)两个多项式相乘，首先计算出 A(x)和 B(x)的最高指数和，即 4+3=7，则 A(x)和 B(x)的乘积 C(x)的指数范围在 0~7。然后将 A(x)按照指数降幂排列，将 B(x)按照指数升序排列，分别设两个指针 pa 和 pb，pa 用来指向链表 A，pb 用来指向链表 B，从第一个结点开始计算两个链表的 expn 域的和，并将其与 k 比较（k 为指数和的范围，从 7~0 递减），使链表的和呈递减排列。如果和小于 k，则 pb=pb.next；如果和等于 k，则计算二项式的系数的乘积，并将其赋值给新生成的结点；如果和大于 k，则 pa=pa.next。这样得到多项式 A(x)和 B(x)的乘积 C(x)。最后将链表 B 重新逆置。

```python
class PolyNode(object):
    def __init__(self, coef, expn):
        self.coef = coef
        self.expn= expn
        self.next = None


    def DisplLinkList(self):
        if self.next==None:
            return
        p=self.next
        while p!=None:
            print(p.coef,end='')
            if p.expn:
                print("*x^%d"%(p.expn),end='')
            if p.next and p.next.coef > 0:
                print("+",end='')
            p=p.next
class PLinkList(object):
    def __init__(self):
        self.head = PolyNode(0.0,0)#动态生成一个头结点
```

1. 一元多项式的创建

```python
# 创建一元多项式，使一元多项式呈指数递减
def CreatePolyn(self):
```

```
            h=self.head
            while True:
                coef2=float(input("输入系数 coef(系数和指数都为 0 时，表示结束)"))
                expn2=int(input(("输入指数 exp(系数和指数都为 0 时，表示结束)")))
                if (int)(coef2) == 0 and expn2 == 0:
                    break
                s=PolyNode(coef2,expn2)
                q = h.next      #q 指向链表的第一个结点，即表尾
                p = h           #p 指向 q 的前驱结点
                while q and expn2 < q.expn: #将新输入的指数与 q 指向的结点指数比较
                    p = q
                    q = q.next
                if q == None or expn2 > q.expn:#q 指向要插入结点的位置，p 指向要插入结点的前驱
                    p.next = s   #将 s 结点插入到链表中
                    s.next = q
                else:
                    q.coef += coef2      #如果指数与链表中结点指数相同，则将系数相加即可
```

2. 两个一元多项式的相乘

```
        def MultiplyPolyn(A, B):
            #计算两个多项式 A(x) 和 B(x) 的乘积
            h = PolyNode(0.0,0)  #动态生成头结点
            if A.head.next != None and B.head.next != None:
                maxExp = A.head.next.expn + B.head.next.expn #maxExp 为两个链表指数的和的
最大值
            else:
                return h
            pc = h
            B.Reverse()   #使多项式 B(x) 呈指数递增形式
            for k in range(maxExp,-1,-1): #多项式的乘积指数范围为 0 - maxExp
                pa = A.head.next
                while pa != None and pa.expn > k: #找到 pa 的位置
                    pa = pa.next
                pb = B.head.next
                while (pb != None and pa != None and pa.expn+pb.expn < k): #如果和小于 k，
使 pb 移到下一个结点
                    pb = pb.next
                coef = 0.0
                while (pa != None and pb != None):
                    if pa.expn+pb.expn==k:#如果在链表中找到对应的结点，即和等于 k，求相应的系数
                        coef += pa.coef * pb.coef
                        pa = pa.next
                        pb = pb.next
                    elif pa.expn + pb.expn > k: #如果和大于 k，则使 pa 移到下一个结点
                        pa=pa.next
                    else:
                        pb=pb.next #如果和小于 k，则使 pb 移到到下一个结点
                if coef != 0.0:
                #如果系数不为 0，则生成新结点，并将系数和指数分别赋值给新结点。并将结点插入到链表中
                    u = PolyNode(coef,k)
```

```
                u.next = pc.next
                pc.next = u
                pc = u
        B = B.Reverse()   #完成多项式乘积后，将 B(x) 呈指数递减形式
        return h
def Reverse(self):
#将链表逆置，使一元多项式呈指数递增形式
    p = None
    q = self.head.next
    while q!=None:
        r = q.next      #r 指向链表的待处理结点
        q.next = p      #将链表结点逆置
        p = q           #p 指向刚逆置后链表结点
        q = r           #q 指向下一准备逆置的结点
    self.head.next = p          #将头结点的指针指向已经逆置后的链表
    #return self.head
```

3. 测试程序

```
if __name__=='__main__':
    A = PLinkList()
    A.CreatePolyn()
    print('A(x)=',end='')
    A.OutPut()
    B=PLinkList()
    B.CreatePolyn()
    print('B(x)=',end='')
    B.OutPut()
    C = MultiplyPolyn(A, B)
    print('C(x)=A(x)*B(x)=',end='')
    C.DispLinkList()   #输出结果
```

程序运行结果如图 2.36 所示。

图 2.36　程序运行结果

思政元素：在利用数据结构描述数据对象、设计算法时，要根据实际问题选择合适的存储结构，来设计算法。例如，实现一元多项式的相加、相乘运算及关于学生信息表的构造与操作，选择使用顺序存储还是链式存储呢？这就是需要我们考虑的问题。也就是要我们在学习数据结构的过程中，不仅要学习算法思想、实现算法，还要养成正确认识事物、分析事物特点的能力，了解到凡事都具有两面性，在对立统一中不断发展变化，只看到事物的一面而忽视了另一面是有失偏颇的。

2.5 小 结

线性表是最常用，也是最简单的线性数据结构。

线性表是一种可以在任意位置进行插入和删除操作，由 n 个同类型的数据元素组成的一种线性数据结构。线性表中的每个数据元素只有一个前驱元素和只有一个后继元素。其中，第一个数据元素没有前驱元素，最后一个数据元素没有后继元素。

线性表通常有两种存储方式：顺序存储和链式存储。采用顺序存储结构的线性表称为顺序表，采用链式存储结构的线性表称为链表。

顺序表中数据元素的逻辑顺序与物理顺序一致，因此可以随机存取。但是顺序表在插入元素和删除元素时，需要移动大量的数据元素。

链表中的结点由两部分组成：数据域和指针域。数据域存放元素值信息，指针域存放元素之间的地址信息。链表根据结点之间的链接关系分为单链表和双向链表，这两种链表又可以构成单循环链表、双向循环链表。单链表只有一个指针域，指针域指向直接后继结点。单链表的最后一个结点的指针域为空，循环链表的最后一个指针域指向头结点或链表的第一个结点。双向链表有两个指针域，一个指向直接前驱结点，另一个指向直接后继结点。

为了链表操作的方便，往往在链表的第一个结点之前增加一个结点，称为头结点。头结点的设置，在进行插入和删除操作时不需要改变头指针的指向，头指针始终指向头结点。

顺序表的算法实现比较简单，存储空间利用率高。但是需要预先分配好存储空间，插入和删除操作需要移动大量的元素。而链表不需要事先确定存储空间的大小，插入和删除操作不需要移动大量的元素，实现较为复杂。

2.6 习 题

一、选择题

1. 对于线性表，在下面哪种情况下应当采用链表表示？（ ）

    A. 经常需要随机地存取元素   B. 表中元素需要占据一片连续的存储空间

    C. 经常需要进行插入和删除操作   D. 表中元素的个数不变

2. 在带有头结点的单链表 L 中，要向表头插入一个由指针 p 指向的结点，则需执行（ ）。

    A. p.next=L.next   L.next=p   B. p.next=L   L=p

  C. p.next=L p=L   D. L=p p.next=L

 3. 若长度为 n 的线性表采用顺序存储结构，在其第 i 个位置插入一个新元素算法的时间复杂度是（ ）。

  A. $O(\log_2 n)$ B. O(1)   C. O(n)   D. $O(n^2)$

 4. 若一个线性表中最常用的操作是存取第 i 个元素和查找第 i 个元素的前趋元素，则采用（ ）存储方式最节省时间。

  A. 顺序表   B. 单链表   C. 双链表   D. 单循环链表

 5. 在一个长度为 n 的顺序表（顺序表中元素的序号从 1 到 n）中，在第 i 个元素之前插入一个新元素时，需向后移动（ ）个元素。

  A. n−i   B. n−i+1   C. n−i−1   D. i

 6. 非空的循环单链表 head 的尾结点 p 满足（ ）。

  A. p.next==head   B. p.next==None

  C. p==None   D. p==head

 7. 在双向循环链表中，在 p 指针所指的结点后插入一个指针 q 所指向的新结点，修改指针的操作是（ ）。

  A. p.next=q q.prior=p p.next.prior=q q.next=q

  B. p.next=q p.next.prior=q q.prior=p q.next=p.next

  C. q.prior=p q.next=p.next p.next.prior=q p.next=q

  D. q.next=p.next q.prior=p p.next=q p.next=q

 8. 在一个长度为 n 的带头结点的单链表 L 中，设有尾指针 r，则执行（ ）操作与链表的表长有关。

  A. 删除单链表中的第一个元素   B. 在单链表中第一个元素前插入新元素

  C. 删除单链表中的最后一个元素   D. 在单链表最后一个元素后插入新元素

 9. 在一个长度为 n 的顺序表中删除第 i 个元素，需要向前移动（ ）个元素。

  A. n−i   B. n−i+1   C. n−i−1   D. i+1

 10. 在双向链表存储结构中，删除 p 指向的结点时修改指针的操作是（ ）。

  A. p.prior.next=p.next p.next.prior=p.prior

  B. p.prior=p.prior.prior p.prior.next=p

  C. p.next.prior=p p.next=p.next.next

  D. p.next=p.prior.prior p.prior=p.next.next

 11. 在具有 n 个结点的单链表上查找值为 e 的元素时，其时间复杂度为（ ）。

  A. O(n)   B. O(1)   C. $O(n^2)$ D. O(n−1)

 12. 一个顺序表的第一个元素的存储地址是 90，每个元素的长度为 2，则第 6 个元素的存储地址是（ ）。

A. 98   B. 100   C. 102   D. 106

13. 在单链表中，指针 p 指向元素为 e 的结点，实现删除 e 的后继的语句是（   ）。

    A. p=p.next   B. p.next=p.next.next

    C. p.next=p   D. p=p.next.next

14. 循环链表的主要优点是（   ）。

    A. 不再需要头指针

    B. 已知某结点位置后能容易找到其直接前驱

    C. 在进行插入、删除运算时能保证链表不断开

    D. 在表中任一结点出发都能扫描整个链表

15. 已知指针 p 和 q 分别指向某单链表中第一个结点和最后一个结点。假设指针 s 指向另一个单链表中某个结点，则在 s 所指结点之后插入上述链表应执行的语句为（   ）。

    A. q.next=s.next   s.next=p

    B. s.next=p   q.next=s.next

    C. p.next=s.next   s.next=q

    D. s.next=q   p.next=s.next

16. 在一个单链表中，已知 q 所指结点是 p 所指结点的前驱结点，若在 q 和 p 之间插入一个结点 s，则执行（   ）。

    A. s.next=p.next   p.next=s

    B. p.next=s.next   s->next=p

    C. q.next=s   s.next=p

    D. p.next=s   s.next=q

二、算法分析题

1. 函数 GetElem 实现返回单链表的第 i 个元素，请在空格处将算法补充完整。其中结点结构为

data	next

数据域   指针域

```
def GetElem(L,i):
    j=1
    p=L.next
    while p and j<i:
        (1)
        j+=1
    if p is not None or j>i:
        return -1,None
    e=(2)
    return 1,e
```

2. 函数实现单链表的插入算法，请在空格处将算法补充完整。

```
def ListInsert(L,i,e):
```

```
    j=0
    p=L
    while p!=None and j<i-1:
        p=p.next
        j+=1
    if p==None or j>i-1:
        return -1
    s=LNode(e)
     (1)
     (2)
     return 1
```

3. 函数 ListDelete 实现删除顺序表中某一元素的算法，请在空格处将算法补充完整。

```
def ListDelete(L,i):
    if i<1 or i>L.length:
        return -1
    for k in range(i-1,L.length-1):
        L.list[k]=   (1)
     (2)
    return 1
```

4. 函数实现单链表的删除算法，请在空格处将算法补充完整。

```
def ListDelete(L,i):
    p=L
    j=0
    while( (1) ) and (j<i-1):
        p=p.next
        j+=1
    if p.next==None or j>i-1:
        return -1,None
    q=p.next
       (2)
    s=q.data
    return 1,s
```

5. 写出算法的功能。

```
def L(head):
    n=0
    p=head
    while p!=None:
        p=p.next
        n+=1
    return n
```

三、算法设计题

1. 编写算法，实现带头结点单链表的逆置算法。

2. 有两个循环链表，链头指针分别为 L1 和 L2，要求写出算法将 L2 链表链到 L1 链表之后，且连接后仍保持循环链表形式。

3. 编写算法，将一个头指针为 head 不带头结点的单链表改造为一个单向循环链表，并分析算法的时间复杂度。

4. 设顺序表 va 中的数据元数递增有序。试写一算法，将 x 插入到顺序表的适当位置上，以保持该表的有序性。

5. 已知有两个顺序表 A 和 B，A 中的元素按照递增排列，B 中的元素按照递减排列。试编写一个算法，将 A 和 B 合并成一个顺序表，使其按照递增有序排列，要求不占用额外的存储单元。

6. 已知有两个带头结点的单链表 A 和 B，A 和 B 中的元素由小到大排列，设计一个算法，求 A 和 B 的交集 C，将 A 和 B 中相同的元素插入到 C 中。

7. 将一个无序的单链表变成一个有序的单链表，要求按照从小到大排列并且不占用额外的存储空间。

8. 已知一个双向循环链表 L，设计算法实现将双向循环链表 L 的所有结点逆置。

9. 顺序表 A 和顺序表 B 的元素都是非递减排列，利用线性表的基本运算，将它们合并成一个顺序表 C，要求顺序表 C 也是非递减排列。例如，A=(6,11,11,23)，B=(2,10,12,12,21)，则 C=(2,6,10,11,11,12,12,21,23)。

10. 已知一个整数序列 A=$(a_0,a_1,\ldots,a_{n-1})$，其中 $0 \leq a_i < n$（$0 \leq i < n$）。若存在 $a_{p1}=a_{p2}=\ldots=a_{pm}=x$，且 m>n/2（$0 \leq p_k < n, 1 \leq k \leq m$），则称 x 为 A 的主元素。例如 A=(0,5,5,3,5,7,5,5)，则 5 为主元素；又如 A=(0,5,5,3,5,1,5,7)，则 A 中没有主元素。假设 A 中的 n 个元素保存在一个一维数组中，请设计一个尽可能高效的算法，找出 A 的主元素。若存在主元素，则输出该元素，否则输出-1。要求：

（1）给出算法的基本设计思想。

（2）根据算法设计思想，采用 Python 语言描述算法。

（3）说明算法的时间复杂度和空间复杂度。

11. 假定采用带头结点的单链表保存单词，当两个单词有相同的后缀时，则可共享相同的后缀存储空间。例如，"loading"和"being"的存储映像如图 2.37 所示。

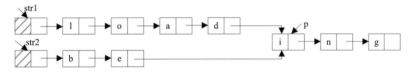

图 2.37　存储映像

设 str1 和 str2 分别指向两个单词所在单链表的头结点，链表结点结构为 | data | next |，请设计一个时间上尽可能高效的算法，找出由 str1 和 str2 所指的两个链表共同后缀的起始位置（如图中字符 i 所在结点的位置 p）。要求：

（1）给出算法的基本设计思想。

（2）根据算法设计思想，请采用 Python 语言描述算法。

（3）说明算法的时间复杂度。

第3章

栈 与 队 列

栈和队列是操作受限的线性结构。栈具有线性表的特点：每一个元素只有一个前驱元素和后继元素（除了第一个元素和最后一个元素外），但在操作上与线性表不同，栈只允许在表的一端进行插入和删除操作。栈的应用十分广泛，在表达式求值、括号匹配时常常用到栈的设计思想。队列的特殊性在于只能在表的一端进行插入，另一端进行删除操作。队列在操作系统和事务管理等软件设计中应用广泛，如键盘输入缓冲区问题就是利用队列的思想实现的。

学习目标：

- 栈和队列的概念及基本运算
- 栈和队列的存储结构
- 栈和队列在实际生活中的应用

3.1 栈的表示与实现

栈是作为一种限定性线性表，只允许在表的一端进行插入和删除操作。

3.1.1 栈的定义

栈（Stack），也称为堆栈，它是一种特殊的线性表，只允许在表的一端进行插入和删除操作。允许在表操作的一端称为栈顶（Top），另一端称为栈底（Bottom）。栈顶是动态变化的，它由一个称为栈顶指针（top）的变量指示。当表中没有元素时，称为空栈。

栈的插入操作称为入栈或进栈，删除操作称为出栈或退栈。

在栈 $S=(a_1,a_2,\ldots,a_n)$ 中，a_1 称为栈底元素，a_n 称为栈顶元素。栈中的元素按照 a_1、a_2、$\ldots$、a_n 的顺序依次进栈，当前的栈顶元素为 a_n。最先进栈的元素一定在栈底，最后进栈的元素一定在栈顶。每次删除的元素是栈顶元素，也就是最后进栈的元素。因此，栈是一种后进先出的线性表。如图 3.1 所示。

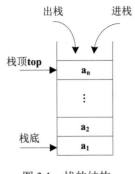

图 3.1　栈的结构

在图 3.1 中，a_1 是栈底元素，a_n 是栈顶元素，由栈顶指针 top 指示。最先出栈的元素是 a_n，最后出栈的元素是 a_1。

可以把栈想象成一个木桶，先放进去的物品在下面，后放进去的物品在上面，最先取出来的是最后放进去的，最后取出来的是最先放进去的。

图 3.2 演示了元素 A、B、C、D、E 依次进栈和出栈的过程。

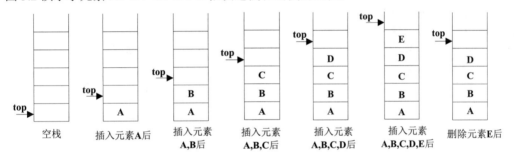

图 3.2　元素 A、B、C、D、E 进栈和出栈的过程

如果一个进栈的序列由 A、B、C 组成，它的出栈序列有 ABC、ACB、BAC、BCA 和 CBA 五种可能，只有 CAB 是不可能的输出序列。因为 A、B、C 进栈后，C 出栈，接着就是 B 要出栈，C 不可能 A 在 B 之前出栈，所以 CAB 是不可能出现的序列。

3.1.2　栈的抽象数据类型

栈的抽象数据类型定义了栈中的数据对象、数据关系及基本操作。栈的抽象数据类型定义如下：

```
ADT Stack
{
    数据对象：D={a_i|a_i∈ElemSet, i=1, 2, …, n, n≥0}
    数据关系：R={<a_{i-1}, a_i>|a_{i-1}, a_i∈D, i=2, 3, …, n}
              约定 a_1 端为栈底，a_n 端为栈顶。
    基本操作：

    （1）InitStack(&S)
    初始条件：栈 S 不存在。
    操作结果：建立一个空栈 S。
    这就像盖房子前，先打了地基，建好框架结构，准备砌墙。
```

（2）StackEmpty(S)

初始条件：栈 S 已存在。

操作结果：若栈 S 为空，则返回 1，否则返回 0。

栈为空就类似于打好了地基，还没有开始砌墙。栈不为空就类似于开始砌墙。

（3）GetTop(S,&e)

初始条件：栈 S 存在且非空。

操作结果：返回栈 S 的栈顶元素给 e。

栈顶就像刚砌好的墙的最上面一层砖。

（4）PushStack(&S,x)

初始条件：栈 S 已存在。

操作结果：将元素 x 插入到栈 S 中，使其成为新的栈顶元素。

这就像在墙上放置了一层砖，成为墙的最上面一层。

（5）PopStack(&S,&e)

初始条件：栈 S 存在且非空。

操作结果：删除栈 S 的栈顶元素，并用 e 返回其值。

这就像拆墙，需要把墙的最上面一层砖从墙上取下来。

（6）StackLength(S)

初始条件：栈 S 已存在。

操作结果：返回栈 S 的元素个数。

这就像整个墙有多少层组成。

（7）ClearStack(S)

初始条件：栈 S 已存在。

操作结果：将栈 S 清为空栈。

这就像把墙全部拆除。

}ADT Stack

与线性表一样，栈也有两种存储表示：顺序存储和链式存储。本节主要介绍栈的顺序存储结构及基本运算实现。

3.1.3 顺序栈

1. 栈的顺序存储结构

采用顺序存储结构的栈称为顺序栈。顺序栈利用一组连续的存储单元存放栈中的元素，存放顺序依次从栈底到栈顶。由于栈中元素之间的存放地址的连续性，在 Python 语言中，同样采用列表实现栈的顺序存储。另外，增加一个栈顶指针 top，用于指向顺序栈的栈顶元素。

栈的顺序存储结构类型描述如下：

```python
class SeqStack(object):
    def __init__(self):
        self.top=0
        self.StackSize=50
        self.stack = [None for x in range(0,self.StackSize)]
```

用列表表示的顺序栈如图 3.3 所示。将元素 A、B、C、D、E、F、G、H 依次进栈，栈底元素为 A，栈顶元素为 H。在本节中，约定栈顶指针 top 指向栈顶元素的下一个位置（而不是栈顶元素）。

图 3.3　顺序栈结构

说明：

① 初始时，栈为空，栈顶指针为 0，即 S.top=0。

② 栈空条件为 S.top==0，栈满条件为 S.top==StackSize-1。

③ 进栈操作时，先将元素压入栈中，即 S.stack[S.top]=e，然后使栈顶指针加 1，即 S.top+=1。出栈操作时，先使栈顶指针减 1，即 S.top-=1，然后元素出栈，即 e=S.stack[S.top]。

④ 栈的长度即栈中元素的个数为 S.top。

注意： 当栈中元素个数为 StackSize 时，称为栈满。当栈满时进行入栈操作，将产生上溢错误。如果对空栈进行删除操作，产生下溢错误。因此，在对栈进行进栈或出栈操作前，要判断栈是否已满或已空。

2. 顺序栈的基本运算

顺序栈的基本运算如下：

（1）栈的初始化。

```python
def __init__(self):
    self.top=0
    self.StackSize=50
    self.stack = [None for x in range(0,self.StackSize)]
```

（2）判断栈是否为空。

```python
def stackEmpty(self):
    if self.top==0:
        return True
    else:
        return False
```

（3）取栈顶元素。

```python
def getTop(self):
    if self.StackEmpty():
        print("栈为空，取栈顶元素失败!")
        return None
    else:
        return self.stack[self.top-1]
```

（4）进栈操作。

```python
def pushStack(self,e):
    if self.top>=self.StackSize:
        print("栈已满! ")
        return False
```

```
    else:
        self.stack[self.top]=e
        self.top=self.top+1
        return True
```

（5）出栈操作。

```
def popStack(self):
    if self.StackEmpty():
        print("栈为空，不能进行出栈操作!")
        return None
    else:
        self.top=self.top-1
        x=self.stack[self.top]
        return x
```

（6）返回栈的长度。

```
def stackLength(self):
    return self.top
```

（7）清空栈。

```
def clearStack(self):
    self.top=0
```

3. 共享栈

栈的应用非常广泛，经常会出现一个程序需要同时使用多个栈的情况。使用顺序栈会因为栈空间的大小难以准确估计，从而造成有的栈溢出，有的栈还有空闲。为了解决这个问题，可以让多个栈共享一个足够大的连续存储空间，利用栈的动态特性使栈空间能够互相补充，存储空间得到有效利用，这就是栈的共享，这些栈被称为共享栈。

在栈的共享问题中，最常用的是两个栈的共享。共享栈主要通过栈底固定、栈顶迎面增长的方式实现。让两个栈共享一个一维数组 S[StackSize]，两个栈底设置在数组的两端，当有元素进栈时，栈顶位置从栈的两端向中间迎面增长，当两个栈顶相遇时，栈满。

共享栈（两个栈共享一个连续的存储空间）的数据结构类型描述如下：

```
class SSeqStack(object):
    def __init__(self):
    #共享栈的初始化操作
        self.top=[None]*2
        self.top[0]=0
        self.top[1]= StackSize -1
        self.StackSize =50
        self.stack = [None for x in range(0,self.StackSize)]
```

其中，top[0]和 top[1]分别是两个栈的栈顶指针。

例如，共享栈的存储表示如图 3.4 所示。

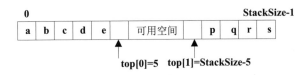

图 3.4　共享栈示意图

共享栈的算法操作如下：

（1）初始化操作。

```
def __init__(self):
#共享栈的初始化操作
    self.top=[None for i in range(2)]
    self.top[0]=0
    self.top[1]= StackSize -1
    self.StackSize =50
    self.stack = [None for x in range(0,self.StackSize)]
```

（2）进栈操作。

```
def PushStack(self, e, flag):
#共享栈进栈操作。进栈成功则返回 True，否则返回 False
    if self.top[0]==self.top[1]:          #在进栈操作之前，判断共享栈是否已满
        return False
    if flag==0:                           #当 flag 为 0 时，表示元素要进左端的栈
        self.stack[self.top[0]]=e         #元素进栈
        self.top[0]+=1                     #修改栈顶指针
    elif flag==1:                         #当 flag 为 1 时，表示元素要进右端的栈
        self.stack[self.top[1]]=e         #元素进栈
        self.top[1]-=1                      #修改栈顶指针
    else:
        return False
return True
```

（3）出栈操作。

```
def PopStack(self, flag):
#共享栈出栈操作。出栈成功则返回 True 和出栈元素值，否则返回 False 和 None
    if flag==0:                           #在出栈操作之前，判断是哪个栈要进行出栈操作
        if self.top[0]==0:                #左端的栈为空，则返回 0，表示出栈操作失败
            return False,None
        self.top[0]-=1                     #修改栈顶指针
        e=S->stack[self.top[0]]           #将出栈的元素赋值给 e
    elif flag==1:
        if self.top[1]==StackSize-1:      #右端的栈为空，则返回 0，表示出栈操作失败
            return False,None
        self.top[1]+=1                      #修改栈顶指针
        e=self.stack[self.top[1]]         #将出栈的元素赋值给 e
    else:
        return False,None
return True,e
```

3.1.4　链栈

1. 栈的链式存储结构

采用链式存储方式的栈称为链栈或链式栈。链栈采用带头结点的单链表实现。由于栈的插入与删除操作仅限在表头的位置进行，因此链表的表头指针就作为栈顶指针，如图 3.5 所示。

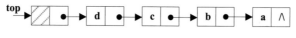

图 3.5　链栈示意图

在图 3.5 中，top 为栈顶指针，始终指向栈顶元素前面的头结点。链栈的基本操作与链表类似，在使用完链栈时，应释放其空间。

链栈结点的类描述如下：

```
class LinkStackNode:
    def __init__(self):
        self.data=None
        self.next=None
```

链栈的进栈操作与链表的插入操作类似，出栈操作与链表的删除操作类似。关于链栈的操作说明如下：

（1）链栈通过链表实现，链表的第一个结点位于栈顶，最后一个结点位于栈底。

（2）设栈顶指针为 top，初始化时，对于不带头结点的链栈，top=None；对于带头结点的链栈，top.next =None。

（3）不带头结点的栈空条件为 top==None，带头结点的栈空条件为 top.next ==None。

2. 链栈的基本运算

链栈的基本运算具体实现如下：

（1）链栈的初始化。

```
class MyLinkStack:
    def __init__(self):
        self.top=LinkStackNode()
```

（2）判断链栈是否为空。

```
def stackEmpty(self):
    if self.top.next is None
        return True
    else:
        return False
```

（3）进栈操作。进栈操作就是要将新元素结点插入到链表的第一个结点之前，分为两个步骤：① p.next=top.next；② top.next=p。进栈操作如图 3.6 所示。

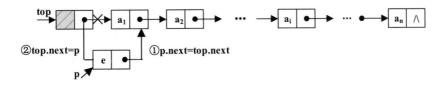

图 3.6　进栈操作

```
def pushStack(self,e):
    p=LinkStackNode()
    p.data=e
    p.next=self.top.next
    self.top.next=p
```

（4）出栈操作。出栈操作就是将单链表中的第一个结点删除，并将结点的元素赋值给 e，并释放结点空间。在元素出栈前，要判断栈是否为空。出栈操作如图 3.7 所示。

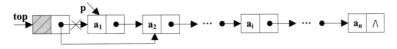

图 3.7　出栈操作

```
def popStack(self):
    if self.stackEmpty():
        print("栈为空，不能进行出栈操作!")
        return None
    else:
        p=self.top.next
        self.top.next=p.next
        x=p.data
        del p
        return x
```

（5）取栈顶元素。

```
def getTop(self):
    if self.stackEmpty():
        print("栈为空，取栈顶元素失败!")
        return None
    else:
        return self.top.next.data
```

（6）求栈的长度。

```
def stackLength(self):
    p=self.top.next
    len=0
    while p is not None:
        p=p.next
        len=len+1
    return len
```

求栈的长度就是求链栈中的元素个数，必须从栈顶指针即从链表的头指针开始，依次访问每个结点，并利用计数器计数，直到栈底为止。求栈长度的时间复杂度为 O(n)。

（7）销毁链栈。在程序结束后要将动态申请的结点空间释放。从栈顶开始，通过栈顶位置出发，依次通过 del 命令释放结点空间，直到栈底为止。销毁链栈的算法实现如下：

```python
def clearStack(self):
    while self.top is not None:
        p=self.top
        self.top=self.top.next
        del p
```

（8）创建链栈。创建链栈主要是利用了链栈的插入操作思想实现，根据用户输入的元素序列，将该元素序列存入 eElem 中，然后依次取出每个元素，将其插入到链栈中，即将元素依次入栈。创建链栈的算法实现如下：

```python
def createStack(self):
    print("请输入要入栈的整数：")
    eElem=list(map(int, input().split()))
    for e in eElem:
        p=LinkStackNode()
        p.data=e
        p.next=self.top.next
        self.top.next=p
```

3.2 栈 的 应 用

由于栈结构的后进先出的特性，使它成为一种重要的数据结构，它在计算机中的应用也非常广泛。在程序的编译和运行过程中，需要利用栈对程序的语法进行检查，如括号的配对、表达式求值和函数的递归调用。

3.2.1 进制转换

将十进制数 N 转换为 x 进制数，可用辗转相除法。算法步骤如下：

（1）将 N 除以 x，取其余数。

（2）判断商是否为零，如果为零，则结束程序；否则，将商送 N，转步骤（1）继续执行。

上面算法所得到的余数序列正好与 x 进制数的数字序列相反，因此利用栈的后进先出特性，先把得到的余数序列放入栈保存，最后依次出栈得到 x 进制数字序列。

例如，$(1568)_{10}=(3040)_8$，其运算过程如下：

N	N/8	N%8
1568	196	0
196	24	4
24	3	0
3	0	3

十进制数转换为八进制数的算法描述如下：

```python
class LinkStackNode:
    def __init__(self):
        self.data=None
        self.next=None
class MyLinkStack:
    def __init__(self):
        self.top=LinkStackNode()
def covert10to8(x):
#利用栈定义和栈的基本操作实现十进制转换为八进制。利用辗转相除法依次得到余数，并将余数进栈，
利用栈的后进先出的思想，最后出栈得到八进制序列
    top=None
    while x != 0:
        p = LinkStackNode()
        p.data = x % 8
        p.next = top
        top = p
        x = x // 8
    num=[]
    while top is not None:
        p = top
        num.append(p.data)
        top = top.next
    return num
```

思考： 以上算法也可以直接利用数组或链表来实现，读者可以自行操作验证。

3.2.2 行编辑程序

一个简单的行编辑程序的功能是：接收用户输入的程序或数据，并存入数据区。由于用户进行输入时，有可能出现差错，因此，在编辑程序中，每接受一个字符即存入数据区的做法显然是不恰当的。比较好的做法是，设立一个输入缓冲区，用来接受用户输入的一行字符，然后逐行存入数据区。如果用户输入出现错误，在发现输入有误时及时更正。例如，当用户发现刚刚键入的一个字符是错误的时候，可以输入一个退格符"#"，以表示前一个字符无效；如果发现当前输入的行内差错较多时，则可以输入一个退行符"@"，以表示当前行中的字符均无效。

例如，假设从终端接受了这样两行字符：

```
whl#ike##le(s#*s)
opintf@putchar(*s==##++)
```

则实际有效的是下面的两行：

```
while(*s)
    putchar(*s++)
```

为了纠正以上的输入错误，可以设置一个栈，每读入一个字符，如果这个字符不是"#"或"@"，将该字符进栈。如果读入的字符是"#"，将栈顶的字符出栈。如果读入的字符是"@"，则将栈清空。

【例 3.1】试利用栈的"后进先出"思想，编写一个行编辑程序，前一个字符输入有误时，输入"#"消除。当输入的一行有误时，输入"@"消除当前行的字符序列。

分析：逐个检查输入的字符序列，如果当前的字符不是"#"和"@"，则将该字符进栈。如果是字符"#"，将栈顶的字符出栈。如果当前字符是"@"，则清空栈。

行编辑算法实现如下：

```python
from SeqStack import MySeqStack
def LineEdit():#行编辑程序
  S=MySeqStack()
  a=[None for i in range(100)]
  j=0
  ch=input("输入字符序列('#'使前一个字符无效，'@'使当前行的字符无效).")
  i=0
  while i<len(ch):
    if ch[i]=='#':          #如果当前输入字符是'#'，且栈不为空，则将栈顶字符出栈
      if S.StackEmpty()==False:
        S.PopStack()
    elif ch[i]=='@':        #如果当前输入字符是'@'，则将栈清空
      S.ClearStack();
    else:                   #如果当前输入字符不是'#'和'@'，则将字符进栈
      S.PushStack(ch[i])
    i+=1
  while S.StackEmpty()==False:
    e=S.PopStack()          #将字符出栈，并存入列表 a 中
    a[j]=e
    j+=1
  for i in range(j-1,-1,-1):        #输出正确的字符序列
    print(a[i],end='')
  print()
  S.ClearStack()


if __name__=='__main__':
  LineEdit()
```

程序运行结果如图 3.8 所示。

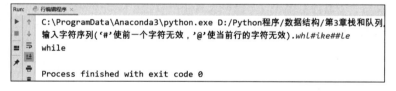

图 3.8　程序运行结果

3.2.3　算术表达式求值

表达式求值是程序设计语言编译中的一个基本问题。在编译系统中，需要把人们便于理解的表达式翻译成计算机理解的表示序列，这就可以利用栈的"后进先出"特性实现表达式的转换。

一个表达式由操作数（operand）、运算符（operator）和分界符（delimiter）组成。一般地，操作数可以是常数，也可以是变量；运算符可以是算术运算符、关系运算符和逻辑运算符；分界符包括左右括号和表达式的结束符等。为了简化问题的描述，我们仅讨论简单算术表达式的求值问题。这种表达式只包含加、减、乘、除四种运算符和左、右圆括号。

计算机编译系统在计算算术表达式的值时，需要先将中缀表达式转换为后缀表达式，然后求解表达式的值。

1. 将中缀表达式转换为后缀表达式

例如，一个算术表达式为：

```
a-(b+c*d)/e
```

这种算术表达式中的运算符总是出现在两个操作数之间，这种算术表达式被称为中缀表达式。编译系统在计算一个算术表达式之前，要将中缀表达式转换为后缀表达式，然后对后缀表达式进行计算。在后缀表达式中，算术运算符出现在操作数之后，并且不含括号。

上面的算术表达式对应的后缀表达式为：

```
abcd*+e/-
```

中缀表达式与后缀表达式相比，具有以下两个特点：

（1）后缀表达式与中缀表达式的操作数出现顺序相同，只是运算符先后顺序改变了。

（2）后缀表达式不出现括号。

说明： 由于后缀表达式具有以上特点，所以，编译系统在处理时不必考虑运算符的优先关系。只要从左到右依次扫描后缀表达式的各个字符，当读到的字符为运算符时，对运算符前面的两个操作数利用该运算符运算，并将运算结果作为新的操作对象替换两个操作数和运算符，继续扫描后缀表达式，直到处理完毕。

综上，表达式的运算分为两个步骤：

（1）将中缀表达式转换为后缀表达式。

（2）依据后缀表达式计算表达式的值。

将一个算术表达式的中缀形式转化为相应的后缀形式前，需要先了解算术四则运算的规则。算术四则运算的规则是：

（1）先计算乘除，后计算加减。

（2）先计算括号内的表达式，后计算括号外的表达式。

（3）同级别的运算从左到右进行计算。

如何将中缀表达式转换为后缀表达式呢？设置一个栈，用于存放运算符。依次读入表达式中的每个字符，如果是操作数，则直接输出。如果是运算符，则比较栈顶元素符与当前运算符的优先级，然后进行处理，直到整个表达式处理完毕。这里，约定"#"作为后缀表达式的结束标志，假设栈顶运算符为 θ_1，当前扫描的运算符为 θ_2。

中缀表达式转换为后缀表达式的算法如下：

（1）初始化栈，将"#"入栈。

（2）如果当前读入的字符是操作数，则将该操作数输出，并读入下一字符。

（3）如果当前字符是运算符，记作 θ_2，则将 θ_2 与栈顶的运算符 θ_1 比较。如果栈顶的运算符 θ_1 优先级小于当前运算符 θ_2，则将当前运算符 θ_2 进栈；如果栈顶的运算符 θ_1 优先级大于当前运算符 θ_2，则将栈顶运算符 θ_1 出栈并将其作为后缀表达式输出。然后继续比较新的栈顶运算符 θ_1 与当前运算符 θ_2 的优先级，如果栈顶运算符 θ_1 的优先级与当前运算符 θ_2 相等，且 θ_1 为"（"、θ_2 为"）"，则将 θ_1 出栈，继续读入下一个字符。

（4）如果当前运算符 θ_2 的优先级与栈顶运算符 θ_1 相等，且 θ_1 和 θ_2 都为"#"，将 θ_1 出栈，栈为空。则中缀表达式转换为后缀表达式，算法结束。

运算符优先关系表如表 3.1 所示。

表3.1　运算符优先关系表

θ_1 ＼ θ_2	+	-	*	/	(	)	#
+	>	>	<	<	<	>	>
−	>	>	<	<	<	>	>
*	>	>	>	>	<	>	>
/	>	>	>	>	<	>	>
(	<	<	<	<	<	=	
)	>	>	>	>		>	>
#	<	<	<	<	<		=

例如，中缀表达式(8*(15-9)+6)/3 转换为后缀表达式的输出过程如表 3.2 所示。

表3.2　中缀表达式(8*(15-9)+6)/3转换为后缀表达式的过程

步骤	中缀表达式	栈	输出后缀表达式	步骤	中缀表达式	栈	输出后缀表达式
1	(8*(15-9)+6)/3#	#		10	+6)/3#	#(*	8 15 9 −
2	(8*(15-9)+6)/3#	#(		11	+6)/3#	#(	8 15 9 − *
3	*(15-9)+6)/3#	#(	8	12	6)/3#	#(+	8 15 9 − *
4	(15-9)+6)/3#	#(*	8	13	)/3#	#(+	8 15 9 − * 6
5	15-9)+6)/3#	#(*(	8	14	/3#	#(	8 15 9 − * 6 +
6	-9)+6)/3#	#(*(	8 15	15	/3#	#	8 15 9 − * 6 +
7	9)+6)/3#	#(*(−	8 15	16	3#	#/	8 15 9 − * 6 +
8	)+6)/3#	#(*(−	8 15 9	17	#	#/	8 15 9 − * 6 + 3
9	+6)/3#	#(*(	8 15 9 −	18	#	#	8 15 9 − * 6 + 3 /

2. 后缀表达式的计算

计算后缀表达式的值需要设置一个操作数栈：S 栈，用于存放操作数和中间运算结果。依次读入后缀表达式中的每个字符，如果是操作数，则将操作数进入 S 栈。如果是运算符，则将操作数出栈两次，然后对操作数进行当前操作符的运算，直到整个表达式处理完毕。

后缀表达式的求值算法如下（假设栈顶运算符为 θ_1，当前扫描的运算符为 θ_2）：

（1）初始化 S 栈。

（2）如果当前读入的字符是操作数，则将该操作数进入 S 栈。

（3）如果当前字符是运算符 θ，则将 S 栈退栈两次，分别得到操作数 x 和 y，对 x 和 y 进行 θ 运算，即 y θ x，得到中间结果 z，将 z 进 S 栈。

（4）重复执行步骤（2）和步骤（3），直到所有的字符都扫描处理完毕，此时栈顶元素即为所求表达式的值。

根据得到的后缀表达式 8 15 9 − * 6 + 3 /，利用栈求解表达式的值，其过程如图 3.9 所示。

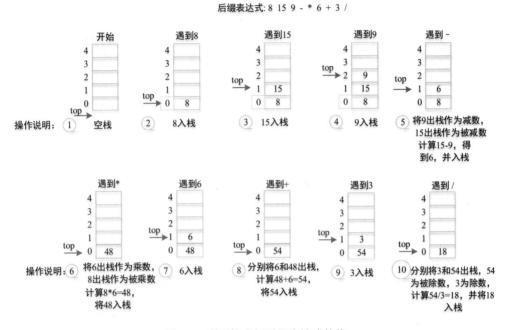

图 3.9　利用栈求解后缀表达式的值

3. 表达式的运算举例

【例 3.2】利用栈将中缀表达式 (8*(9-3)+6)/3 转换为后缀表达式，并计算后缀表达式的值。

分析：设置两个列表 str 和 exp，str 用来存放中缀表达式的字符串，exp 用来存放后缀表达式的字符串。将中缀表达式转换为后缀表达式的方法是：依次扫描中缀表达式，如果遇到数字则将其存入 exp 中。如果遇到运算符，则将栈顶运算符与当前运算符比较。如果当前的运算符的优先级大于栈顶运算符的优先级，则将当前运算符进栈。如果栈顶运算符的优先级大于当前运算符的优先级，则将栈顶运算符出栈，并保存到 exp 中。

为了处理方便，在遇到数字字符时，需要在其后补一个空格，作为分隔符。在计算后缀表达式值时，需要对两位数以上的字符进行处理，然后将处理后的数字入栈。

中缀表达式转换为后缀表达式的算法如下：

```
def TranslateExpress(self,str,exp):
#中缀表达式转换为后缀表达式
    i=0
    j=0
    end=False
```

```
        ch=str[i]
        i=i+1
        while i <=len(str) and end==False :
            if ch=='(' :              #如果当前字符是左括号，则将其进栈
                self.PushStack(ch)
            elif ch==')' :            #如果是右括号，将栈中的运算符出栈，并将其存入 exp 中
                while (self.GetTop()!=None and self.GetTop()!= '('):
                    e=self.PopStack()
                    exp[j] = e
                    j =j+1
                e=self.PopStack()     #将左括号出栈
            elif ch=='+' or ch=='-' : #如果遇到的是 '+' 和'-'，因为其优先级低于栈顶运算符
的优先级，所以先将栈顶字符出栈，并将其存入 exp 中，然后将当前运算符进栈
                while  self.StackEmpty()==False and self.GetTop() != '(' :
                    e=self.PopStack()
                    exp[j]=e
                    j=j+1
                self.PushStack(ch)    #当前运算符进栈
            elif ch=='*' or ch=='/'  : #若遇到'*'和'/'，先将同级运算符出栈，并存入 exp 中，
然后将当前的运算符进栈
                while (self.StackEmpty()==False and self.GetTop()== '/' or
self.GetTop()  == '*'):
                    e=self.PopStack()
                    exp[j] = e
                    j=j+1
                self.PushStack(ch)             #当前运算符进栈
            elif ch==' ' :                     #如果遇到空格，忽略
                break
            else:                              #若遇到操作数，则将操作数直接送入 exp 中
                while  ch >= '0' and ch <= '9' :
                    exp[j] = ch
                    j=j+1
                    if i<len(str) :
                        ch = str[i]
                    else:
                        end=True
                        break
                    i=i+1
                i=i-1
            ch = str[i]                        #读入下一个字符，准备处理
            i=i+1
        while  self.StackEmpty()==False :      #将栈中所有剩余的运算符出栈，送入 exp 中
            e=self.PopStack()
            exp[j] = e
            j=j+1
```

表达式(8*(9-3)+6)/3 经过转换后，后缀表达式为 8 9 3 - * 6 + 3 /。

计算后缀表达式的值算法如下：

```
def ComputerExpress(self,a):
    i=0
```

```
    while i<len(a) :
        if a[i]>='0' and a[i]<='9' :
            self.PushStack(int(a[i]))    #处理之后将数字进栈
        else:
            if a[i]=='+' :
                x1=self.PopStack()
                x2=self.PopStack()
                result=x1+x2
                self.PushStack(result)
            elif a[i]=='-' :
                x1=self.PopStack()
                x2=self.PopStack()
                result=x2-x1
                self.PushStack(result)
            elif a[i]=='*' :
                x1=self.PopStack()
                x2=self.PopStack()
                result=x1*x2
                self.PushStack(result)
            elif a[i]=='/' :
                x1=self.PopStack()
                x2=self.PopStack()
                result=x2/x1
                self.PushStack(result)
        i=i+1
    if self.StackEmpty()==False :          #如果栈不为空，则将结果出栈，并返回
        result=self.PopStack()
    if self.StackEmpty()==True :
        return result
    else:
        print("表达式错误")
        return result
```

测试程序如下：

```
if __name__=='__main__':
    S1 = MySeqStack()
    str=input("请输入一个算术表达式: ")
    exp=''
    str = [x for x in str[::1]]
    exp = [None for x in str[::1]]
    S1.TranslateExpress(str,exp)
    exp2=[]
    exp2 = list(filter(None, exp))
    str="".join(str)
    print("表达式",str,"的值=",S1.ComputerExpress(exp2))
```

程序运行结果如图 3.10 所示。

```
Run:  表达式求值问题 ×
▶ ↑   C:\ProgramData\Anaconda3\python.exe D:/Python程序/数据结构/
■ ↓   ['8', '9', '3', '-', '*', '6', '+', '3', '/']
🖼 ⯈   表达式 (8*(9-3)+6)/3 的值= 18.0
⚲
     Process finished with exit code 0
```

图 3.10　程序运行结果

想一想：能否在求解算术表达式的值时，不输出转换的后缀表达式而直接进行求值？

求解算术表达式的值也可以将中缀表达式转换为后缀表达式和利用后缀表达式求值同时进行，这需要定义两个栈：运算符栈和操作数栈，只是将原来操作数的输出变成入操作数栈操作，在运算符出栈时，需要将操作数栈中的元素输出并进行相依运算后，将运算后的操作数入操作数栈。

3.3　栈 与 递 归

程序设计中，递归的设计就是利用了栈的"后进先出"的思想。利用栈可以将递归程序转换为非递归程序。

3.3.1　递归

递归是指在函数的定义中，在定义自己的同时又出现了对自身的调用。如果一个函数在函数体中直接调用自己，称为直接递归函数。如果经过一系列的中间调用，间接调用自己的函数称为间接递归调用。

1. 递归函数

例如，n 的阶乘递归定义如下：

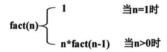

$$fact(n) \begin{cases} 1 & \text{当n=1时} \\ n*fact(n-1) & \text{当n>0时} \end{cases}$$

n 的阶乘算法如下：

```python
def fact(n):           #n 的阶乘
    if n==1:
        return 1
    else:
        return n*fact(n-1)
```

Ackermann 函数定义如下：

$$Ack(m,n) \begin{cases} n+1 & \text{当m=0时} \\ Ack(m-1,1) & \text{当m≠0,n=0时} \\ Ack(m-1,Ack(m,n-1)) & \text{当m≠0,n≠0时} \end{cases}$$

Ackerman 函数相应算法如下：

```
def Ack(m,n):                    #Ackerman 递归算法实现
    if m==0:
        return n+1
    elif n==0:
        return Ack(m-1,1)
    else:
        return Ack(m-1,Ack(m,n-1))
```

2. 递归调用过程

递归问题可以分解成规模小且性质相同的问题加以解决。下面我们以著名的汉诺塔问题为例来说明递归的调用过程。

n 阶汉诺塔问题。假设有 3 个塔座 X、Y、Z，在塔座 X 上放置有 n 个直径大小各不相同、从小到大编号为 1、2、…、n 的圆盘，如图 3.11 所示。要求将 X 轴上的 n 个圆盘移动到塔座 Z 上并要求按照同样的叠放顺序排列，圆盘移动时必须遵循以下规则：

（1）每次只能移动一个圆盘。

（2）圆盘可以放置在 X、Y 和 Z 中的任何一个塔座。

（3）任何时候都不能将一个较大的圆盘放在较小的圆盘上。

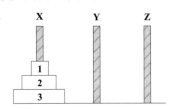

图 3.11　3 阶汉诺塔的初始状态

如何实现将放在 X 上的圆盘按照规则移动到 Z 上呢？当 n=1 时，问题比较简单，直接将编号为 1 的圆盘从塔座 X 移动到 Z 上即可。当 n>1 时，需要利用塔座 Y 作为辅助塔座，如果能将放置在编号为 n 之上的 n-1 个圆盘从塔座 X 上移动到 Y 上，则可以先将编号为 n 的圆盘从塔座 X 移动到 Z 上，然后将塔座 Y 上的 n-1 个圆盘移动到塔座 Z 上。而如何将 n-1 个圆盘从一个塔座移动到另一个塔座又成为与原问题类似的问题，只是规模减小了 1，因此可以用同样的方法解决。这是一个递归的问题，汉诺塔的算法描述如下：

```
def Hanoi(n,X,Y,Z):
#将塔座 X 上按照从小到大自上而下编号为 1 到 n 的圆盘按照规则搬到塔座 Z 上，塔座 Y 可以作为辅助
    if n==1:
        move(1,X,Z)              #将编号为 1 的圆盘从 X 移动到 Z
    else:
        Hanoi(n-1,X,Z,Y)         #将编号为 1 到 n-1 的圆盘从塔座 X 移动到塔座 Y，塔座 Z 作为辅助
        move(n,X,Z)              #将编号为 n 的圆盘从塔座 X 移动到塔座 Z
        Hanoi(n-1,Y,X,Z)         #将编号为 1 到 n-1 的圆盘从塔座 Y 移动到塔座 Z，塔座 X 作为辅助
def move(tempA,n,tempB):
    print("move plate %d from column %s to column %s" %(n,tempA,tempB))
```

下面以 n=3 为例，来说明汉诺塔的递归调用过程。如图 3.12 所示。当 n>1 时，需要 3 个过程移动圆盘。

第 1 个过程，将编号为 1 和 2 的圆盘从塔座 X 移动到塔座 Y。

第 2 个过程，将编号为 3 的圆盘从塔座 X 移动到塔座 Z。

第 3 个过程，将编号为 1 和 2 的圆盘从塔座 Y 移动到塔座 Z。

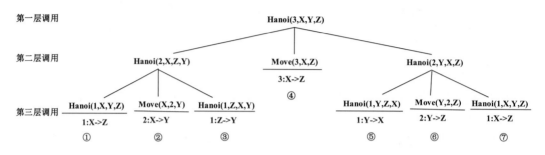

图 3.12　汉诺塔递归调用过程

第 1 个过程，通过调用 Hanoi(2,X,Z,Y)实现。Hanoi(2,X,Z,Y)又调用自己，完成将编号为 1 的圆盘从塔座 X 移动到塔座 Z，如图 3.13 所示。编号为 2 的圆盘从塔座 X 移动到塔座 Y，编号为 1 的圆盘从塔座 Z 移动到塔座 Y，如图 3.14 所示。

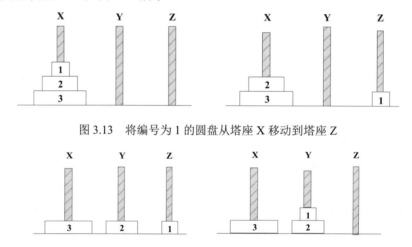

图 3.13　将编号为 1 的圆盘从塔座 X 移动到塔座 Z

图 3.14　将编号为 2 的圆盘从塔座 X 移动到塔座 Y，编号为 1 的圆盘从塔座 Z 移动到塔座 Y

第 2 个过程完成编号 3 从塔座 X 移动到塔座 Z，如图 3.15 所示。

第 3 个过程通过调用 Hanoi(2,Y,X,Z)实现圆盘移动。通过再次递归完成将编号为 1 的圆盘从塔座 Y 移动到塔座 X，如图 3.16 所示。将编号 2 的圆盘从塔座 Y 移动到塔座 Z，将编号为 1 的圆盘从塔座 X 移动到塔座 Z，如图 3.17 所示。

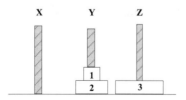

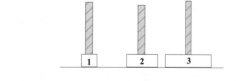

图 3.15　将编号为 3 的圆盘从塔座 X 移动到塔座 Z　　　图 3.16　编号为 1 的圆盘从塔座 Y 移动到塔座 X

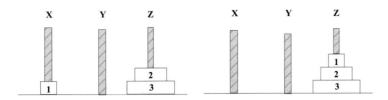

图 3.17　将编号为 2 的圆盘从塔座 Y 移动到塔座 Z，编号为 1 的圆盘从塔座 X 移动到塔座 Z

在递归调用过程中，运行被调用函数前系统要完成 3 件事情：

（1）将所有参数和返回地址传递给被调用函数保存。

（2）为被调用函数的局部变量分配存储空间。

（3）将控制转到被调用函数的入口。

当被调用函数执行完毕，返回到调用函数之前，系统同样需要完成 3 个任务：

（1）保存被调用函数的执行结果。

（2）释放被调用函数的数据存储区。

（3）将控制转到调用函数的返回地址处。

在多层嵌套调用时，递归调用过程的原则是后调用的先返回，因此，递归调用是通过栈实现的。函数递归调用过程中，在递归结束前，每调用一次，就进入下一层。当一层递归调用结束时，返回到上一层。

为了保证递归调用的正确执行，系统设置了一个工作栈作为递归函数运行期间使用的数据存储区。每一层递归包括实在参数、局部变量及上一层的返回地址等构成一个工作记录。每进入下一层，就产生一个新的工作栈记录被压入栈顶。每返回到上一层，就从栈顶弹出一个工作记录。因此，当前层的工作记录是栈顶工作记录，被称为活动记录。递归过程产生的栈由系统自动管理，类似用户使用的栈。递归的实现本质上就是把嵌套调用变成栈实现。

3.3.2　消除递归

用递归编制的算法具有结构清晰、易读、容易实现，并且递归算法的正确性很容易得到证明。但是，递归算法的执行效率比较低，因为递归需要反复入栈，时间和空间开销较大。

递归的算法也完全可以转换为非递归实现，这就是递归的消除。消除递归方法有两种：一种方法是对于简单的递归可以直接用迭代，通过循环结构就可以消除；另一种方法是利用栈的方式实现。例如，n 的阶乘就是一个简单的递归，可以直接利用迭代就可以消除递归。n 的阶乘的非递归算法如下：

```
def fact(n):                #n 的阶乘的非递归算法实现
    f=1
    for i in range(1,n+1):  #直接利用迭代消除递归
        f=f*i
    return f
```

n 的阶乘的递归算法也可以转换为利用栈实现的非递归算法。当 n=3 时，递归调用过程如图 3.18 所示。

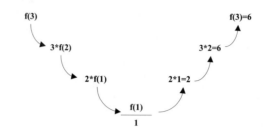

图 3.18　递归调用过程

递归函数调用，参数进栈情况如图 3.19 所示。当 n=1 时，递归调用开始逐层返回，参数出栈情况如图 3.20 所示。在图中，为了叙述方便用 f 代表 fact 函数。

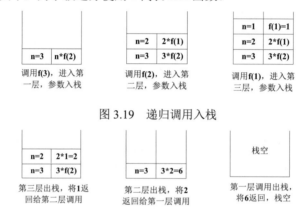

图 3.19　递归调用入栈

图 3.20　递归调用出栈

利用栈模拟递归过程可以通过以下步骤实现：

（1）设置一个工作栈，用于保存递归工作记录，包括实在参数、返回地址等。

（2）将调用函数传递过来的参数和返回地址入栈。

（3）利用循环模拟递归分解过程，逐层将递归过程的参数和返回地址入栈。当满足递归结束条件时，依次逐层退栈，并将结果返回给上一层，直到栈空为止。

【例 3.3】编写求 n!的递归算法与利用栈实现的非递归算法。

分析：通过利用栈模拟在 n 的阶乘递归实现中，递归过程中的工作记录的进栈过程与出栈过程，实现非递归算法的实现。定义一个嵌套列表，列表的第一维用于存放本层参数 n，第二维用于存放本层要返回的结果。

```python
MaxSize=100
def fact2(n):          #n 的阶乘非递归实现
    s=[[0 for i in range(2)] for j in range(MaxSize)] #定义一个嵌套列表用于存储临
时变量及返回结果
    top=-1             #并将栈顶指针置为-1
    top=top+1          #栈顶指针加 1，将工作记录入栈
    s[top][0]=n        #记录每一层的参数
    s[top][1]=0        #记录每一层的结果返回值
    while True:
```

```
        if s[top][0]==1:                          #递归出口
            s[top][1]=1
            print("n=%4d, fact=%4d"%(s[top][0],s[top][1]))
        if s[top][0]>1 and s[top][1]==0:#通过栈模拟递归的递推过程，将问题依次入栈
            top=top+1
            s[top][0]=s[top-1][0]-1
            s[top][1]=0                           #将结果置为 0，还没有返回结果
            print("n=%4d, fact=%4d"%(s[top][0],s[top][1]))
        if s[top][1]!=0:                          #模拟递归的返回过程，将每一层调用的结果返回
            s[top-1][1]=s[top][1]*s[top-1][0]
            print("n=%4d, fact=%4d",s[top-1][0],s[top-1][1])
            top=top-1
        if top<=0:
            break
    return s[0][1]                                #返回计算的阶乘结果

if __name__=='__main__':
    n=int(input("请输入一个正整数(n<15)："))
    print("递归实现 n 的阶乘:")
    f=fact(n)                                     #调用 n 的阶乘递归实现函数
    print("n!=%4d"%(f))
    f=fact2(n)                                    #调用 n 的阶乘非递归实现函数
    print("利用栈非递归实现 n 的阶乘:")
    print("n!=%4d"%(f))
```

程序运行结果如图 3.21 所示。

```
C:\Users\o.o\.conda\envs\tensorflow\python.exe D:/Python程序/数据结构/n的阶乘.py
请输入一个正整数(n<15)：5
递归实现n的阶乘：
n!=120
n=4, fact=0
n=3, fact=0
n=2, fact=0
n=1, fact=0
n=1, fact=1
n=2, fact=2
n=3, fact=6
n=4, fact=24
n=5, fact=120
利用栈非递归实现n的阶乘：
n!=120

Process finished with exit code 0
```

图 3.21　程序运行结果

思考题：利用栈，试着将 n 阶汉诺塔的递归转换为非递归算法。

3.4　队列的表示与实现

队列也是一种限定性线性表，允许在表的一端进行插入操作，在表的另一端进行删除操作。

3.4.1 队列的定义

队列（Queue）是一种先进先出（First In First Out，缩写为 FIFO）的线性表，它只允许在表的一端插入元素，而在另一端删除元素。其中，允许插入的一端叫作队尾（rear），允许删除的一端称为队头（front）。

假设队列为 q=(a_1,a_2,…,a_i,…,a_n)，那么 a_1 就是队头元素，a_n 则是队尾元素。进入队列时，是按照 a_1、a_2、…、a_n 的顺序依次进入的，退出队列时也是按照这个顺序退出的。即出队列时，只有当前面的元素都退出之后，后面的元素才能退出。因此，只有当 a_1、a_2、…、a_{n-1} 都退出队列以后，a_n 才能退出队列。队列的示意图如图 3.22 所示。

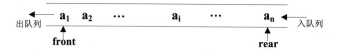

图 3.22　队列示意图

在日常生活中，人们买票排队就是一个队列。新来买票的人到队尾排队，形成新的队尾，即入队，在队头的人买完票离开，即出队。操作系统中的多任务处理也是队列的应用问题。

3.4.2 队列的抽象数据类型

队列的抽象数据类型定义了队列的数据对象、数据关系及基本操作。队列的抽象数据类型定义如下：

```
ADT Queue
{
    数据对象：D={a_i|a_i∈ElemSet，i=1，2，…，n，n≥0}
    数据关系：R={<a_{i-1},a_i>|a_{i-1}，a_i∈D，i=2，3，…，n}
    约定 a_1 端为队列头，a_n 端为队列尾。
    基本操作：

    （1）InitQueue(&Q)
    初始条件：队列 Q 不存在。
    操作结果：建立一个空队列 Q。
    这就像日常生活中，火车站售票处新增加了一个售票窗口，这样就可以新增一队用来排队买票。

    （2）QueueEmpty(Q)
    初始条件：队列 Q 已存在。
    操作结果：若 Q 为空队列，则返回 1，否则返回 0。
    这就像售票员查看火车窗口前是否还有人排队买票。

    （3）EnQueue(&Q,e)
    初始条件：队列 Q 已存在。
    操作结果：插入元素 e 到队列 Q 的队尾。
    这就像排队买票时，新来买票的人要排在队列的最后。

    （4）DeQueue(&Q,&e)
    初始条件：队列 Q 已存在且为非空。
    操作结果：删除 Q 的队头元素，并用 e 返回其值。
    这就像排在队头的人买过票后离开队列。
```

（5）Gethead(Q,&e)

初始条件：队列 Q 已存在且为非空。

操作结果：用 e 返回 Q 的队头元素。

这就像询问排队买票的人是谁。

（6）ClearQueue(&Q)

初始条件：队列 Q 已存在。

操作结果：将队列 Q 清为空队列。

这就像排队买票的人全部买完了票，离开队列。

}ADT Queue

3.4.3 顺序队列

队列有两种存储表示：顺序存储和链式存储。采用顺序存储结构的队列称为顺序队列。

1. 顺序队列的表示

顺序队列通常采用列表作为存储结构。同时，用两个指针分别指向列表中第一个元素和最后一个元素。其中，指向第一个元素的指针称为队头指针（front），指向最后一个元素的位置的指针称为队尾指针（rear）。队列的表示如图 3.23 所示。

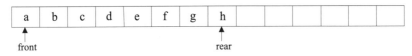

图 3.23 顺序队列

为了方便描述，我们约定：初始化时，队列为空，有 front=rear=0，队头指针 front 和队尾指针 rear 都指向队列的第一个位置，如图 3.24 所示。

图 3.24 初始时，顺序队列为空的情况

插入新元素时，队尾指针 rear 增 1，在空队列中插入 4 个元素 a、b、c、d 之后，如图 3.25 所示。

图 3.25 顺序队列插入 4 个元素之后的情况

删除元素时，队头指针 front 增 1。删除 2 个元素 a、b 之后，队头和队尾指针状态如图 3.26 所示。

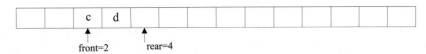

图 3.26 顺序队列删除 2 个元素之后的情况

顺序队列的类型描述如下：

```
class Sequeue(object):
    def __init__(self):
        self.QUEUESIZE=20
        self.s=[None for x in range(0,self.QUEUESIZE)]
        self.front=0
        self.rear=0
```

假设 Q 是一个队列，若不考虑队满，则入队操作语句为 Q.s[rear]=x、rear+=1；若不考虑队空，则出队操作语句为 x=Q.s[front]、front+=1。

说明： 在队列中，队满指的是元素占据了队列中的所有存储空间，没有空闲的存储空间可以插入元素。队空指的是队列中没有一个元素，也称为空队列。

2. 顺序队列的"假溢出"

如果在图 3.27 所示的队列中插入 3 个元素 j、k 和 l，然后删除 2 个元素 a、b，就会出现如图 3.28 所示的情况，即队尾指针已经到达列表的末尾，如果继续插入元素 m，队尾指针将越出列表的下界而造成"溢出"。从图 3.28 中可以看出，这种"溢出"不是因为存储空间不够，而是经过多次插入和删除操作产生的，我们将这种"溢出"称为"假溢出"。

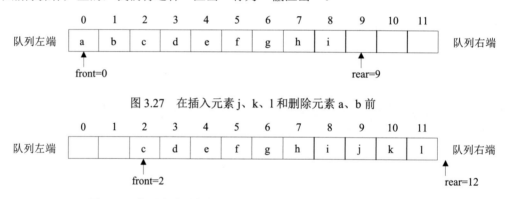

图 3.27　在插入元素 j、k、l 和删除元素 a、b 前

图 3.28　在顺序队列中插入 j、k、l 和删除 a、b 后的"假溢出"

3.4.4　顺序循环队列

为了避免顺序队列的"假溢出"，通常采用顺序循环队列实现队列的顺序存储。

1. 顺序循环队列的构造

为了充分利用存储空间，消除这种"假溢出"，当队尾指针 rear（或队头指针 front）到达存储空间的最大值 QUEUESIZE 的时候，让队尾指针 rear（或队头指针 front）自动转化为存储空间的最小值 0。这样，顺序队列的存储空间就构成一个逻辑上首尾相连的循环队列。

当队尾指针 rear 达到最大值 QUEUESIZE -1 时，如果要插入新的元素，队尾指针 rear 自动变为 0；当队头指针 front 达到最大值 QUEUESIZE -1 时，如果要删除一个元素，队头指针 front 自动变为 0。可通过取余操作实现循环队列的首位相连。例如，若 QUEUESIZE=10，当队尾指针 rear=9 时，如果要插入一个新的元素，则有 rear=(rear+1)%10=0，即实现了逻辑上队的首尾相连。

2. 顺序循环队列的队空和队满

顺序循环队列在队空状态和队满状态时，队头指针 front 和队尾指针 rear 同时都指向同一个位置，即 front==rear，顺序循环队列的队空状态和队满状态如图 3.29 所示。队列为空时，有 front=0、rear=0，因此 front==rear。队满时也有 front=0、rear=0，因此 front==rear。

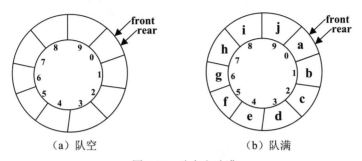

（a）队空   （b）队满

图 3.29　队空和队满

因此，为了区分这两种情况，通常有如下两个方法：

（1）增加一个标志位。设这个标志位为 flag，初始化为 flag=0，当入队成功时，有 flag=1；出队列成功时，有 flag=0，则队列为空的判断条件为：front==rear&&flag==0，队列满的判断条件为：front==rear&&flag==1。

（2）少用一个存储空间。队空的判断条件不变，以队尾指针 rear 加 1 等于 front 为队满的判断条件。因此 front==rear 表示队列为空，front==(rear+1)% QUEUESIZE 表示队满。那么，入队的操作语句为：rear=(rear+1)% QUEUESIZE，Q[rear]=x。出队的操作语句为：front=(front+1)% QUEUESIZE。少用一个存储空间时，队满情况如图 3.30 所示。

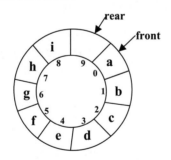

图 3.30　顺序循环队列队满情况

注意：顺序循环队列中的入队操作和出队操作都要取模，以确保操作不出界。循环队列长度即元素个数为 (SQ.rear+ QUEUESIZE-SQ.front)% QUEUESIZE。

3. 顺序循环队列的实现

（1）初始化。

```
def __init__(self):
#顺序循环队列的初始化
    self.QUEUESIZE=20
```

```
        self.s=[None for x in range(0,self.QUEUESIZE)]
        self.front=0                        #把队头指针置为 0
        self.rear=0                         #把队尾指针置为 0
```

（2）判断队列是否为空。

```
    def isEmpty(self):                      #判断顺序循环队列是否为空
        if self.front== self.rear:          #当顺序循环队列为空时
            return True                     #返回 True
        else:                               #否则
            return  False                   #返回 False
```

（3）入队操作。

```
    def enQueue(self,x):
    #将元素 e 插入到顺序循环队列中，插入成功则返回 True，否则返回 False
        if(self.rear+1)%self.QUEUESIZE!=self.front:   #在插入新元素前，判断队尾指针是否
到达队列的最大值，即是否上溢
            self.s[self.rear]=x                       #在队尾插入元素 e
            self.rear=(self.rear+1)%self.QUEUESIZE    #将队尾指针向后移动一个位置
            return True
        else:
            print("当前队列已满!")
            return False
```

（4）出队操作。

```
    def deQueue(self):
    #将队头元素出队，并将该元素赋值给 e，删除成功则返回 1，否则返回 False
        if (self.front == self.rear):       #若队列是否为空
            print("队列为空，出队操作失败！")
            return False
        else:
            e = self.s[self.front]          #将待出队的元素赋值给 e
            self.front = (self.front+1) % self.QUEUESIZE #将队头指针向后移动一个位置，
指向新的队头
            return e                        # 返回出队的元素
```

（5）取队头元素。

```
    def getHead(self):
    #取队头元素，并将该元素返回，若队列为空，则返回 False
        if not self.isEmpty():              #若顺序循环队列不为空
            return self.s[self.front]       #返回队头元素
        else:                               #否则
            print("队列为空")
            return False                    #返回 False
```

（6）求队列的长度。

```
    def seQLength(self):
        return (self.rear-self.front+self.QUEUESIZE)%self.QUEUESIZE
```

（7）创建队列。

```
def createSeqQueue(self):
    data=input("请输入元素（#作为输入结束）:")
    while(data!='#'):
        self.enQueue(data)
        data=input("请输入元素（#作为输入结束）: ")
```

3.4.5 双端队列

双端队列是一种特殊的队列，它是在线性表的两端对插入和删除操作限制的线性表。双端队列可以在队列的任何一端进行插入和删除操作，而一般的队列要求在一端插入元素，在另一端删除元素，如图 3.31 所示。

图 3.31　双端队列

其中，end1 和 end2 分别是双端队列的指针。

在实际应用中，还有输入受限和输出受限的双端队列。输入受限的双端队列指的是只允许在队列的一端进行插入元素，两端都可以删除元素的队列。输出受限的双端队列指的是只允许在队列的一端进行删除元素，两端都可以输入的队列。

双端队列是一个可以在任何一端进行插入和删除的线性表，先采用一个列表作为双端队列的数据存储结构，双端队列为空的状态如图 3.32 所示，在队列左端元素 a、b、c 依次入队，在队列右端元素 e、f 依次入队之后，双端队列的状态如图 3.33 所示。

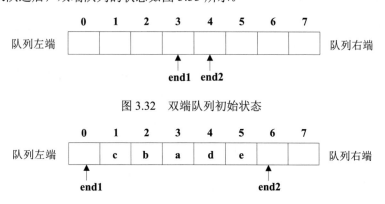

图 3.32　双端队列初始状态

图 3.33　双端队列插入元素之后

3.4.6 链式队列

为了避免顺序队列在插入和删除操作大量移动元素，造成效率较低，我们可以采用链式存储结构表示队列。采用链式存储的队列被称为链式队列或链队列。

1. 链式队列

一个链式队列通常用链表实现。同时，使用两个指针分别指示链表中存放的第一个元素和最后一个元素的位置。其中指向第一个元素的指针被称为队头指针 front，指向最后一个元素的位置的指针被称为队尾指针 rear。链式队列的表示如图 3.34 所示。

有时，为了操作方便，我们在链式队列的第一个结点之前添加一个头结点，并让队头指针指向头结点。其中，头结点的数据域可以存放队列元素个数信息，指针域指向链式队列的第一个结点。带头结点的链式队列如图 3.35 所示。

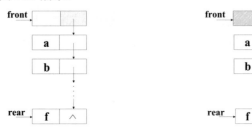

图 3.34　不带头结点的链式队列　　图 3.35　带头结点的链式队列

在带头结点的链式队列中，当队列为空时，队头指针 front 和队尾指针 rear 都指向头结点，如图 3.36 所示。

图 3.36　带头结点的链式队列为空时的情况

在链式队列中，最基本的操作是插入和删除操作。链式队列的插入和删除操作只需要移动队头指针和队尾指针，图 3.37 表示在队列中插入元素 a 的情况，图 3.38 表示队列中插入了元素 b、c 之后的情况，图 3.39 表示元素 a 出队列的情况。

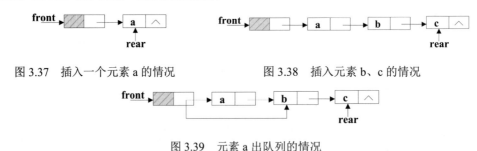

图 3.37　插入一个元素 a 的情况　　图 3.38　插入元素 b、c 的情况

图 3.39　元素 a 出队列的情况

链式队列的结点类型描述如下：

```python
class QueueNode:
    def __init__(self):
        self.data=None
        self.next=None
```

对于带头结点的链式队列，初始时，需要生成一个结点：myQueueNode=QueueNode()，然后令 front 和 rear 分别指向该结点。

2. 链式循环队列

链式队列也可以构成循环队列，如图 3.40 所示。在这种链式循环队列中，可以只设置队尾指针，在这种情况下，队列 LQ 为空的判断条件为 LQ.rear->next==LQ.rear，队空如图 3.41 所示。

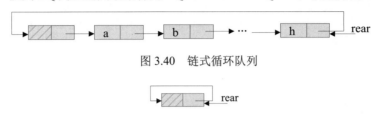

图 3.40　链式循环队列

图 3.41　链式循环队列为空时的情况

3.4.7　链式队列的实现

（1）队列的初始化。

```
def __init__(self):
#初始化队列
    myQueueNode=QueueNode()
    self.front=myQueueNode
    self.rear=myQueueNode
```

（2）判断队列是否为空。

```
def queueEmpty(self):
#判断链式队列是否为空，队列为空则返回 True，否则返回 False
    if self.front==self.rear:      #若链式队列为空时
        return True                #则返回 True
    else:                          #否则
        return False               #返回 False
```

（3）入队操作。

```
def enQueue(self,e):
#将元素 e 入队
    pNode=QueueNode()              #生成一个新结点
    pNode.data=e                   #将元素值赋值给结点的数据域
    self.rear.next=pNode           #将原队列的队尾结点的指针指向新结点
    self.rear=pNode                #将队尾指针指向新结点
```

（4）出队操作。

```
def deQueue(self):
#将链式队列中的队头元素出队返回该元素，若队列为空，则返回 None
    if self.queueEmpty():          #在出队前，判断链式队列是否为空
        print("队列为空，不能进行出栈操作!")
        return None
    else:
        pNode=self.front.next      #使 pNode 指向队头元素
        self.front.next=pNode.next #使头结点的 next 指向 pNode 的下一个结点
```

```
    if pNode==self.rear:              #如果要删除的结点是队尾，则使队尾指针指向队头
        self.rear=self.front
    return pNode.data                 #返回出队元素
```

（5）取队头元素。

```
def getHead(self):                    #取链式队列中的队头元素
    if not self.queueEmpty():         #若链式队列不为空
        return self.front.next.data   #返回队头元素
```

（6）清空队列。

```
def clearQueue(self):
#清空队列
    while not self.queueEmpty():
        pnode=self.front              #将队头结点暂存起来指向队头指针指向的下一个结点
        self.front=pnode.next         #将队头指针 front 指向的下一个结点
        del pnode
```

3.5 队列的应用

3.5.1 队列在杨辉三角中的应用

1. 杨辉三角

杨辉三角是一个由数字排列成的三角形数表，一个 8 阶的杨辉三角图形如图 3.42 所示。

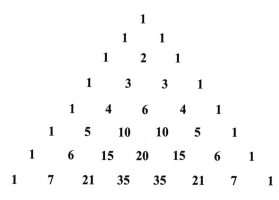

图 3.42　8 阶的杨辉三角

从图 3.41 中可以看出，杨辉三角具有以下性质：

（1）第一行只有一个元素。

（2）第 i 行有 i 个元素。

（3）第 i 行最左端和最右端元素为 1。

（4）第 i 行中间元素是它上一行 i-1 行对应位置元素与对应位置前一个元素之和。

2. 构造队列

杨辉三角的第 i 行元素是根据第 i-1 行元素得到的, 杨辉三角的形成序列是具有先后顺序的, 因此杨辉三角可以通过队列来构造。可以把杨辉三角分为 2 个部分来构造队列: 所有的两端元素 1 作为已知部分和剩下的元素作为要构造的部分。我们可以通过循环队列实现杨辉三角的打印, 在循环队列中依次存入第 i-1 行的元素, 再利用第 i-1 行元素得到第 i 行元素, 然后依次入队, 同时第 i-1 行元素出队并打印输出。

从整体来考虑, 利用队列构造杨辉三角的过程, 其实就是利用上一层元素序列产生下一层元素序列并入队, 然后将上一层元素出队并输出, 接着由队列中的元素生成下一层元素, 以此类推, 直到生成最后一层元素并输出。我们以第 8 行元素为例, 来理解杨辉三角的具体构造过程。

（1）在第 8 行中, 第一个元素先入队。假设队列为 Q, Q.queue[rear]=1、Q.rear=(Q.rear+1)% QUEUESIZE。

（2）第 8 行中的中间 6 个元素需要通过第 7 行（已经入队）得到并入队。Q.queue[rear]= Q.queue[front]+Q.queue[front+1]、Q.rear=(Q.rear+1)% QUEUESIZ、Q.front=(Q.front+1)% QUEUESIZE。

（3）第 7 行最后一个元素出队, Q.front=(Q.front+1)% QUEUESIZE。

（4）第 8 行最后一个元素入队, Q.queue[rear]=1、Q.rear=(Q.rear+1)% QUEUESIZE。

至此, 第 8 行的所有元素都已经入队。其他行的入队操作类似。

3. 杨辉三角队列的实现

【例 3.4】打印杨辉三角。

分析: 注意在循环结束后, 还有最后一行在队列里。在最后一行元素入队之后, 要将其输出。打印杨辉三角算法利用两种方法实现: 利用链式队列的基本算法实现和直接利用列表模拟队列实现。为了能够按照图 3.41 所示的形式正确输出杨辉三角的元素, 设置一个临时列表 temp[MaxSize]用来存储每一行的元素, 利用函数将其输出。

打印杨辉三角可以使用链式（或顺序）队列的基本算法实现, 也可以直接使用列表模拟队列实现。下面只给出打印杨辉三角的链式队列实现, 利用列表模拟队列实现打印杨辉三角的算法留给读者自行完成。

```
from LinkQueue import LinkQueue
def YangHuiTriangle(N):#链式队列实现打印杨辉三角
    QUEUESIZE =20
    temp=[0 for i in range(QUEUESIZE)] #定义一个临时列表，用于存放每一行的元素
    k=0
    Q=LinkQueue()           #初始化链队列
    Q.enQueue(1)            #第一行元素入队
    for i in range(2,N+1): #产生第 i 行元素并入队，同时将第 i-1 行的元素保存在临时列表中
        k=0
        Q.enQueue(1)        #第 i 行的第一个元素入队
        for j in range(1,i-1):#利用队列中第 n-1 行元素产生第 i 行的中间 i-2 个元素并入队
            t=Q.deQueue()
            temp[k]=t       #将第 i-1 行的元素存入临时列表
            k+=1
            e=Q.getHead()       #取队头元素
            t=t+e               #利用队中第 i-1 行元素产生第 i 行元素
```

```
        Q.enQueue(t)
        t=Q.deQueue()
        temp[k]=t                  #将第 i-1 行的最后一个元素存入临时列表
        k+=1
        PrintArray(temp,k,N)
        Q.enQueue(1)         #第 i 行的最后一个元素入队
    k=0                          #将最后一行元素存入列表之前，要将下标 k 置为 0
    while Q.queueEmpty()==False:         #将最后一行元素存入临时列表
      t=Q.deQueue()
      temp[k]=t
      k+=1
      if Q.queueEmpty():
        PrintArray(temp,k,N)
count=0
def PrintArray(a,n, N):          #打印列表中的元素，使能够呈正确的形式输出
    global count                 #记录输出的行
    for i in range(N-count): #打印空格
      print("    ",end='')
    count+=1
    for i in range(n):          #打印列表中的元素
      print(a[i],end='    ')
    print()

if __name__=='__main__':
    n=int(input("请输入要打印的行数：n="))
    YangHuiTriangle(n)
```

程序运行结果如图 3.43 所示。

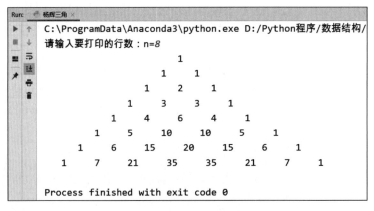

图 3.43　程序运行结果

3.5.2　队列在回文中的应用

【例 3.5】编程判断一个字符序列是否是回文。回文是指一个字符序列以中间字符为基准两边字符完全相同，即顺着看和倒着看是相同的字符序列。如字符序列"ABCYCBA"就是回文，而字符序列"BYDEYB"就不是回文。

分析：考察栈的"先进后出"和队列的"先进先出"的特点，可以通过构造栈和队列实现。可以把字符序列分别存入队列和堆栈，然后依次把字符逐个出队列和出栈，比较出队列的字符和出栈的字符是否相等，如果全部相等则该字符序列是回文，否则不是回文。

这里采用链式堆栈和只有尾指针的链式循环队列实现。

```python
from LinkQueue import LinkQueue
from LinkStack import MyLinkStack


def Huiwen():
    LQ1=LinkQueue()
    LQ2=LinkQueue()
    LS1=MyLinkStack()
    LS2=MyLinkStack()
    str1= "XYZMTATMZYX"   #回文字符序列 1
    str2= "ABCBCAB"       #回文字符序列 2
    for i in range(len(str1)):
        LQ1.enQueue(str1[i])
        LS1.pushStack(str1[i])
    for i in range(len(str2)):
        LQ2.enQueue(str2[i])
        LS2.pushStack(str2[i])            #依次把字符序列 2 进栈
    print("字符序列 1:", str1)
    print("出队序列   出栈序列")
    while (not LS1.stackEmpty()):    #判断堆栈 1 是否为空
        q1=LQ1.deQueue()            #字符序列依次出队，并把出队元素赋值给 q
        s1=LS1.popStack()           #字符序列出栈，并把出栈元素赋值给 s
        print(q1,":",s1)
        if (q1 != s1):
            print("字符序列 1 不是回文！")
            return
    print("字符序列 1 是回文！")
    print("字符序列 2：", str2)
    print("出队序列   出栈序列")
    while (not LS2.stackEmpty()):
        q2=LQ2.deQueue()        #字符序列依次出队，并把出队元素赋值给 q
        s2=LS2.popStack()       #字符序列出栈，并把出栈元素赋值给 s
        print(q2,":",s2)        #输出字符序列
        if (q2 != s2):
            print("字符序列 2 不是回文！")        #输出提示信息
            return
    print("字符序列 2 是回文！")                #输出提示信息
```

程序运行结果如图 3.44 所示。

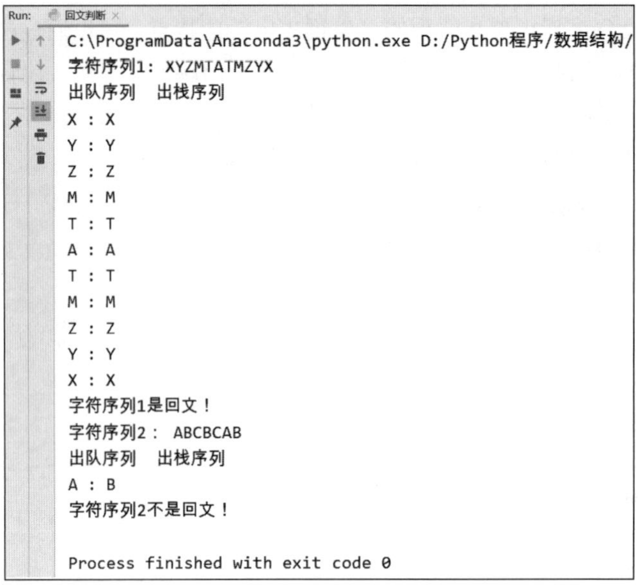

图 3.44　程序运行结果

思政元素：栈和队列属于操作受限的线性表，栈和队列分别具有"后进先出"和"先进先出"的特性，这种特性也体现在我们的日常生活中，例如，铁路调度、排队买票、排队买饭等。这就要求我们应该养成良好的规则意识，遵守法律法规、遵守社会公德、遵守职业道德，无规矩不成方圆，规则意识有助于我们养成良好的习惯。利用好栈和队列的特点，可以很好地实现迷宫问题、图的拓扑排序、递归转换为非递归、算术表达式求值、进制转换等问题。一名合格的程序员不仅要熟知国家各项法律法规，还要严格遵守法律法规，恪守职业道德，遵守职业规范，树立软件报国的情怀。

3.6　小　结

栈是一种只允许在线性表的一端进行插入和删除操作的线性表。

栈也有两种存储方式：顺序存储和链式存储。采用顺序存储结构的栈称为顺序栈，采用链式存储结构的栈称为链栈。

栈的特点是后进先出，使栈在程序设计、编译处理得到有效的利用。数制转换、括号匹配、表达式求值等问题都是利用栈的后进先出特性解决的。

在程序设计中，递归的实现也是系统借助栈的特性实现递归调用过程。递归算法将复杂问题分解为简单的问题，从而有利于问题的求解。但是递归算法运行效率低，由于程序执行过程中反复入栈、出栈，程序的时间和空间开销比较大。消除递归需要将递归程序转换为非递归程序，由于递归的调用过程是借助栈的工作原理实现的，因此，递归算法可利用栈进行模拟，从而加以消除递归。

队列只允许在线性表的一端进行插入操作，在线性表的另一端进行删除操作。其中，允许插入的一端称为队尾，允许删除的一端称为队头。

队列也有两种存储方式：顺序存储和链式存储。采用顺序存储结构的栈称为顺序队列，采用链式存储结构的栈称为链式队列。

顺序队列存在"假溢出"的问题，顺序队列的"假溢出"不是因为存储空间不足而产生的，而是因为经过多次的出队和入队操作之后，存储单元不能有效利用造成的。解决所谓"假溢出"的现象，通过将顺序队列构造成循环队列，这样就可以充分利用顺序队列里的存储单元。

在关于树和图的遍历及应用中，会经常用到栈和队列，如二叉树的后序遍历、图的深度和广度优先遍历等。

3.7 习 题

一、选择题

1. 一个栈的输入序列为：a,b,c,d,e，则栈不可能输出的序列是（　　）。

    A. a,b,c,d,e　　　　　　　　　　B. d,e,c,b,a

    C. d,c,e,a,b　　　　　　　　　　D. e,d,c,b,a

2. 判断一个循环队列 Q（最多 n 个元素）为满的条件是（　　）。

    A. Q.rear==Q->front　　　　　　B. Q.rear==Q.front+1

    C. Q.front==(Q.rear+1)%n　　　　D. Q.front==(Q.rear-1)%n

3. 设计一个判别表达式中括号是否配对的算法，采用（　　）数据结构最佳。

    A. 顺序表　　　　　B. 链表　　　　　C. 队列　　　　　D. 栈

4. 带头结点的单链表 head 为空的判定条件是（　　）。

    A. head==None　　　B. head.next==None　　　C. head.next!=None　　　D. head!=None

5. 经过对栈 s 进行以下操作后：

```
InitStack(s); Push(s,a); Push(s,b); Pop(s,&x); top(s,&x);
```

变量 x 的值为（　　）。

    A. a　　　　　　B. b　　　　　　C. None　　　　　D. False

6. 设栈 S 和队列 Q 的初始状态均为空，元素 abcdefg 依次进入栈 S。若每个元素出栈后立即进入队列 Q，且 7 个元素出队的顺序是 bdcfeag，则栈 S 的容量至少是（　　）。

    A. 1　　　　　　B. 2　　　　　　C. 3　　　　　　D. 4

7. 循环队列的队头和队尾指针分别为 front 和 rear，则判断循环队列 Q 为空的条件是（　　）。

    A. Q.front== Q.rear　　　　　　B. Q.front==0

    C. Q.rear==0　　　　　　　　　D. Q.front== Q.rear+1

8. 表达式 a*(b+c)-d 的后缀表达式是（　　）。

    A. abcd+−　　　B. abc+*d−　　　C. abc*+d−　　D. −+*abcd

9. 将递归算法转换成对应的非递归算法时，通常需要使用（　　）来保存中间结果。

    A. 队列　　　　　　B. 栈　　　　　　C. 链表　　　　　　D. 树

10. 向一个栈顶指针为 top 的链栈中插入一个 x 结点，则执行语句（   ）。

    A. top.next=x   B. x.next=top.next   top.next=x

    C. x.next=top   top=x;   D. x.next=top   top=top.next

11. 判定一个顺序栈 S（栈空间大小为 n）为空的条件是（   ）。

    A. S.top==0   B. S.top!=0   C. S.top==n   D. S.top!=n

12. 在一个链队列中，front 和 rear 分别为头指针和尾指针，则插入一个结点 s 的操作为（   ）。

    A. front=front.next   B. s.next=rear   rear=s

    C. rear.next=s   rear=s;   D. s.next=front   front=s;

13. 某队列允许在其两端进行入队操作，但仅允许在一端进行出队操作。若元素 a、b、c、d、e 依次入此队列后再进行出队操作，则不可能得到的出队序列为（   ）。

    A. b a c d e   B. d b a c e

    C. d b c a e   D. e c b a d

14. 依次在初始为空的队列中插入元素 a、b、c、d 以后，紧接着做了两次删除操作，此时的队头元素是（   ）。

    A. a   B. b   C. c   D. d

15. 循环队列用队列 A[0，m-1] 存放其元素值，已知其头尾指针分别是 front 和 rear，则当前队列中的元素个数是（   ）。

    A. (rear-front+m)%m   B. rear-front+1   C. rear-front-1   D. rear-front

16. 在一个链队列中，假定 front 和 rear 分别为队头指针和队尾指针，删除一个结点的操作是（   ）。

    A. front=front.next   B. rear= rear.next   C. rear.next=front   D. front.next=rear

二、算法分析题

1. 已知栈的基本操作函数：

```python
def InitStack()#构造空栈
def StackEmpty()#判断栈空
def Push(e) #入栈
def Pop() #出栈
```

函数 Conversion 实现十进制数转换为八进制数，请将函数补充完整。

```python
def Conversion():
    S=InitStack()
    N=int(input('请输入一个正整数:'))
    while N:
        ⑴
        N=N//8
    while(⑵):
        e=S.Pop()
        print(e,end='')
```

2. 写出算法的功能。

```python
def Function(Q):
    if Q.front==Q.rear:
        return -1
    e=Q.base[Q.front]
    Q.front=(Q.front+1)%MAXSIZE
    return 1
```

3. 阅读算法 F2，并回答下列问题：

（1）设队列 Q=(1,3,5,2,4,6)。写出执行算法 F2 后的队列 Q。

（2）简述算法 F2 的功能。

```python
def F2(Q):
    if QueueEmpty(Q)==False:
        e=DeQueue(Q)
        F2(Q)
        EnQueue(Q,e)
```

4. 下面程序的功能是用递归算法将一个整数按逆序存放到一个字符列表中，例如 123 存放为 321。

```python
s= []
def Convert (n):
    if n< 1:
        return n
    else:
        last= (1)
        all_but_last= (2)
        s.append(last)
        print(s)
        return Convert(all_but_last), last
if __name__=='__main__':
    str=[]
    number=int(input('请输入一个正整数'))
    print(Convert(number))
```

三、算法设计题

1. 已知 Q 是一个非空队列，S 是一个空栈。编写算法，仅用队列与栈的 ADT 基本运算实现函数、少量工作变量，将队列 Q 的所有元素逆置。

栈的 ADT 函数有：

```python
def InitStack()      #初始化栈
def Push(e)          #元素 e 入栈
def Pop()            #出栈，返回栈顶元素
def IsEmpty()        #判断栈空
```

队列的 ADT 函数有：

```python
def EnQueue(e)       #元素 e 入队
```

```
def DeQueue()          #出队，返回队头元素
def IsEmpty()          #判断队空
```

2. 假设以列表 sequ[0..m-1]存储循环队列的元素，同时设变量 rear 和 quelen 分别指示循环队列中队尾元素位置和内含元素个数。试给出循环队列的队空、队满条件，并写出相应的入队和出队算法。

3. 对于一个具有 MaxLen 个单元的环形队列，设计一个算法求出其中共有多少个元素。

4. 假设以带头结点的循环链表表示队列，并且只设一个指针指向队尾元素结点，试编写相应的队列初始化、入队列和出队列的算法。

5. 建立一个顺序栈。从键盘上输入若干个字符，以回车键结束，实现元素的入栈操作。然后依次输出栈中的元素，实现出栈操作。要求顺序栈结构由栈顶指针、栈底指针和存放元素的列表构成。

6. 建立一个链栈。从键盘上输入若干个字符，以回车键结束，实现元素的入栈操作。然后依次输出栈中的元素，实现出栈操作。

7. Fibonacci 数列的序列为 0、1、1、2、3、5、8、13、21……其中每个元素是前两个元素之和。其递归定义如下：

$$f(n)\begin{cases} 1 & \text{当n=0,1时} \\ f(n-1)+f(n-2) & \text{当n>1时} \end{cases}$$

编写求该数列的第 N 个元素的递归与非递归的算法。

8. 要求顺序循环队列不损失一个空间，全部能够得到有效利用，请采用设置标志位 tag 的方法解决"假溢出"问题，实现顺序循环队列算法。

第4章

串、数组与广义表

计算机上的非数值处理对象基本上都是字符串数据。字符串一般简称为串，它也是一种重要的线性结构。数组与广义表都是可看作是线性数据结构的扩展。线性表、栈、队列、串的数据元素都是不可再分的原子类型，而数组中的数据元素是可以再分的。在进销存等事务处理中，顾客的姓名和地址、货物的名称、产地和规格都是字符串数据，信息管理系统、信息检索系统、问答系统、自然语言翻译程序等都是以字符串数据作为处理对象的。广义表被广泛应用于人工智能等领域的表处理语言中。

学习目标：

- 串的存储表示与实现
- 串的模式匹配算法——Brute-Force 和 KMP
- 特殊矩阵、稀疏矩阵的压缩存储
- 广义表的存储表示

4.1　串的定义及抽象数据类型

串是仅由字符组成的一种特殊的线性表。

4.1.1　什么是串

串（String），也称为字符串，是由零个或多个字符组成的有限序列。串是一种特殊的线性表，仅由字符组成。一般记作：S="$a_1a_2...a_n$"。

其中，S 是串名，n 是串的长度。用双引号引起来的字符序列是串的值。$a_i(1 \leqslant i \leqslant n)$可以是字母、数字和其他字符。当 n=0 时，串称为空串。

串中任意连续的字符组成的子序列称为该串的子串。相应地，包含子串的串称为主串。通常将字符在串中的序号称为该字符在串中的位置。子串在主串中的位置以子串的第一个字符在主串中的位置来表示。

例如，有 4 个串 a="tinghua university"、b="tinghua"、c="university"、d="tinghuauniversity"。它们的长度分别为 18、7、10、17，b 和 c 是 a 和 d 的子串，b 在 a 和 d 的位置都为 1，c 在 a 的位置是 9，c 在 d 的位置是 8。

只有当两个串的长度相等，且串中各个对应位置的字符均相等，两个串才是相等的。即两个串是相等的，当且仅当这两个串的值是相等的。例如，上面的四个串 a、b、c、d 两两之间都不相等。

需要说明的是，串中的元素必须用一对双引号引起来，但是，双引号并不属于串，双引号的作用仅仅是为了与变量名或常量相区别。

例如，串 a="tinghua university"中，a 是一个串的变量名，字符序列 tinghua university 是串的值。

由一个或多个空格组成的串，称为空格串。空格串的长度是串中空格字符的个数。请注意，空格串不是空串。

串是一种特殊的线性表，因此，串的逻辑结构与线性表非常相似，区别仅仅在于串的数据对象为字符集合。

4.1.2　串的抽象数据类型

串的抽象数据类型定义了串中的数据对象、数据关系及基本操作。串的抽象数据类型定义如下：

```
ADT String
{
    数据对象：D={a_i|a_i∈CharacterSet, i=1, 2, …, n, n≥0}
    数据关系：R={<a_{i-1},a_i>|a_{i-1}, a_i∈D, i=2, 3, …, n}
    基本操作：

    (1) StrAssign(&S,cstr)
    初始条件：cstr 是字符串常量。
    操作结果：生成一个其值等于 cstr 的串 S。

    (2) StrEmpty(S)
    初始条件：串 S 已存在。
    操作结果：如果是空串，则返回 1，否则返回 0。

    (3) StrLength(S)
    初始条件：串 S 已存在。
    操作结果：返回串中的字符个数，即串的长度。
    例如，S="I come from Beijing"
    T="I come from Shanghai"
    R="Beijing"
    V="Chongqing"
    StrLength(S)=19、StrLength(T)=20、StrLength(R)=7、StrLength(V)=9。

    (4) StrCopy(&T,S)
    初始条件：串 S 已存在。
    操作结果：由串 S 复制产生一个与 S 完全相同的另一个字符串 T。

    (5) StrCompare(S,T)
    初始条件：串 S 和 T 已存在。
    操作结果：比较串 S 和 T 的每个字符的 ASCII 值的大小，如果 S 的值大于 T，则返回 1；如果 S 的
```

值等于 T，则返回 0；如果 S 的值小于 T，则返回-1。

例如，StrCompare(S,T)=-1，因为串 S 和串 T 比较到第 13 个字符时，字符 B 的 ASCII 值小于字符 S 的 ASCII 值，所以返回-1。

（6）StrInsert(&S,pos,T)

初始条件：串 S 和 T 已存在，且 1≤pos≤StrLength(S)+1。

操作结果：在串 S 的 pos 个位置插入串 T，如果插入成功，则返回 1，否则返回 0。

例如，如果在串 S 中的第 3 个位置插入字符串"don't"后，即 StrInsert(S,3,"don't")，串 S="I don't come from Beijing"。

（7）StrDelete(&S,pos,len)

初始条件：串 S 已存在，且 1≤pos≤StrLength(S)- len+1。

操作结果：如果在串 S 中删除第 pos 个字符开始，长度为 len 的字符串。如果找到并删除成功，则返回 1，否则返回 0。

例如，如果在串 S 中的第 13 个位置删除长度为 7 的字符串后，即 StrDelete(S,13,7)，则 S="I come from"。

（8）StrConcat(&T,S)

初始条件：串 S 和 T 已存在。

操作结果：将串 S 连接在串 T 的后面。如果连接成功，则返回 1，否则返回 0。

例如，如果将串 S 连接在串 T 的后面，即 StrCat(T,S)，则 T="I come from Shanghai I come from Beijing"。

（9）SubString(&Sub,S,pos,len)

初始条件：串 S 已存在，1≤pos≤StrLength(S)且 0≤len≤StrLength(S)- len+1。

操作结果：从串 S 中截取从第 pos 个字符开始，长度为 len 的连续字符，并赋值给 Sub。如果截取成功，则返回 1，否则返回 0。

例如，如果将串 S 中的第 8 个字符开始，长度为 4 的字符串赋值给 Sub，即 SubString(Sub,S,8,4)，则 Sub="from"。

（10）StrReplace(&S,T,V)

初始条件：串 S、T 和 V 已存在，且 T 为非空串。

操作结果：如果在串 S 中存在子串 T，则用 V 替换串 S 中的所有子串 T。如果替换操作成功，则返回 1，否则返回 0。

例如，如果将串 S 中的子串 R 替换为串 V，即 StrReplace(S,R,V)，则 S="I come from Chongqing"。

（11）StrIndex(S,pos,T)

初始条件：串 S 和 T 存在，T 是非空串，且 1≤len≤StrLength(S)。

操作结果：如果主串 S 中存在与串 T 的值相等的子串，则返回子串 T 在主串 S 中，第 pos 个字符之后的第一次出现的位置，否则返回 0。

例如，在串 S 中的第 4 个字符开始查找，如果串 S 中存在与子串 R 相等的子串，则返回 R 在 S 中第一次出现的位置，即 StrIndex(S,4,R)=13。

（12）StrClear(&S)

初始条件：串 S 已存在。

操作结果：将 S 清为空串。

（13）StrDestroy(&S)

初始条件：串 S 已存在。

操作结果：将串 S 销毁。

}ADT String

4.2 串的存储表示

串也有顺序存储和链式存储两种存储方式。最常用的是串的顺序存储表示，操作起来更为方便。

4.2.1 串的顺序存储结构

采用顺序存储结构的串称为顺序串，又称定长顺序串。顺序串可利用 Python 语言中的字符串或列表存放串值。利用列表存储字符串时，为了表示串中实际元素个数，需要定义一个变量表示串的长度。

在 Python 语言中，可通过一对单引号或双引号引起来的字符表示字符串。例如：

```
str='Hello World!'
```

若采用 Python 中的串类型表示串，则确定串的长度有两种方法：一种方法是使用 len()函数求串的长度。

为了标识串"Hello World!"的长度，可引入变量 length 来存放串的长度。例如，串"Hello World!"在内存中，用设置串的长度的方法的表示如图 4.1 所示。

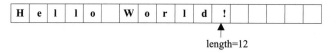

图 4.1 设置串长度的"Hello World!"在内存中的表示

在 Python 中，一旦定义了串，串中字符就不可改变，因此，采用列表存放串中字符便于串的存取操作。串的顺序存储结构类型定义描述如下：

```python
class SeqString(object):
    def __init__(self,str):  #定义字符串结构类型
        self.str=[i for i in str]
        self.length=len(str)
```

其中，str 是存储串的列表，length 为串的长度。

4.2.2 串的链式存储结构

在顺序串中，对于串的插入操作、串的连接及串的替换操作，如果串的长度超过了 MaxLen，串会被截断处理。为了克服这些缺点，可以使用链式存储结构表示的串进行处理。

串的链式存储结构与线性表的链式存储类似，通过一个结点实现。结点包含两个域：数据域和指针域。采用链式存储结构的串称为链串。由于串的特殊性——每个元素只包含一个字符，因此，每个结点可以存放一个字符，也可以存放多个字符。例如，一个结点包含 4 个字符，即结点大小为 4 的链串如图 4.2 所示。

图 4.2 一个结点包含 4 个字符的链串

由于串长不一定是结点大小的整数倍，因此，链串中的最后一个结点不一定被串值占满，可以补上特殊的字符如"#"。例如一个含有 10 个字符的链串，通过补上两个"#"填满数据域，如图 4.3 所示。

图 4.3　填充两个"#"的链串

一个结点大小为 1 的链串如图 4.4 所示。

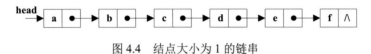

图 4.4　结点大小为 1 的链串

为了方便串的操作，除了用链表实现串的存储，还增加一个尾指针和一个表示串长度的变量。其中，尾指针指向链表（链串）的最后一个结点。因为块链的结点的数据域可以包含多个字符，所以串的链式存储结构也称为块链结构。

链串的类型定义如下：

```python
class Chunk:#串的结点类型定义
    def __init__(self,next=None):
        self.ch=[]
        self.next=next
class LinkString: #链串的类型定义
    def __init__(self,head=None,tail=None):
        self.head=head
        self.tail=tail
        self.length=0
```

其中，head 表示头指针，指向链串的第一个结点；tail 表示尾指针，指向链串的最后一个结点；length 表示链串中字符的个数。

4.2.3　顺序串应用举例

【例 4.1】要求编写一个删除字符串"abcdeabdbcdaaabdecdf"中所有子串"abd"的程序。

分析：主要考察串的创建、定位、删除等基本操作的用法。为了删除主串 S1 中出现的所有子串 S2，需要先在主串 S1 中查找子串 S2 出现的位置，然后再进行删除操作。因此，算法的实现分为两个主要过程：① 在主串 S1 中查找子串 S2 的位置；② 删除 S1 中所有出现的 S2。

为了在 S1 中查找 S2，需要设置 3 个指示器 i、j 和 k，其中，i 和 k 指示 S1 中当前正在比较的字符，j 指示 S2 中当前正在比较的字符。每趟比较开始时，先判断 S1 的起始字符是否与 S2 的第一个字符相同，若相同，则令 k 从 S1 的下一个字符开始与 S2 的下一个字符进行比较，直到对应的字符不相同或子串 S2 中所有字符比较完毕或到达 S1 的末尾为止；若两个字符不相同，则需要从主串 S1 的下一个字符开始重新开始与子串 S2 的第一个字符进行比较，重复执行以上过程直到 S1 的所有字符都比较完毕。完成一趟比较后，若 j 的值等 S2 的长度，则表明在 S1 中找到了 S2，返回 i+1 即可；否则，返回-1 表明 S1 中不存在 S2。为了删除主串 S1 中的所有子串 S2，因为 S1 中可能会存在多个 S2，所以需要多次调用查找子串的过程，直到所有子串被删除完毕。

删除所有子串的主要程序实现如下：

```python
class SeqString(object):
    def __init__(self,str):  #定义字符串结构类型
        self.str=[i for i in str]
        self.length=len(str)
    def DelSubString(self,pos,n):
        if pos+n>len(self.str):
            return 0
        for i in range(pos+n-1,self.length):
            self.str[i - n] = self.str[i]
        self.length-=n
        return 1

    def StrLength(self):
        return self.length

    def Index(self,substr):  #比较字符串，获取子串在主串中的位置
        i=0
        while i<len(self.str):  #若 i 小于 S1 的长度，表明还未查找完毕
            j=0
            if self.str[i]==substr.str[j]:  #如果两个串的字符相同
                k=i+1      #则令 k 指向 S1 下一个字符，准备比较下一个字符是否相同
                j+=1       #令 j 指向 S2 的下一个字符
                while k < len(self.str) and j < len(substr.str) and self.str[k] == substr.str[j]:#若两个串的字符相同
                    k+=1       #则令 k 指向 S1 的下一个待比较字符
                    j +=1      #则令 j 指向 S2 的下一个待比较字符
                    if j == substr.length: #若完成一次匹配
                        break   #则跳出循环，表明已找到在主串中找到子串
                    elif j == self.length+1 and k == substr.length+1: #若匹配发生在 S1 的末尾
                        break   #则跳出循环，表明已找到子串位置
                    else:       #否则
                        i+=1    #从主串的下一个字符开始比较
            else:           #若两个串中对应的字符不相同
                i +=1           #需要从主串的下一个字符开始比较
        if k == self.length+1 and j == substr.length+1: #若在主串的末尾找到子串
            return i + 1    #则返回子串在主串中的起始位置
        if i >= self.length:  #若主串的下标超过 S1 的长度，表明主串中不存在子串
            return -1       #则返回 - 1 表示查找子串失败
        else:           #否则，表明查找子串成功
            return i + 1    #返回子串在主串的起始位置

    def DelAllString(self, substr):
        n = self.Index(substr)
        print('子串在主串中的位置:',n)
        while n>=0:
            self.DelSubString(n,substr.length)
```

```
            n=self.Index(substr)
            print('子串在主串中的位置:',n)
        return self.str[:self.length]

if __name__ == '__main__':
    str=input('字符串')
    S1=SeqString(str)
    substr=input('子串:')
    S2=SeqString(substr)
    s1=S1.DelAllString(S2)
    print("删除所有子串后的字符串:")
    print(''.join(s1))
```

程序的运行结果如图 4.5 所示。

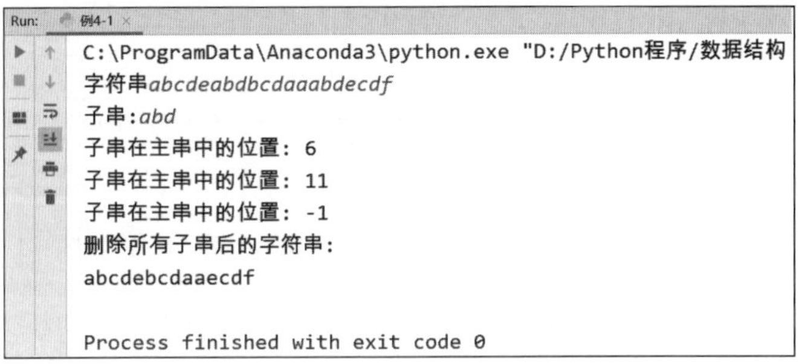

```
Run:  例4-1 ×
 ▶ ↑   C:\ProgramData\Anaconda3\python.exe "D:/Python程序/数据结构
 ■ ↓   字符串abcdeabdbcdaaabdecdf
 ▦ ⇥   子串:abd
 ⬚ ↳   子串在主串中的位置: 6
 ★ 🖶   子串在主串中的位置: 11
 🗑    子串在主串中的位置: -1
       删除所有子串后的字符串:
       abcdebcdaaecdf

       Process finished with exit code 0
```

图 4.5　在主串中删除所有子串的程序运行结果

4.3　串的模式匹配

串的模式匹配也称为子串的定位操作,即查找子串在主串中出现的位置。串的模式匹配主要有:朴素模式匹配算法——Brute-Force 及改进算法——KMP 算法。

4.3.1　朴素模式匹配算法——Brute-Force

子串的定位操作串通常称为模式匹配,是各种串处理系统中最重要的操作之一。

设有主串 S 和子串 T,如果在主串 S 中找到一个与子串 T 相等的串,则返回串 T 的第一个字符在串 S 中的位置。其中,主串 S 又称为目标串,子串 T 又称为模式串。

Brute-Force 算法的思想是从主串 $S="s_0 s_1 \ldots s_{n-1}"$ 的第 pos 个字符开始与模式串 $T="t_0 t_1 \ldots t_{m-1}"$ 的第一个字符比较,如果相等,则继续逐个比较后续字符,否则从主串的下一个字符开始重新与模式串 T 的第一个字符比较,以此类推。如果在主串 S 中存在与模式串 T 相等的连续字符序列,则匹配成功,函数返回模式串 T 中第一个字符在主串 S 中的位置,否则函数返回-1 表示匹配失败。

例如,主串 S="abaababaddecab",子串 T="abad",S 的长度为 n=13,T 的长度为 m=4。用变量 i 表示主串 S 中当前正在比较字符的下标,变量 j 表示子串 T 中当前正在比较字符的下标。模式匹配的过程如图 4.6 所示。

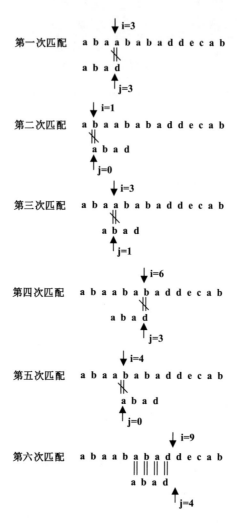

图 4.6　Brute-Force 模式匹配过程

假设串采用顺序存储方式存储，则 Brute-Force 匹配算法如下：

```python
def B_FIndex(self,pos,T):
#在主串 S 中的第 pos 个位置开始查找模式串 T，如果找到则返回子串在主串的位置，否则返回-1
    i = pos - 1
    j = 0
    while i < self.length and j < T.length:
        if self.str[i]==T.str[j]:#如果串 S 和串 T 中对应位置字符相等，则继续比较下一个字符
            i +=1
            j +=1
        else:                    #如果当前对应位置的字符不相等，则从串 S 的下一个字符开始，T 的第 0 个
字符开始比较
            i = i - j + 1
            j = 0
    if j >= T.length: #如果在 S 中找到串 T，则返回子串 T 在主串 S 的位置
        return i - j + 1
    else:
        return -1
```

Brute-Force 匹配算法简单且容易理解，并且进行某些文本处理时，效率也比较高，如检查" Welcome"是否存在于下列主串"Nanjing University is a comprehensive university with a long history. Welcome to Nanjing University."中时，上述算法中 while 循环次数（即进行单个字符比较的次数）为 79（即 70+1+8），除了遇到主串中呈黑体的"w"字符，需要比较两次外，其他每个字符均只和模式串比较了一次。在这种情况下，此算法的时间复杂度为 O(n+m)。其中，n 和 m 分别为主串和模式串的长度。

然而，在有些情况下，该算法的效率却很低。例如设主串 S="aaaaaaaaaaaaab"，模式串 T="aaab"。其中，n=14，m=4。因为模式串的前 3 个字符是"aaa"，主串的前 13 个字符也是"aaaaaaaaaaaaa"，每趟比较模式串的最后一个字符与主串中的字符不相等，所以均需要将主串的指针回退，从主串的下一个字符开始与模式串的第一个字符重新比较。在整个匹配过程中，主串的指针需要回退 9 次，匹配不成功的比较次数是 10*4，成功匹配的比较次数是 4 次，因此总的比较次数是 10*4+4=11*4，即 (n−m+1)*m。

可见，Brute-Force 匹配算法在最好的情况下，即主串的前 m 个字符刚好与模式串相等，时间复杂度为 O(m)。在最坏的情况下，Brute-Force 匹配算法的时间复杂度是 O(n*m)。

在 Brute-Force 算法中，即使主串与模式串已有多个字符经过比较相等，只要有一个字符不相等，就需要将主串的比较位置回退。

4.3.2　改进算法——KMP 算法

KMP 算法是由 D.E.Knuth、J.H.Morris、V.R.Pratt 共同提出的，因此称为 KMP 算法（Knuth-Morris-Pratt 算法）。KMP 算法在 Brute-Force 算法的基础上有较大改进，可在 O(n+m)时间数量级上完成串的模式匹配，主要是消除了主串指针的回退，使算法效率有了很大程度的提高。

1. KMP 算法思想

KMP 算法的基本思想是在每一趟匹配过程中出现字符不等时，不需要回退主串的指针，而是利用已经得到前面部分匹配的结果，将模式串向右滑动若干个字符后，继续与主串中的当前字符进行比较。

那到底向右滑动多少个字符呢？仍然假设主串 S="abaababaddecab"，子串 T="abad"。KMP 算法匹配过程如图 4.7 所示。

从图 4.7 中可以看出，KMP 算法的匹配次数由原来的 6 次减少为 4 次。在第一次匹配的过程中，当 i=3、j=3，主串中的字符与子串中的字符不相等，Brute-Force 算法从 i=1、j=0 开始比较。而这种将主串的指针回退的比较是没有必要的，在第一次比较遇到主串与子串中的字符不相等时，有 $S_0=T_0$="a"，$S_1=T_1$="b"，$S_2=T_2$="a"，$S_3\neq T_3$。因为 $S_1=T_1$ 且 $T_0\neq T_1$，所以 $S_1\neq T_0$，S_1 与 T_0 不必比较。又因为 $S_2=T_2$ 且 $T_0=T_2$，有 $S_2=T_0$，所以从 S_3 与 T_1 开始比较。

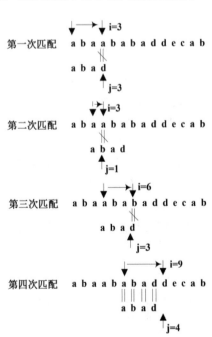

图 4.7　KMP 算法的匹配过程

同理，在第三次比较主串中的字符与子串中的字符不相等时，只需要将子串向右滑动两个字符，进行 i=5、j=0 的字符比较。在整个 KMP 算法中，主串中的 i 指针没有回退。

下面来讨论一般情况。假设主串 S="$s_0s_1{\ldots}s_{n-1}$"，T="$t_0t_1{\ldots}t_{m-1}$"。在模式匹配过程中，如果出现字符不匹配的情况，即当 $S_i{\neq}T_j(0{\leqslant}i{<}n,0{\leqslant}j{<}m)$时，有：

$$"s_{i-j}s_{i-j+1}{\ldots}s_{i-1}"="t_0t_1{\ldots}t_{j-1}"$$

假设子串即模式串存在可重叠的真子串，即：

$$"t_0t_1{\ldots}t_{k-1}"="t_{j-k}t_{j-k+1}{\ldots}t_{j-1}"$$

也就是说，子串中存在从 t_0 开始到 t_{k-1} 与从 t_{j-k} 到 t_{j-1} 的重叠子串，则存在主串"$s_{i-k}s_{i-k+1}{\ldots}s_{i-1}$"与子串"$t_0t_1{\ldots}t_{k-1}$"相等。如图 4.8 所示。因此，下一次可以直接从比较 s_i 和 t_k 开始。

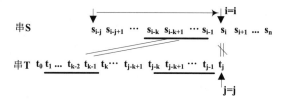

图 4.8　在子串有重叠时主串与子串模式匹配

如果令 next[j]=k，则 next[j]表示当子串中的第 j 个字符与主串中的对应的字符不相等时，下一次子串需要与主串中该字符进行比较的字符的位置。子串即模式串中的 next 函数，定义如下：

$$next[j]=\begin{cases} -1 & \text{当j=0时} \\ Max\{k\,|\,0{<}k{<}j\text{且}"t_0t_1{\ldots}t_{k-1}"="t_{j-k}t_{j-k+1}{\ldots}t_{j-1}"\} & \text{当存在真子串时} \\ 0 & \text{其他情况} \end{cases}$$

其中，第一种情况，next[j]的函数是为了方便算法设计而定义的；第二种情况，如果子串（模式串）中存在重叠的真子串，则 next[j]的取值就是 k，即模式串的最长子串的长度；第三种情况，如果模式串中不存在重叠的子串，则从子串的第一个字符开始比较。

KMP 算法的模式匹配过程：如果模式串 T 中存在真子串"$t_0t_1{\ldots}t_{k-1}$"="$t_{j-k}t_{j-k+1}{\ldots}t_{j-1}$"，当模式串 T 与主串 S 的 s_i 不相等，则按照 next[j]=k 将模式串向右滑动，从主串中的 s_i 与模式串的 t_k 开始比较。如果 $s_i=t_k$，则主串与子串的指针各自增 1，继续比较下一个字符。如果 $s_i{\neq}t_k$，则按照 next[next[j]]将模式串继续向右滑动，将主串中的 s_i 与模式串中的 next[next[j]]字符进行比较。如果仍然不相等，则按照以上方法，将模式串继续向右滑动，直到 next[j]=−1 为止。这时，模式串不再向右滑动，比较 s_{i+1} 与 t_0。利用 next 函数的模式匹配过程如图 4.9 所示。

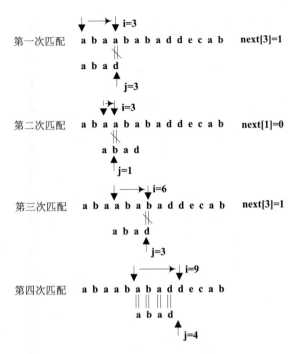

图 4.9　利用 next 函数的模式匹配过程

利用模式串 T 的 next 函数值，求 T 在主串 S 中的第 pos 个字符之后的位置的 KMP 算法描述如下：

```
def KMP_Index(self,pos,T,next):
    #KMP 模式匹配算法。利用模式串 T 的 next 函数在主串 S 中的第 pos 个位置开始查找模式串 T,如
果找到，则返回模式串在主串的位置，否则返回-1
    i = pos - 1
    j = 0
    while i < S.length and j < T.length:
        if j == -1 or self.str[i] == T.str[j]:#如果j=-1或当前字符相等，则继续比较
后面的字符
            i +=1
            j+=1
        else:      #如果当前字符不相等，则将模式串向右移动
            j = next[j]   #列表 next 保存 next 函数值

    if j >= T.length:    #匹配成功，返回子串在主串中的位置
        return i - T.length + 1,count
    else: #否则返回-1
        return -1
```

2. 求 next 函数值

KMP 匹配算法是建立在模式串的 next 函数值已知的基础上的。下面来讨论如何求模式串的 next 函数值。

从上面的分析可以看出，模式串的 next 函数值的取值与主串无关，仅与模式串相关。根据模式串 next 函数定义，next 函数值可用递推的方法得到。

设 next[j]=k，表示在模式串 T 中存在以下关系：

$$"t_0t_1 \ldots t_{k-1}"="t_{j-k}t_{j-k+1} \ldots t_{j-1}"$$

其中，0<k<j，k 为满足等式的最大值，即不可能存在 k'>k 满足以上等式。那么计算 next[j+1] 的值可能有如下两种情况出现。

（1）如果 $t_j=t_k$，则表示在模式串 T 中满足关系"$t_0t_1 \ldots t_k$"="$t_{j-k}t_{j-k+1} \ldots t_j$"，并且不可能存在 k'>k 满足以上等式。因此有 next[j+1]=k+1，即 next[j+1]=next[j]+1。

（2）如果 $t_j \neq t_k$，则表示在模式串 T 中满足关系"$t_0t_1 \ldots t_k$"$\neq$"$t_{j-k}t_{j-k+1} \ldots t_j$"。在这种情况下，可以把求 next 函数值的问题看成一个模式匹配的问题。目前已经有"$t_0t_1 \ldots t_{k-1}$"="$t_{j-k}t_{j-k+1} \ldots t_{j-1}$"，但是 $t_j \neq t_k$，把模式串 T 向右滑动到 k'=next[k]，如果有 $t_j=t_{k'}$，则表示模式串中有"$t_0t_1 \ldots t_{k'}$"="$t_{j-k'}t_{j-k'+1} \ldots t_j$"，因此有 next[j+1]=k'+1，即 next[j+1]=next[k]+1。

如果 $t_j \neq t_{k'}$，则将模式串继续向右滑动到第 next[k'] 个字符与 t_j 比较。如果仍不相等，则将模式串继续向右滑动到下标为 next[next[k']] 字符与 t_j 比较。以此类推，直到 t_j 和模式串中某个字符匹配成功或不存在任何 k'(1<k'<j)满足"$t_0t_1 \ldots t_{k'}$"="$t_{j-k'}t_{j-k'+1} \ldots t_j$"，则有 next[j+1]=0。

以上讨论的是如何根据 next 函数的定义递推得到 next 函数值。例如，模式串 T="abcdabcdabe" 的 next 函数值如表 4.1 所示。

表4.1　模式串"abcdabcdabe"的next函数值

j	0	1	2	3	4	5	6	7	8	9
模式串	c	b	c	a	a	c	b	c	b	c
next[j]	-1	0	0	1	0	0	1	2	3	2

在表 4.1 中，如果已经求得前 3 个字符的 next 函数值，现在求 next[3]的值，因为 next[2]=0，且 $t_2=t_0$，则 next[3]=next[2]+1=1。接着求 next[4]的值，因为 $t_2=t_0$，但"t_2t_3"$\neq$"t_0t_1"，则需要将 t_3 与下标为 next[1]=0 的字符即 t_0 比较，因为 $t_0 \neq t_3$，则 next[4]=0。

同理，在求得 next[8]=3 后，如何求 next[9]的值？因为 next[8]=3，但 $t_8 \neq t_3$，则比较 t_1 与 t_8 的值是否相等（next[3]=1），有 $t_1=t_8$，则 next[9]=k'+1=1+1=2。

求 next 函数值的算法描述如下：

```python
def GetNext(self,T):#求模式串 T 的 next 函数值并存入列表 next
    j=0
    k=-1
    next = [None for i in range(T.length)]
    next[0]=-1
    while j<T.length-1:
        if k==-1 or T.str[j]==T.str[k]: #若 k==-1 或当前字符相等，则继续比较后面字符将
函数值存入 next 列表
            j+=1
            k+=1
            next[j]=k
        else:               #如果当前字符不相等，则将模式串向右移动继续比较
            k=next[k]
```

```
    return next
```

求 next 函数值的算法时间复杂度是 O(m)。一般情况下，模式串的长度比主串的长度要小得多，因此，对整个字符串的匹配来说，增加这点时间是值得的。

3. 改进的求 next 函数值算法

上述求 next 函数值有时也存在缺陷。例如，主串 S="aaaacabacaaaba"与模式串 T="aaaab"进行匹配时，当 i=4、j=4 时，$s_4 \neq t_4$，而因为 next[0]=-1、next[1]=0、next[2]=1、next[3]=2、next[4]=3，所以需要将主串的 s_4 与子串中的 t_3、t_2、t_1、t_0 依次进行比较。因模式串中的 t_3 与 t_0、t_1、t_2 都相等，没有必要将这些字符与主串的 s_3 进行比较，仅需要直接将 s_4 与 t_0 进行比较。

一般情况下，在求得 next[j]=k 后，如果模式串中的 $t_j=t_k$，则当主串中的 $s_i \neq t_j$ 时，不必再将 s_i 与 t_k 比较，而直接与 $t_{next[k]}$ 比较。因此，可以将求 next 函数值的算法进行修正，即在求得 next[j]=k 之后，判断 t_j 是否与 t_k 相等，如果相等，还需继续将模式串向右滑动，使 k'=next[k]，判断 t_j 是否与 $t_{k'}$ 相等，直到两者不相等为止。

例如，模式串 T="abcdabcdabc"的函数值与改进后的函数值如表 4.2 所示。

表4.2　模式串"abcdabcdabe"的next函数值

j	0	1	2	3	4	5	6	7	8	9	10
模式串	a	b	c	d	a	b	c	d	a	b	d
next[j]	-1	0	0	0	0	1	2	3	4	5	6
nextval[j]	-1	0	0	0	-1	0	0	0	-1	0	6

其中，nextval[j]中存放改进后的 next 函数值。在表 4.2 中，如果主串中对应的字符 s_i 与模式串 T 对应的 t_8 失配，则应取 $t_{next[8]}$ 与主串的 s_i 比较，即 t_4 与 s_i 比较，因为 $t_4=t_8$='a'，所以也一定与 s_i 失配，则取 $t_{next[4]}$ 与 s_i 比较，即 t_0 与 s_i 比较，又 t_0='a'，也必然与 s_i 失配，则取 next[0]=-1，这时，模式串停止向右滑动。其中，t_4、t_0 与 s_i 比较是没有意义的，所以需要修正 next[8]和 next[4]的值为-1。同理，用类似的方法修正其他 next 的函数值。

求 next 函数值的改进算法描述如下：

```
def GetNextVal(self,T):
    #求模式串 T 的 next 函数值的修正值并存入列表 nextval
    j = 0
    k = -1
    nextval = [None for i in range(T.length+1)]
    nextval[0] = -1
    while j < T.length-1:
        if k == -1 or T.str[j] == T.str[k]: #如果 k=-1 或当前字符相等，则继续比较后
面的字符并将函数值存入到 nextval 列表
            j = j+1
            k = k+1
            if T.str[j] != T.str[k]: #如果所求的 nextval[j]与已有的 nextval[k]不相
等，则将 k 存放在 nextval 中
                nextval[j]=k
            else:
```

```
            nextval[j]=nextval[k]
    else:              #如果当前字符不相等，则将模式串向右移动继续比较
        k=nextval[k]
return nextval
```

注意：本章在讨论串的实现及主串与模式串的匹配问题时，均将串从下标为 0 开始计算，与 Python 语言中的列表起始下标一致。

4.3.3 模式匹配应用举例

【例 4.2】编写程序比较 Brute-Force 算法与 KMP 算法的效果。例如主串 S="cabaadcabaababaabacababababab"，模式串 T="abaabacababa"，统计 Brute-Force 算法与 KMP 算法在匹配过程中的比较次数，并输出模式串的 next 函数值与 nextval 函数值。

分析：通过主串的模式匹配比较 Brute-Force 算法与 KMP 算法的效果。朴素的 Brute-Force 算法也是常用的算法，毕竟它不需要计算 next 函数值。KMP 算法在模式串与主串存在许多部分匹配的情况下，其优越性才会显示出来。

主函数部分主要包括头文件的引用、函数的声明、主函数及打印输出的实现，程序代码如下：

```
if __name__ == '__main__':
    S=SeqString("cabaadcabaababaabacababababab")  #给主串 S 赋值
    T=SeqString("abaabacababa")               #给模式串 T 赋值
    next=T.GetNext(T)                         #求 next 函数值
    nextval=T.GetNextVal(T)                   #求改进后的 next 函数值
    print("模式串 T 的 next 和改进后的 next 值:")
    S.PrintArray(T,next, nextval, T.length)  #输出模式串 T 的 next 值和 nextval 值
    find,count1 = S.B_FIndex(1, T)  #朴素模式串匹配
    if (find > 0):
        print("Brute-Force 算法的比较次数为:%2d"%count1)
    find,count2 = S.KMP_Index( 1, T, next)
    if (find > 0):
        print("利用 next 的 KMP 算法的比较次数为:%2d"%count2)
    find,count3 = S.KMP_Index(1, T, nextval)
    if (find > 0):
        print("利用 nextval 的 KMP 匹配算法的比较次数为:%2d"%count3)

def PrintArray(self,T,next,nextval,length):
#模式串 T 的 next 值与 nextval 值输出函数
    print("j:\t\t",end='')
    for j in range(length):
        print(j,end=' ')
    print()
    print("模式串:\t\t",end='')
    for j in range(length):
        print(T.str[j],end=' ')
    print()
    print("next[j]:\t",end='')
    for j in range(length):
        print(next[j],end=' ')
    print()
    print("nextval[j]:\t",end='')
```

```
for j in range(length):
    print(nextval[j],end=' ')
print()
```

程序运行结果如图 4.10 所示。

```
Run:  模式匹配 ×
▶ ↑   C:\Users\o.o\.conda\envs\tensorflow\python.exe
■ ↓   模式串T的next和改进后的next值：
≡ ≡   j:        0 1 2 3 4 5 6 7 8 9 10 11
✦ ≡   模式串：    a b a a b a c a b a b a
  ▤   next[j]:   -1 0 0 1 1 2 3 0 1 2 3 2
  □   nextval[j]: -1 0 -1 1 0 -1 3 -1 0 -1 3 -1
      Brute-Force算法的比较次数为:40
      利用next的KMP算法的比较次数为:31
      利用nextval的KMP匹配算法的比较次数为:30

      Process finished with exit code 0
```

图 4.10　串的模式匹配程序运行结果

4.4　数组的定义及抽象数据类型

数组中的元素可以是原子类型，也可以是一个线性表。

4.4.1　数组的基本概念

数组（Array）是由 n 个类型相同的数据元素组成的有限序列。其中，这 n 个数据元素占用一块地址连续的存储空间。数组中的数据元素可以是原子类型的，如整型、字符型、浮点型等，这种类型的数组称为一维数组；也可以是一个线性表，这种类型的数组称为二维数组。二维数组可以看成是线性表的线性表。

一个含有 n 个元素的一维数组可以表示成线性表 A=(a_0,a_1,...,a_{n-1})。其中，a_i(0≤i≤n-1)是表 A 中的元素，n 表示表中的元素个数。

一个 m 行 n 列的二维数组可以看成是一个线性表，其中数组中的每个元素也是一个线性表。例如，A=(p_0,p_1,...,p_r)，其中 r=n-1。表中的每个元素 p_j(0≤j≤r)又是一个列向量表示的线性表，p_j=(a_{0,j},a_{1,j},...,a_{m-1,j})，其中 0≤j≤n-1。因此，这样的 m 行 n 列的二维数组可以表示成由列向量组成的线性表，如图 4.11 所示。

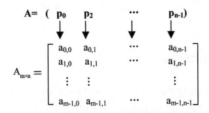

图 4.11　二维数组以列向量表示

在图 4.11 中，二维数组的每一列可以看成是线性表中的每一个元素。线性表 A 中的每一个元素 p_j(0≤j≤r)是一个列向量。同样，还可以把图 4.11 中的矩阵看成是一个由行向量构成的线性表：

$B=(q_0,q_1,\ldots,q_s)$，其中，$s=m-1$。q_i 是一个行向量，即 $q_i=(a_{i,0},a_{i,1},\ldots,a_{i,n-1})$。如图 4.12 所示。

$$A_{m\times n}=\begin{bmatrix} a_{0,0} & a_{0,1} & \cdots & a_{0,n-1} \\ a_{1,0} & a_{1,1} & \cdots & a_{1,n-1} \\ \vdots & \vdots & & \vdots \\ a_{m-1,0} & a_{m-1,1} & \cdots & a_{m-1,n-1} \end{bmatrix} \begin{matrix} \leftarrow q_0 \\ \leftarrow q_1 \\ \leftarrow \vdots \\ \leftarrow q_{m-1} \end{matrix}$$

图 4.12　二维数组以行向量表示

同理，一个 n 维数组也可以看成是一个线性表，其中线性表中的每个数据元素是 n-1 维的数组。n 维数组中的每个元素处于 n 个向量中，每个元素有 n 个前驱元素，也有 n 个后继元素。

4.4.2　数组的抽象数据类型

数组的抽象数据类型定义了栈中的数据对象、数据关系及基本操作。数组的抽象数据类型定义如下：

```
ADT Array
{
    数据对象：D={a_{j1j2…jn}|n(>0)称为数组的维数，j_i是数组的第i维下标，1≤j_i≤b_i，其中，b_i
为数组第i维的长度，a_{j1j2…jn}∈ElementSet }。
    数据关系：R={R_1,R_2,…,R_n}
    R={<a_{j1…ji…jn},a_{j1…ji+1…jn}>|1≤j_k≤b_k,1≤k≤n,且k≠i,1≤j_i≤b_{i-1},a_{j1…ji…jn},a_{j1…ji+1…jn}
∈D,i=1,…,n}
    基本操作：

    (1) InitArray(&A,n,bound1,…,boundn)
    如果维数和各维的长度合法，则构造数组A，并返回1，表示成功。

    (2) DestroyArray(&A)
    销毁数组A。

    (3) GetValue(A,&e,index1,…,indexn)
    如果下标合法，将数组A中对应的元素赋给e，并返回1，表示成功。

    (4) SetValue(&A,e,index1,…,indexn)
    如果下标合法，将数组A中由下标index1,…,indexn指定的元素值置为e。

    (5) LocateArray(A,ap,&offset)
    根据数组的元素下标，求出该元素在数组中的相对地址。
}ADT Array
```

4.4.3　数组的顺序存储结构

计算机中的存储器结构是一维（线性）结构，而数组是一个多维结构，如果要将一个多维结构存放在一个一维的存储单元里，这就需要先将多维的数组转换成一个一维线性序列，才能将其存放在存储器中。

数组的存储方式有两种：一种是以行序为主序（row major order）的存储方式，另一种是以列序为主序（column major order）的存储方式，对于如图 4.13 所示的数组 A 来说，二维数组 A 以行序为主序的存储顺序为 $a_{0,0},a_{0,1},\ldots,a_{0,n-1},a_{1,0},a_{1,1},\ldots,a_{1,n-1},\ldots,a_{m-1,0},a_{m-1,1},\ldots,a_{m-1,n-1}$，以列序为主序的存储顺序为 $a_{0,0},a_{1,0},\ldots,a_{m-1,0},a_{0,1},a_{1,1},\ldots,a_{m-1,1},\ldots,a_{0,n-1},a_{1,n-1},\ldots,a_{m-1,n-1}$。

根据数组的维数和各维的长度就能为数组分配存储空间。因为数组中的元素连续存放，所以任意给定一个数组的下标，就可以求出相应数组元素的存储位置。

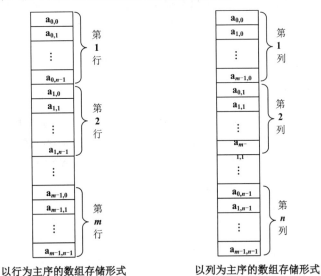

以行为主序的数组存储形式　　　以列为主序的数组存储形式

图 4.13　数组在内存中的存储形式

下面说明以行序为主序的数组元素的存储地址与数组的下标之间的关系。设每个元素占 m 个存储单元，则二维数组 A 中的任何一个元素 a_{ij} 的存储位置可以由以下公式确定：

$$\text{Loc}(i,j)=\text{Loc}(0,0)+(i\times n+j)\times m$$

其中，Loc(i, j) 表示元素 a_{ij} 的存储地址，Loc(0,0) 表示元素 a_{00} 的存储地址，即二维数组的起始地址（也称为基地址）。

推广到更一般的情况，可以得到 n 维数组中数据元素的存储地址与数组的下标之间的关系为 $\text{Loc}(j_1,j_2,\ldots,j_n)=\text{Loc}(0,0,\ldots,0)+(b_1*b_2*\ldots*b_{n-1}*j_0+b_2*b_3*\ldots*b_{n-1}*j_1+\ldots+b_{n-1}*j_{n-2}+j_{n-1})*L$。

其中，$b_i(1\leq i\leq n-1)$ 是第 i 维的长度，j_i 是数组的第 i 维下标。

在 Python 中，通常采用列表来表示数组。创建一个长度为 n 的一维数组 a[]，其语句如下：

```
n=10
a=[None]*n
```

创建一个 m*n 的二维数组 a[]，其语句如下：

```
m,n=10,20
a=[[None]*n for i in range(m)]
```

a 为嵌套列表，其大小为 10 行、20 列。

4.4.4　特殊矩阵的压缩存储

矩阵是科学计算、工程数学，尤其是数值分析经常研究的对象。在高级语言中，通常使用二维数组来存储矩阵。在有些高阶矩阵中，非零元素非常少，此时若使用二维数组将造成存储空间的浪费，这时可只存储部分元素，从而提高存储空间的利用率。这种存储方式称为矩阵的压缩存储。所谓压缩存储指的是为多个相同值的元素只分配一个存储单元，对值为零的元素不分配存储单元。

非零元素非常少（远小于 m×n）或元素分布呈一定规律的矩阵称为特殊矩阵。

1. 对称矩阵的压缩存储

如果一个 n 阶的矩阵 A 中的元素满足 $a_{ij}=a_{ji}$ (0≤i, j≤n−1)，则称这种矩阵为 n 阶对称矩阵。

对于对称矩阵，每一对对称元素值相同，只需要为每一对对称元素其中之一分配一个存储空间，这样就可以用 n(n+1)/2 个存储单元存储 n^2 个元素。n 阶对称矩阵 A 和下三角矩阵如图 4.14 所示。

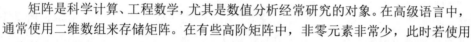

$$A_{m\times n} = \begin{bmatrix} a_{0,0} & a_{0,1} & \cdots & a_{0,n-1} \\ a_{1,0} & a_{1,1} & \cdots & a_{1,n-1} \\ \vdots & \vdots & & \vdots \\ a_{n-1,0} & a_{n-1,1} & \cdots & a_{n-1,n-1} \end{bmatrix} \qquad A_{m\times n} = \begin{bmatrix} a_{0,0} & & & \\ a_{1,0} & a_{1,1} & & \\ \vdots & \vdots & \ddots & \\ a_{n-1,0} & a_{n-1,1} & \cdots & a_{n-1,n-1} \end{bmatrix}$$

对称矩阵　　　　　　　　　　下三角矩阵

图 4.14　n 阶对称矩阵与下三角矩阵

假设用一维数组 s 存储对称矩阵 A 的上三角或下三角元素，则一维数组 s 的下标 k 与 n 阶对称矩阵 A 的元素 a_{ij} 之间的对应关系为 $k = \begin{cases} \dfrac{i*(i+1)}{2}+j, & \text{当} i \geq j \\ \dfrac{j(j+1)}{2}+i, & \text{当} i < j \end{cases}$。

当 i≥j 时，矩阵 A 以下三角形式存储，$\dfrac{i*(i+1)}{2}+j$ 为矩阵 A 中元素的线性序列编号；当 i<j 时，矩阵 A 以上三角形式存储，$\dfrac{j(j+1)}{2}+i$ 为矩阵 A 中元素的线性序列编号。任意给定一组下标(i, j)，就可以确定矩阵 A 在一维数组 s 中的存储位置。s 称为 n 阶对称矩阵 A 的压缩存储。

矩阵的下三角元素的压缩存储表示如图 4.15 所示。

k=	0	1	2	3		$\frac{n*(n-1)}{2}$		$\frac{n*(n+1)}{2}-1$
	a_{00}	a_{10}	a_{11}	a_{20}	...	$a_{n-1,0}$	...	$a_{n-1,n-1}$

图 4.15　对称矩阵的压缩存储

2. 三角矩阵的压缩存储

三角矩阵可分为上三角矩阵和下三角矩阵。其中，下三角元素均为常数 C 或零的 n 阶矩阵称为上三角矩阵，上三角元素均为常数 C 或零的 n 阶矩阵称为下三角矩阵。n×n 的上三角矩阵和下三角矩阵如图 4.16 所示。

$$A_{n\times n}=\begin{bmatrix} a_{0,0} & a_{0,1} & \cdots & a_{0,n-1} \\ & a_{1,1} & \cdots & a_{1,n-1} \\ C & & \ddots & \vdots \\ & & & a_{n-1,n-1} \end{bmatrix} \qquad A_{n\times n}=\begin{bmatrix} a_{0,0} & & & \\ a_{1,0} & a_{1,1} & & C \\ \vdots & \vdots & \ddots & \\ a_{n-1,0} & a_{n-1,1} & \cdots & a_{n-1,n-1} \end{bmatrix}$$

上三角矩阵   下三角矩阵

图 4.16　上三角矩阵与下三角矩阵

下三角矩阵的存储元素与上三角压缩存储类似。如果用一维数组来存储三角矩阵，则需要存储 $n*(n+1)/2+1$ 个元素。一维数组的下标 k 与矩阵的下标(i, j)的对应关系如下：

$$k=\begin{cases} \dfrac{i*(2n-i+1)}{2}+j-i, & \text{当}i\leqslant j \\ \dfrac{n*(n+1)}{2}, & \text{当}i>j \end{cases} \qquad k=\begin{cases} \dfrac{i*(i+1)}{2}+j, & \text{当}i\geqslant j \\ \dfrac{n*(n+1)}{2}, & \text{当}i<j \end{cases}$$

上三角矩阵   下三角矩阵

其中，第 $k=\dfrac{n*(n+1)}{2}$ 个位置存放的是常数 C 或者零元素。上述公式可根据等差数列推导得出。

关于一个以行为主序与以列为主序压缩存储相互转换的情况，例如，设有一个 n×n 的上三角矩阵 A 的上三角元素已按行为主序连续存放在列表 b 中，请设计一个算法 trans 将 b 中元素按列为主序连续存放在列表 c 中。当 n=5 时，矩阵 A 如图 4.17 所示。

$$A_{5\times5}=\begin{bmatrix} 1 & 2 & 3 & 4 & 5 \\ 0 & 6 & 7 & 8 & 9 \\ 0 & 0 & 10 & 11 & 12 \\ 0 & 0 & 0 & 13 & 14 \\ 0 & 0 & 0 & 0 & 15 \end{bmatrix}$$

图 4.17　5×5 上三角矩阵

其中，b=(1,2,3,4,5,6,7,8,9,10,11,12,13,14,15)，c= (1,2,6,3,7,10,4,8,11,13,5,9,12,14,15)，那如何根据数组 b 得到 c 呢？

分析：本题主要考察特殊矩阵的压缩存储中对列表下标的灵活使用程度。用 i 和 j 分别表示矩阵中元素的行列下标，用 k 表示压缩矩阵 b 元素的下标。解答本题的关键是找出以行为主序和以列为主序列表下标的对应关系（初始时，i=0，j=0，k=0），即 c[j*(j+1)/2+i]=b[k]，其中，j*(j+1)/2+i 就是根据等差数列得出的。根据这种对应关系，直接把 b 中的元素赋给 c 中对应的位置即可。但是读出 c 中一列即 b 中的一行（元素 1、2、3、4、5）之后，还要改变行下标 i 和列下标 j，开始读 6、7、8 元素时，列下标 j 需要从 1 开始，行下标 i 也需要增加 1。以此类推，可以得出修改行下标和列下标的办法为：当一行还没有结束时，j+=1；否则 i+=1 并修改下一行的元素个数及 i、j 的值，直到 k=n(n+1)/2 为止。

根据以上分析，相应的压缩矩阵转换算法如下：

```
def trans(b,n):#将 b 中元素按列为主序连续存放到列表 c 中
    step=n
    count=0
    i=0
    j=0
    c=[None for i in range(int(n*(n+1)/2))]
    for k in range(int(n*(n+1)/2)):
        count+=1                          #记录一行是否读完
```

```
        c[int(j*(j+1)/2+i)] = b[k]      #把以行为主序的数存放到对应以列为主序的列表中
        if count==step:                 #一行读完后
            step-=1
            count=0                     #下一行重新开始计数
            i+=1                        #下一行的开始行
            j=n-step                    #一行读完后，下一轮的开始列
        else:
            j+=1                        #一行还没有读完，继续下一列的数
    return c
```

3. 对角矩阵的压缩存储

对角矩阵（也叫带状矩阵）是另一类特殊的矩阵。所谓对角矩阵，就是所有的非零元素都集中在以主对角线为中心的带状区域内（对角线的个数为奇数）。也就是说除了主对角线和主对角线上、下若干条对角线上的元素外，其他元素的值均为零。一个 3 对角矩阵如图 4.18 所示。

通过观察，可以发现对角矩阵具有以下特点。

当 i=0、j=1,2 时，即第一行有 2 个非零元素；当 0<i<n-1、j=i-1,i,i+1 时，即第 2 行到第 n-1 行之间有 3 个非零元素；当 i=n-1、j=n-2,n-1 时，即最后一行有 2 个非零元素。除此以外，其他元素均为零。

除了第 1 行和最后 1 行的非零元素为 2 个，其余各行非零元素为 3 个，因此，若用一维数组存储这些非零元素，需要 2+3*(n-2)+2=3n-2 个存储单元。对角矩阵的压缩存储在数组中的情况如图 4.19 所示。

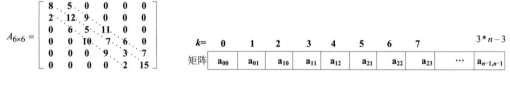

$$A_{6\times6} = \begin{bmatrix} 8 & 5 & 0 & 0 & 0 & 0 \\ 2 & 12 & 9 & 0 & 0 & 0 \\ 0 & 6 & 5 & 1 & 0 & 0 \\ 0 & 0 & 10 & 7 & 6 & 0 \\ 0 & 0 & 0 & 9 & 3 & 7 \\ 0 & 0 & 0 & 0 & 2 & 15 \end{bmatrix}$$

$k=$	0	1	2	3	4	5	6	7		$3*n-3$
矩阵	a_{00}	a_{01}	a_{10}	a_{11}	a_{12}	a_{21}	a_{22}	a_{23}	$\cdots$	$a_{n-1,n-1}$

图 4.18　3 对角矩阵　　　　　　　　　　图 4.19　对角矩阵的压缩存储

下面确定一维数组的下标 k 与矩阵中元素的下标(i, j)之间的关系。先确定下标为(i,j)的元素与第一个元素之间在一维数组中的关系，Loc(i,j)表示 a_{ij} 在一维数组中的位置，Loc(0,0)表示第一个元素的在一维数组中的地址。

Loc(i,j)=Loc(0,0)+前 i-1 行的非零元素个数+第 i 行的非零元素个数-1，由于下标从 0 开始，前面实际上需要计算前 i 行非零元素个数，第 0~i-1 行的非零元素个数为 3*(i-1)+2=3*i-1，第 i 行的非

零元素个数为 j-i+2。其中，$j-i = \begin{cases} -1, & \text{当} i > j \\ 0, & \text{当} i = j \\ 1, & \text{当} i < j \end{cases}$。

因此，　Loc(i, j)= Loc(0,0)+2*i+j。

4.4.5　稀疏矩阵的压缩存储

稀疏矩阵中的大多数元素是零，为了节省存储单元，需要对稀疏矩阵进行压缩存储。本节主要介绍稀疏矩阵的定义、稀疏矩阵的抽象数据类型、稀疏矩阵的三元组表示及算法实现。

1. 什么是稀疏矩阵

所谓稀疏矩阵，假设在 m×n 矩阵中有 t 个元素不为零，令 $\delta=\dfrac{t}{m \times n}$ ，δ 为矩阵的稀疏因子，如果 $\delta \leqslant 0.05$，则称矩阵为稀疏矩阵。通俗来讲，若矩阵中大多数元素值为零，只有很少的非零元素，这样的矩阵就是稀疏矩阵。例如，图 4.20 所示是一个 6×7 的稀疏矩阵，这里为了方便讲解，所取行数和列数较小。

$$M_{6 \times 7} = \begin{bmatrix} 0 & 0 & 0 & 6 & 0 & 0 & 0 \\ 0 & 3 & 0 & 0 & 0 & 0 & 0 \\ 0 & 0 & 7 & 2 & 0 & 0 & 0 \\ 9 & 0 & 0 & 0 & -2 & 0 & 0 \\ 0 & 0 & 4 & 3 & 0 & 0 & 0 \\ 0 & 0 & 0 & 0 & 8 & 0 & 0 \end{bmatrix}$$

图 4.20　6×7 稀疏矩阵

2. 稀疏矩阵的三元组表示

为了节省内存单元，需要对稀疏矩阵进行压缩存储。在进行压缩存储的过程中，我们可以只存储稀疏矩阵的非零元素，为了表示非零元素在矩阵中的位置，还需存储非零元素对应的行和列的位置(i, j)。即可以通过存储非零元素的行号、列号和元素值来实现稀疏矩阵的压缩存储，这种存储表示称为稀疏矩阵的三元组表示。三元组的结点结构如图 4.21 所示。

图 4.21 中的非零元素可以用三元组((0,3,6),(1,1,3),(2,2,7),(2,3,2),(3,0,9),(3,4,−2),(4,2,4),(4,3,3),(5,4,8))表示。将这些三元组按照行序为主序存储在嵌套列表或结构类型的变量中（在 Python 中可使用类表示），如图 4.22 所示，其中 k 表示数组的下标。

i	j	e
非零元素的行号	非零元素的列号	非零元素的值

k	i	j	e
0	0	3	6
1	1	1	3
2	2	2	7
3	2	3	2
4	3	0	9
5	3	4	−2
6	4	2	4
7	4	3	3
8	5	4	8

图 4.21　稀疏矩阵的三元组结点结构　　图 4.22　稀疏矩阵的三元组存储结构

一般情况下，数组采用顺序存储结构存储，采用顺序存储结构的三元组称为三元组顺序表。三元组顺序表的类型描述如下：

```python
class Triple:#三元组定义
    def __init__(self,i,j,e):
        self.i=i        #非零元素的行号
        self.j=j        #非零元素的列号
        self.e=e
class TriSeqMat:    #矩阵类型定义
    def __init__(self,m,n,len):
        self.data=[]
```

```
self.m=m       #矩阵的行数
self.n=n       #矩阵的列数
self.len=len    #矩阵中非零元素的个数
```

3. 稀疏矩阵的三元组顺序表实现

稀疏矩阵的基本运算的算法实现如下：

① 创建稀疏矩阵。根据输入的行号、列号和元素值，创建一个稀疏矩阵。注意按照行优先顺序输入。创建成功则返回 1，否则返回 0。算法实现如下：

```
def CreateMatrix(self):
#创建稀疏矩阵（按照行优先顺序排列）
    self.m, self.n, self.len = (int(i) for i in input("请输入稀疏矩阵的行数、列数
及非零元素个数：").split(","))
    if self.len>MaxSize:
        return 0
    for i in range(self.len):
        m,n,e=(int(i) for i in input("请按行序顺序输入第%d个非零元素所在的行(0~%d),
列(0~%d),元素值:"%(i+1,M.m-1,M.n-1)).split(","))
        triple_value=Triple(m,n,e)
        self.data.append(triple_value)
    self.data.sort(key=lambda x: (x.i, x.j))
    return 1
```

② 复制稀疏矩阵。为了得到稀疏矩阵 M 的一个副本 N，只需将稀疏矩阵 M 的非零元素的行号、列号及元素值依次赋给矩阵 N 的行号、列号及元素值。复制稀疏矩阵的算法实现如下：

```
def CopyMatrix(self,M,N):  #由稀疏矩阵M复制得到另一个副本N
    N.len = M.len       #修改稀疏矩阵N的非零元素的个数
    N.m = M.m           #修改稀疏矩阵N的行数
    N.n = M.n           #修改稀疏矩阵N的列数
    for i in range(M.len):  #把M中非零元素的行号、列号及元素值依次赋值给N的行号、列号
及元素值
        N.data[i].i=M.data[i].i
        N.data[i].j=M.data[i].j
        N.data[i].e=M.data[i].e
    return N
```

③ 转置稀疏矩阵。转置稀疏矩阵就是将矩阵中元素由原来的存放位置(i, j)变为(j, i)，也就是将元素的行列互换。例如，图 4.20 所示的 6×7 矩阵，经过转置后变为 7×6 矩阵，并且矩阵中的元素也要以主对角线为准进行交换。

将稀疏矩阵转置的方法是将矩阵 M 的三元组中的行和列互换，就可以得到转置后的矩阵 N，如图 4.23 所示。稀疏矩阵的三元组顺序表转置过程如图 4.24 所示。

(i, j, e) ——→ j, i, e
矩阵M   矩阵N

图 4.23　稀疏矩阵转置

行列下标互换后，还需要将行、列下标重新进行排序，才能保证转置后的矩阵也是以行序优先存放的。为了避免这种排序，以矩阵中列顺序优先的元素进行转置，然后按照顺序依次存放到转置后的矩阵中，这样经过转置后得到的三元组顺序表正好是以行序为主

序存放的。具体算法实现大致有两种：

（1）逐次扫描三元组顺序表 M，第 1 次扫描 M，找到 j=0 的元素，将行号和列号互换后存入到三元组顺序表 N 中，即找(3,0,9)，将行号和列号互换，把(3,0,9)直接存入 N 中，作为 N 的第一个元素。然后第 2 次扫描 M，找到 j=1 的元素，将行号和列号互换后存入到三元组顺序表 N 中；以此类推，直到所有元素都存放至 N 中，最后得到的三元组顺序表 N 如图 4.25 所示。

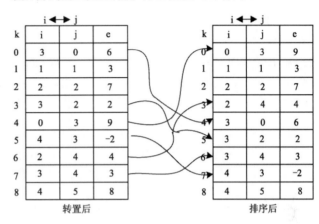

图 4.24　矩阵转置的三元组表示

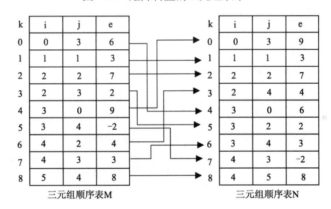

图 4.25　稀疏矩阵转置的三元组顺序表表示

稀疏矩阵转置的算法实现如下：

```python
def TransposeMatrix(self, M, N):
    #稀疏矩阵的转置
    N.m = M.n
    N.n = M.m
    N.len = M.len
    if N.len:
        k=0
        for col in range(M.n): #按照列号扫描三元组顺序表
            for i in range(M.len):
                if M.data[i].j == col: #如果元素的列号是当前列，则进行转置
                    N.data[k].i=M.data[i].j
                    N.data[k].j=M.data[i].i
```

```
            N.data[k].e=M.data[i].e
            k+=1
    return N
```

通过分析该转置算法，其时间主要耗费在 for 语句的两层循环上，故算法的时间复杂度是 O(n*len)，即与 M 的列数及非零元素的个数成正比。我们知道，一般矩阵的转置算法为：

```
for col in range(M.n):
    for row in range(M.len):
        N[col][row]=M[row][col]
```

其时间复杂度为 O(n*m)。当非零元素的个数 len 与 m*n 同数量级时，稀疏矩阵的转置算法时间复杂度就会变为 O(m*n²)。假设在 200×500 的矩阵中，有 len=20 000 个非零元素，虽然三元组存储节省了存储空间，但时间复杂度提高了，因此稀疏矩阵的转置仅适用于 len<< m*n 的情况。

（2）稀疏矩阵的快速转置。按照 M 中三元组的次序进行转置，并将转置后的三元组置入 N 中恰当位置。若能预先确定矩阵 M 中的每一列第一个非零元素在 N 中的应有位置，那么对 M 中的三元组进行转置时，便可直接放到 N 中的恰当位置。

为了确定这些位置，在转置前，应先求得 M 的每一列中非零元素的个数，进而求得每一列的第一个非零元素在 N 中的应有位置。

设置两个列表 num 和 position，其中，num[col]表示三元组顺序表 M 中第 col 列的非零元素个数，position[col]表示 M 中的第 col 列的第一个非零元素在 N 中的恰当位置。

依次扫描三元组顺序表 M，可以得到每一列非零元素的个数，即 num[col]。position[col]的值可以由 num[col]得到，显然，position[col]与 num[col]存在如下关系。

```
position[0]=0;
position[col]=position[col-1]+num[col-1]，其中 1≤col≤M.n-1。
```

例如，图 4.25 所示的稀疏矩阵的 num[col]和 position[col]的值如表 4.3 所示。

表4.3 矩阵M的num[col]与position[col]的值

列号 col	0	1	2	3	4	5	6
num[col]	1	1	2	3	2	0	0
position[col]	0	1	2	4	7	9	9

算法实现如下：

```
def FastTransposeMatrix(self, M, N):          #稀疏矩阵的快速转置运算
    num= [0 for i in range(M.n+1)]            #num 用于存放 M 中的每一列非零元素个数
    position = [0 for i in range(M.n+1)]      #position 用于存放 N 中每一行非零元素的
第一个位置
    N.n = M.m
    N.m = M.n
    N.len = M.len
    if N.len:
        for col in range(M.n):
            num[col]=0                        #初始化 num
```

```
for t in range(M.len):             #计算 M 中每一列非零元素的个数
    num[M.data[t].j]+=1
position[0]=0                       #N 中第一行的第一个非零元素的序号为 0
for col in range(M.n):             #N 中第 col 行的第一个非零元素的位置
    position[col]=position[col-1]+num[col-1]
for i in range(M.len):             #依据 position 对 M 进行转置，存入 N
    col=M.data[i].j
    k=position[col]                #取出 N 中非零元素应该存放的位置，赋值给 k
    N.data[k].i=M.data[i].j
    N.data[k].j=M.data[i].i
    N.data[k].e=M.data[i].e
    position[col]+=1               #修改下一个非零元素应该存放的位置
return N
```

先扫描 M，得到 M 中每一列非零元素的个数，存储到 num 中。然后根据 num[col]和 position[col]的关系，求出 N 中每一行第一个非零元素的位置。初始时，position[col]是 M 的第 col 列第一个非零元素的位置，每个 M 中的第 col 列的非零元素存入 N 中，则将 position[col]加 1，使 position[col]的值始终为下一个要转置的非零元素应存放的位置。

该算法中有 4 个并列的单循环，循环次数分别为 n 和 M.len，因此总的时间复杂度为 O(n+len)。当 M 的非零元素个数 len 与 m*n 处于同一个数量级时，算法的时间复杂度变为 O(m*n)，与经典的矩阵转置算法时间复杂度相同。

（3）销毁稀疏矩阵，代码如下：

```
def DestroyMatrix(self):
#销毁稀疏矩阵
    self.m,self.n,self.len=0,0,0
```

4. 稀疏矩阵应用举例——三元组顺序表实现稀疏矩阵相加

【例 4.3】有两个稀疏矩阵 A 和 B，相加得到 C，如图 4.26 所示。请利用三元组顺序表实现两个稀疏矩阵的相加，并输出结果。

$$A_{4\times4}=\begin{bmatrix} 0 & 5 & 0 & 0 \\ 3 & 0 & 0 & 0 \\ 0 & 0 & 3 & 0 \\ 0 & 0 & 0 & -2 \end{bmatrix} \quad B_{4\times4}=\begin{bmatrix} 0 & 0 & 4 & 0 \\ 0 & -3 & 0 & 2 \\ 0 & 0 & 0 & 0 \\ 8 & 0 & 0 & 0 \end{bmatrix} \quad C_{4\times4}=\begin{bmatrix} 0 & 5 & 4 & 0 \\ 3 & -3 & 0 & 2 \\ 0 & 0 & 3 & 0 \\ 8 & 0 & 0 & -2 \end{bmatrix}$$

图 4.26　三元组顺序表表示的稀疏矩阵的相加

提示：矩阵中两个元素相加可能会出现如下 3 种情况。

（1）A 中的元素 $a_{ij}\neq0$ 且 B 中的元素 $b_{ij}\neq0$，但是结果可能为零，如果结果为零，则不保存元素值；如果结果不为零，则将结果保存在 C 中。

（2）A 中的第(i, j)个位置存在非零元素 a_{ij}，而 B 中不存在非零元素，则只需要将该值赋值给 C_o。

（3）B 中的第(i, j)个位置存在非零元素 b_{ij}，而 A 中不存在非零元素，则只需要将 b_{ij} 赋值给 C_o。

两个稀疏矩阵相加的算法实现如下：

```python
def AddMatrix(self, M, N, Q):
    # 两个稀疏矩阵的和。将两个矩阵 M 和 N 对应的元素值相加，得到另一个稀疏矩阵 Q
    m=0
    n=0
    k=-1
    # 如果两个矩阵的行数与列数不相等，则不能够进行相加运算
    if M.m!=N.m or M.n!=N.n:
        return 0
    Q.m=M.m
    Q.n=M.n
    while m < M.len and n < N.len:
        if self.CompareElement(M.data[m].i, N.data[n].i)==-1: #比较两个矩阵对应元素的行号
            k+=1
            Q.data.append(M.data[m])#将矩阵 M，即行号小的元素赋值给 Q
            m += 1
        elif self.CompareElement(M.data[m].i, N.data[n].i)==0:#如果矩阵 M 和 N 的行号相等，则比较列号
            if self.CompareElement(M.data[m].j, N.data[n].j)==-1:#如果 M 的列号小于 N 的列号，则将矩阵 M 的元素赋值给 Q
                k+=1
                Q.data.append(M.data[m])
                m+=1
            elif self.CompareElement(M.data[m].j, N.data[n].j)==0: #如果 M 和 N 的行号、列号均相等，则将两元素相加，存入 Q
                k+=1
                Q.data.append(M.data[m])
                m+=1
                Q.data[k].e += N.data[n].e
                n+=1
                if Q.data[k].e == 0: #如果两个元素的和为 0，则不保存
                    k -=1
                    Q.data.pop(-1)
            elif self.CompareElement(M.data[m].j, N.data[n].j)==1: #如果 M 的列号大于 N 的列号，则将矩阵 N 的元素赋值给 Q
                k+=1
                Q.data.append(N.data[n])
                n+=1
        elif self.CompareElement(M.data[m].i, N.data[n].i)==1:#如果 M 的行号大于 N 的行号，则将矩阵 N 的元素赋值给 Q
            k+=1
            Q.data.append(N.data[n])
            n+=1
    while m < M.len: #如果矩阵 M 的元素未处理完毕，则将 M 中的元素赋值给 Q
        k+=1
        Q.data.append(M.data[m])
        m+=1
    while n < N.len: #如果矩阵 N 的元素未处理完毕，则将 N 中的元素赋值给 Q
        k+=1
        Q.data.append(N.data[n])
```

```
        n+=1
    Q.len = k+1 #修改非零元素的个数
    return 1
```

m 和 n 分别为矩阵 A 和 B 的当前处理的非零元素下标，初始时为 0。需要特别注意的是，最后求得的非零元素个数为 k+1，其中，k 为非零元素最后一个元素的下标。

程序运行结果如图 4.27 所示。

```
Run:  稀疏矩阵的相加4
C:\ProgramData\Anaconda3\python.exe "D:/Python程序/数据结构/第4章
请输入稀疏矩阵的行数、列数及非零元素个数：4,4,4
请按行序顺序输入第1个非零元素所在的行(0~3),列(0~3),元素值:0,1,5
请按行序顺序输入第2个非零元素所在的行(0~3),列(0~3),元素值:1,0,3
请按行序顺序输入第3个非零元素所在的行(0~3),列(0~3),元素值:2,2,3
请按行序顺序输入第4个非零元素所在的行(0~3),列(0~3),元素值:3,3,-2
稀疏矩阵(按矩阵形式输出):
长度 4
   0   5   0   0
   3   0   0   0
   0   0   3   0
   0   0   0  -2
稀疏矩阵是4行4列，共4个非零元素
行 列 元素值
  0   1   5
  1   0   3
  2   2   3
  3   3   -2
请输入稀疏矩阵的行数、列数及非零元素个数：4,4,4
```

```
请按行序顺序输入第1个非零元素所在的行(0~3),列(0~3),元素值:0,2,4
请按行序顺序输入第2个非零元素所在的行(0~3),列(0~3),元素值:1,1,-3
请按行序顺序输入第3个非零元素所在的行(0~3),列(0~3),元素值:1,3,2
请按行序顺序输入第4个非零元素所在的行(0~3),列(0~3),元素值:3,0,8
稀疏矩阵(按矩阵形式输出):
长度 4
   0   0   4   0
   0  -3   0   2
   0   0   0   0
   8   0   0   0
稀疏矩阵(按矩阵形式输出):
长度 8
   0   5   4   0
   3  -3   0   2
   0   0   3   0
   8   0   0  -2

Process finished with exit code 0
```

图 4.27　两个稀疏矩阵相加程序运行结果

两个稀疏矩阵 A 和 B 相减的算法实现与相加算法实现类似，只需要将相加算法中的+改成-即可，也可以将第二个矩阵的元素值都乘上-1，然后调用矩阵相加的函数即可。稀疏矩阵相减的算法实现如下：

```
def SubMatrix(self, A, B,C):
#稀疏矩阵的相减
```

```
for i in range(B.len):
    B.data[i].e*= -1  #将矩阵 B 的元素都乘-1，然后将两个矩阵相加
return AddMatrix(A, B, C)
```

4.5 广　义　表

广义表是线性表的扩展。广义表中的元素可以是单个元素，也可以是一个广义表。

4.5.1 什么是广义表

广义表，也称为列表（lists），是由 n 个类型相同的数据元素$(a_1,a_2,a_3,…,a_n)$组成的有限序列。其中，广义表中的元素 a_i 可以是单个元素，也可以是一个广义表。

通常，广义表记作 GL=$(a_1,a_2,a_3,…,a_n)$。其中，GL 是广义表的名字，n 是广义表的长度。如果广义表中的 a_i 是单个元素，则称 a_i 是原子。如果广义表中的 a_i 是一个广义表，则称 a_i 是广义表的子表。习惯上用大写字母表示广义表的名字，用小写字母表示原子。

对于非空的广义表 GL，a_1 称为广义表 GL 的表头（head），其余元素组成的表$(a_2,a_3,…,a_n)$称为广义表 GL 的表尾（tail）。广义表是一个递归的定义，因为在描述广义表时又用到了广义表的概念。下面是一些广义表的例子。

（1）A=()，广义表 A 是长度为 0 的空表。

（2）B=(a)，B 是一个长度为 1 且元素为原子的广义表（其实就是前面讨论过的一般的线性表）。

（3）C=(a,(b,c))，C 是长度为 2 的广义表。其中，第 1 个元素是原子 a，第 2 个元素是一个子表(b,c)。

（4）D=(A,B,C)，D 是一个长度为 3 的广义表，这 3 个元素都是子表，第 1 个元素是一个空表 A。

（5）E=(a,E)，E 是一个长度为 2 的递归广义表，相当于 E=(a,(a,(a,(a,(a,…))))).

由上述定义和例子可推出如下广义表的重要结论：

（1）广义表的元素既可以是原子，也可以是子表，子表的元素可以是元素，也可以是子表。广义表的结构是一个多层次的结构。

（2）一个广义表还可以是另一个广义表的元素。例如 A、B 和 C 是 D 的子表，在表 D 中不需要列出 A、B 和 C 的元素。

（3）广义表可以是递归的表，即广义表可以是本身的一个子表。例如 E 就是一个递归的广义表。

（4）对于非空广义表来说，才有求表头和表尾操作的定义。

任何一个非空广义表的表头可以是一个原子，也可以是一个广义表，而表尾一定是一个广义表。例如， head(B)=a, tail(B)=(), head(C)=a、tail(C)=((b,c))、head(D)=A、tail(D)=(B,C)，其中，head(B)表示取广义表 B 的表头元素，tail(B)表示取广义表 B 的表尾元素。

注意：根据广义表求表头和表尾的定义，表头元素不一定是广义表，表尾元素一定是广义表。广义表()和(())不同，前者是空表，长度为 0；后者长度为 1，表示元素值为空表的广义表，可分解得到表头、表尾均为空表()。

4.5.2 广义表的抽象数据类型

广义表的抽象数据类型定义了串中的数据对象、数据关系及基本操作。广义表的抽象数据类型定义如下：

```
ADT List
{
        数据对象: D={aᵢ|aᵢ 可以是原子，也可以是广义表，i=1,2,…,n,n≥0}
        数据关系: R={<a_{i-1},aᵢ>|a_{i-1}, aᵢ∈D, i=2, 3, …, n}
        基本操作:

        (1)GetHead(L): 求广义表的表头。如果广义表是空表，则返回 None, 否则返回表头结点的引用。
        (2)GetTail(L): 求广义表的表尾。如果广义表是空表，则返回 None, 否则返回表尾结点的引用。
        (3)GListLength(L): 返回广义表的长度。如果广义表是空表，则返回 0, 否则返回广义表的长度。
        (4)CopyGList(&T,L): 复制广义表。由广义表 L 复制得到广义表 T。如果复制成功，则返回 1,
否则返回 0。
        (5)GListDepth(L): 求广义表的深度。广义表的深度就是广义表中括号嵌套的层数。如果广义
表是空表，则返回 1, 否则返回广义表的深度。
}ADT List
```

4.5.3 广义表的头尾链表表示

因广义表中有原子和子表两种元素，所以广义表的链表结点也分为原子结点和子表结点两种，其中，子表结点包含标志域、指向表头的指针域和指向表尾的指针域 3 个域。原子结点包含标志域和值域两个域。表结点和原子结点的存储结构如图 4.28 所示。

其中，tag=1 表示是子表，hp 和 tp 分别指向表头结点和表尾结点，tag=0 表示原子，atom 用于存储原子的值。

广义表的这种存储结构称为头尾链表存储表示。例如用头尾链法表示的广义表 A=()、B=(a)、C=(a,(b,c))、D=(A,B,C)、E=(a,E)，如图 4.29 所示。

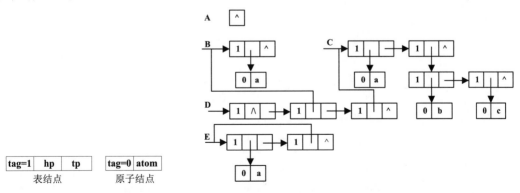

图 4.28 表结点和原子结点的存储结构   图 4.29 广义表的存储结构

4.5.4 广义表的扩展线性链表表示

采用扩展线性链表表示的广义表也包含两种结点，分别为表结点和原子结点，这两种结点都包含 3 个域。其中，表结点由标志域 tag、表头指针域 hp 和表尾指针域 tp 构成，原子结点由标志域、

原子的值域和表尾指针域构成。

标志域 tag 用来区分当前结点是表结点还是原子结点，tag=0 时为原子结点，tag=1 时为表结点。hp 和 tp 分别指向广义表的表头和表尾，atom 用来存储原子结点的值。扩展性链表的结点结构如图 4.30 所示。

图 4.30　扩展性链表结点存储结构

例如，A=()、B=(a)、C=(a,(b,c))、D=(A,B,C)、E=(a,E,)，则广义表 A、B、C、D、E 的扩展性链表存储结构如图 4.31 所示。

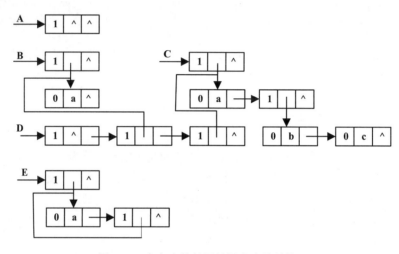

图 4.31　广义表的扩展性链表存储结构

广义表的扩展线性链表存储结构的类型描述如下：

```python
class GListNode:
    def __init__(self, tag = None, ptr = None, tp = None):
        self.tag=tag
        self.ptr=ptr
        self.tp=tp
```

这里的 ptr 是广义表扩展线性链表中 atom 和 hp 的统一表示。

思政元素：KMP 算法是在 BF 算法的基础上改进的，特殊矩阵的压缩存储是充分利用了各种矩阵的特点而选择合适的策略进行压缩存储，以降低压缩存储空间。做事情要尊重物质运动的客观规律，从客观实际出发，找出事物本身所具有的规律性，从而作为我们行动的依据，这样才能起到事半功倍的效果。

4.6　小　结

串是由零个或多个字符组成的有限序列。其中，含零个字符的串称为空串。串中的字符可以是字母、数字或其他字符。串中任意连续的字符组成的子序列称为串的子串，相应地，包含子串的串称为主串。

两个串相等当且仅当两个串中对应位置的字符相等并且长度相等。注意空串与空格串的区别。

串也有顺序存储结构和链式存储结构两种存储结构。

串的链式存储结构也称为块链的存储结构，它是采用一个"块"作为结点的数据域，存储串中的若干个字符。但是这种结构在串的各种操作中会带来不便，因为在串的操作过程中，需要判断一个结点是否结束，需要一个"块"一个"块"地取数据和存储数据。串的长度可能不是块大小的整数倍，因此在最后的一个结点的数据域空出的部分用"#"填充。

由于串的顺序存储结构在串的各种操作中实现方便，并且存储空间的利用率很高，所以串的顺序存储结构更常用。

串的模式匹配有两种方法：朴素模式匹配（即 Brute-Force 算法）与串的改进算法（即 KMP 算法）。对于 Brute-Force 算法，在每次出现主串与模式串的字符不相等时，主串的指针均需回退。而 KMP 算法根据模式串中的 next 函数值，消除了主串中的字符与模式串中的字符不匹配时主串指针的回退，提高了算法的效率。

数组是一种扩展类型的线性表，数组中的元素 a_i 可以是原子，也可以是一个线性表。

一般情况下，数组的存放是以顺序存储结构的形式存放。采用顺序存储结构的数组具有随机存取的特点，方便数组中元素的查找等操作。在 Python 语言中，矩阵通常以嵌套列表存储。

常见的特殊矩阵有对称矩阵、三角矩阵和对角矩阵 3 种。特殊矩阵可以通过转换，存储在一个一维数组中，这种存储方式可以节省存储空间，称为特殊矩阵的压缩存储。

稀疏矩阵也需要压缩存储。稀疏矩阵的压缩存储通常分为稀疏矩阵的三元组顺序表表示和稀疏矩阵的十字链表表示两种方式。

三元组顺序表通过存储矩阵中非零元素的行号、列号和非零元素值，来唯一确定该元素及其在矩阵中的位置。三元组顺序表通常利用列表实现。

三元组顺序表在实现创建、复制、转置、输出等操作比较方便，但是在进行矩阵的相加和相乘的运算中，时间的复杂度比较高。

习惯上，广义表的名字用大写字母表示，原子用小写字母表示。

由于广义表中的数据元素既可以是原子，也可以是广义表。因此，利用定长的顺序存储结构很难表示。广义表通常采用链式存储结构表示。广义表的链式存储结构包括两种：广义表的头尾链表存储表示和广义表的扩展线性链表存储表示。

4.7　习　题

一、选择题

1. 设有两个串 S1 和 S2，求串 S2 在 S1 中首次出现位置的运算称作（　　）。

    A. 连接   B. 求子串   C. 模式匹配   D. 判断子串

2. 已知串 S='aaab'，则 next 数组值为（   ）。

    A. 0123   B. 1123   C. 1231   D. 1211

3. 串与普通的线性表相比较，它的特殊性体现在（   ）。

    A. 顺序的存储结构   B. 链式存储结构

    C. 数据元素是一个字符   D. 数据元素任意

4. 设串长为 n，模式串长为 m，则 KMP 算法所需的附加空间为（   ）。

    A. $O(m)$ B. $O(n)$ C. $O(m*n)$ D. $O(n\log_2 m)$

5. 空串和空格串（   ）。

    A. 相同   B. 不相同   C. 可能相同   D. 无法确定

6. 设 SUBSTR(S,i,k)是求 S 中从第 i 个字符开始的连续 k 个字符组成的子串的操作，则对于 S='Beijing&Nanjing'，SUBSTR(S,4,5)=（   ）。

    A. 'ijing'   B. 'jing&'   C. 'ingNa'   D. 'ing&N'

7. 对一些特殊矩阵采用压缩存储的目的主要是为了（   ）。

    A. 表达变得简单   B. 对矩阵元素的存取变得简单

    C. 去掉矩阵中的多余元素   D. 减少不必要的存储空间的开销

8. 设矩阵 A 是一个对称矩阵，为了节省存储，将其下三角部分按行序存放在一维数组 B[1,n(n-1)/2]中，对下三角部分中任一元素 $a_{i,j}(i>=j)$，在一维数组 B 的下标位置 k 的值是（   ）。

    A. $i(i-1)/2+j-1$ B. $i(i-1)/2+j$ C. $i(i+1)/2+j-1$ D. $i(i+1)/2+j$

9. 广义表 A=((a),a)的表头是（   ）。

    A. a   B. (a)   C. b   D. ((a))

10. 假设以三元组表表示稀疏矩阵，则与如图所示三元组表对应的 4×5 的稀疏矩阵是（   ）。（注：矩阵的行列下标均从 1 开始）

A. $\begin{pmatrix} 0 & -8 & 0 & 6 & 0 \\ 7 & 0 & 0 & 0 & 0 \\ 0 & 0 & 0 & 0 & 0 \\ -5 & 0 & 4 & 0 & 0 \end{pmatrix}$

B. $\begin{pmatrix} 0 & -8 & 0 & 6 & 0 \\ 7 & 0 & 0 & 0 & 3 \\ -5 & 0 & 4 & 0 & 0 \\ 0 & 0 & 0 & 0 & 0 \end{pmatrix}$

0	1	2	-8
1	1	4	6
2	2	1	7
3	2	5	3
4	3	1	-5
5	3	3	4

C. $\begin{pmatrix} 0 & -8 & 0 & 6 & 0 \\ 0 & 0 & 0 & 0 & 3 \\ 7 & 0 & 0 & 0 & 0 \\ -5 & 0 & 4 & 0 & 0 \end{pmatrix}$

D. $\begin{pmatrix} 0 & -8 & 0 & 6 & 0 \\ 7 & 0 & 0 & 0 & 0 \\ -5 & 0 & 4 & 0 & 3 \\ 0 & 0 & 0 & 0 & 0 \end{pmatrix}$

11. 设广义表 L=((a,b,c))，则 L 的长度和深度分别为（   ）。

    A. 1 和 1   B. 1 和 3   C. 1 和 2   D. 2 和 3

12. 广义表((a),a)的表尾是（   ）。

A. a　　　　　　B. (a)　　　　　C. ()　　　　　D. ((a))

13. 稀疏矩阵的常见压缩存储方法有（　　）两种。

  A. 二维数组和三维数组　　　　　　B. 三元组和散列表

  C. 三元组和十字链表　　　　　　　D. 散列表和十字链表

14. 一个非空广义表的表头（　　）。

  A. 不可能是子表　　B. 只能是子表　　C. 只能是原子　　D. 可以是子表或原子

15. 广义表 G=(a,b(c,d,(e,f)),g)的长度是（　　）。

  A. 3　　　　　　B. 4　　　　　　C. 7　　　　　　D. 8

16. 广义表(a,b,c)的表尾是（　　）。

  A. b,c　　　　　B. (b,c)　　　　C. c　　　　　D. (c)

二、算法分析题

1. 函数实现串的模式匹配算法，请在空格处将算法补充完整。

```
def index_bf(s,t,start):
    i=start-1
    j=0
    while i<s.len and j<t.len:
        if s.data[i]==t.data[j]:
            i+=1
            j+=1
        else:
            i=  (1)
            j=0

    if j>=t.len:
        return  (2)
    else:
        return -1
```

2. 写出下面算法的功能。

```
def function(s1,s2):
    i=0
    while i<s1.length and i<s2.length:
        if s.data[i]!=s2.data[i]:
            return s1.data[i]-s2.data[i]
        i+=1
    return s1.length-s2.length
```

3. 写出算法的功能。

```
def fun(s,t,start):
    i=start-1
    j=0
    while i<s.len and j<t.len:
```

```
        if s.data[i]==t.data[j]:
            i+=1
            j+=1
        else:
            i=i-j+1
            j=0
    if j>=t.len:
        return i-t.len+1
    else:
        return -1
```

4. 下面程序将自然数 1、2、3、…、N² 依次按蛇形方式存储在二维数组 a[n][n]中，当 n=4 时，其存放形式如下图所示。请完善下面的程序。

$$
a_{4\times4}=\begin{bmatrix} 1 & 2 & 6 & 7 \\ 3 & 5 & 8 & 13 \\ 4 & 9 & 12 & 14 \\ 10 & 11 & 15 & 16 \end{bmatrix}
$$

```
if __name__ == '__main__':
    MAXSIZE=20
    a= [[None for col in range(MAXSIZE)] for row in range(MAXSIZE)]
    n=int(input('请输入一个正整数'))
    m = 1
    for k in range(1, (1)  ):
        if k < n:
            q=k
        else:
            (2)
        for p in range(1,q+1):
            if (3) :
                i=q-p+1
                j=p
            else:
                i=p
                j=q-p+1
            if (4) :
                i=i+n-q
                j=j+n-q
            a[i][j]=m
            (5)
    for i in range(1,n+1):
        for j in range(1,n+1):
            print(' % 4d' %a[i][j],end='')
    print()
```

5. 折叠方阵是按照指定的折叠取向排列的正整数方阵，下图是一个 5×5 的折叠方阵，起始数在方阵的左上角，然后从起始数开始递增，每一层先由上而下，然后从右到左。以下代码是折叠方阵的程序实现，请补充完整下面的程序。

$$a_{5\times5}=\begin{bmatrix} 1 & 2 & 5 & 10 & 17 \\ 4 & 3 & 6 & 11 & 18 \\ 9 & 8 & 7 & 12 & 19 \\ 16 & 15 & 14 & 13 & 20 \\ 25 & 24 & 23 & 22 & 21 \end{bmatrix}$$

```python
if __name__ == '__main__':
    MAXSIZE = 20
    a = [[None for col in range(MAXSIZE)] for row in range(MAXSIZE)]
    s=int(input("请输入起始数:"))
    m=int(input("请输入折叠方阵的行数:"))
    a[0][0]=s
    for i in range(1,m):
        x=0
        y=i
        s+=1
        a[x][y]= (1)
        while x<i:
            s+=1
            (2) =s
        while( (3) ):
            y-=1
            s+=1
            a[x][y]=s
    print("折叠方阵为:")
    for x in range(m):
        for y in range(m):
            print("%4d"%a[x][y],end='')
    print()
```

三、算法设计题

1. 编写一个算法，计算子串 T 在主串 S 中出现的次数。

2. 实现字符串的比较函数与字符串的拷贝函数。字符串的比较函数原型为：def strcmp(s1,s2)，字符串的拷贝函数原型为：def strcpy(dest, src)。

3. 已知一个稀疏矩阵是以三元组顺序表存储，请编写一个将三元组按矩阵形式输出的算法。

4. 以下是 5×5 的螺旋方阵，请编写一个算法输出该形式的 n×n 阶方阵。

$$A_{5\times5} = \begin{bmatrix} 1 & 2 & 3 & 4 & 5 \\ 16 & 17 & 18 & 19 & 6 \\ 15 & 24 & 25 & 20 & 7 \\ 14 & 23 & 22 & 21 & 8 \\ 13 & 12 & 11 & 10 & 9 \end{bmatrix}$$

5. 例如有两个稀疏矩阵 A 和 B，相加得到 C，如下图所示。请利用十字链表实现两个稀疏矩阵的相加，并输出结果。

$$A_{4\times4} = \begin{bmatrix} 2 & 0 & 0 & 0 \\ 0 & 3 & 0 & 0 \\ 0 & 0 & 0 & 2 \\ 1 & 0 & 0 & 0 \end{bmatrix} \quad B_{4\times4} = \begin{bmatrix} 0 & 3 & 0 & 1 \\ 0 & -3 & 0 & 0 \\ 0 & 0 & 0 & 0 \\ 0 & 0 & 1 & 0 \end{bmatrix} \quad C_{4\times4} = \begin{bmatrix} 2 & 3 & 0 & 1 \\ 0 & 0 & 0 & 0 \\ 0 & 0 & 0 & 2 \\ 1 & 0 & 1 & 0 \end{bmatrix}$$

第 5 章

树

线性表、栈、队列、串、数组和广义表都属于线性数据结构。本章与下一章介绍的树和图属于非线性数据结构。线性结构中的每个元素有唯一的前驱元素和唯一的后继元素，即前驱元素和后继元素是一对一的关系。而非线性结构中元素间前驱和后继的关系并不具有唯一性。其中，树形结构中结点间的关系是前驱唯一而后继不唯一，即结点间是一对多的关系。在图结构中结点间前驱和后继都不唯一，即结点间是多对多的关系。树形结构应用非常广泛，特别是在大量数据处理，如在文件系统、编译系统、目录组织等方面，显得更加突出。

学习目标：

- 树和二叉树的基本概念
- 二叉树的性质及存储结构
- 二叉树的遍历
- 二叉树的线索化
- 树、森林和二叉树的相互转换
- 哈夫曼树的定义及编码实现

5.1 树的定义和抽象数据类型

树是一种非线性的数据结构，树中的元素之间的关系是一对多的层次关系。

5.1.1 树的定义

树（Tree）是 $n(n \geq 0)$ 个结点的有限集合。其中，当 n=0 时，称为空树。当 n>0 时，称为非空树，该集合满足以下条件：

（1）有且只有一个称为根（root）的结点。

（2）当 n>1 时，其余 n-1 个结点可以划分为 m 个有限集合 T_1、T_2、…、T_m，且这 m 个有限集合不相交，其中 T_i（1≤i≤m）又是一棵树，称为根的子树。

图 5.1 给出了一棵树的逻辑结构，它如同一棵倒立的树。

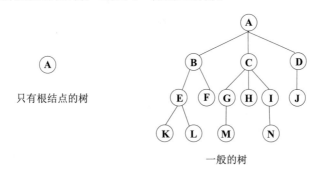

图 5.1　树的逻辑结构

在图 5.1 中，A 为根结点，左边树只有根结点，右边的树有 14 个结点，除了根结点，其余的 13 个结点分为 3 个不相交的子集：T_1={B,E,F,K,L}、T_2={C,G,H,I,M,N} 和 T_3={D,J}。其中，T_1、T_2 和 T_3 是根结点 A 的子树，并且它们本身也是一棵树。例如，T_2 的根结点是 C，其余的 5 个结点又分为三个不相交的子集：T_{21}={G,M}、T_{22}={H} 和 T_{23}={I,N}。其中，T_{21}、T_{22} 和 T_{23} 是 T_2 的子树，G 是 T_{21} 的根结点，{M} 是 G 的子树，I 是 T_{23} 的根结点，{N} 是 I 的子树。

下面介绍关于树的一些基本概念。

- 树的结点：包含一个数据元素及若干指向子树分支的信息。
- 结点的度：一个结点拥有子树的个数称为结点的度。例如，结点 C 有 3 个子树，度为 3。
- 叶子结点：也称为终端结点，没有子树的结点也就是度为零的结点称为叶子结点。例如，结点 K 和 L 不存在子树，度为 0，称为叶子结点，F、M、H、N 和 J 也是叶子结点。
- 分支结点：也称为非终端结点，度不为零的结点称为非终端结点。例如，B、C、D、E 等都是分支结点。
- 孩子结点：一个结点的子树的根结点称为孩子结点。例如，{E,K,L}是根结点 B 的子树，而 E 又是这棵子树的根结点，因此，E 是 B 孩子结点。
- 双亲结点：也称父结点，如果一个结点存在孩子结点，则该结点就称为孩子结点的双亲结点。例如，E 是 B 孩子结点，而 B 又是 E 的双亲结点。
- 子孙结点：在一个根结点的子树中的任何一个结点都称为该根结点的子孙结点。例如，{G,H,I,M,N}是 C 的子树，子树中的结点 G、H、I、M 和 N 都是 C 的子孙结点。
- 祖先结点：从根结点开始到达一个结点，所经过的所有分支结点，都称为该结点的祖先结点。例如，N 的祖先结点为 A、C 和 I。
- 兄弟结点：一个双亲结点的所有孩子结点之间互相称为兄弟结点。例如，E 和 F 是 B 的孩子结点，因此，E 和 F 互为兄弟结点。
- 树的度：树中所有结点的度的最大值。例如，图 5.1 中右边的树的度为 3，因为结点 C

的度为 3，该结点的度是树中拥有最大的度的结点。

- 结点的层次：从根结点开始，根结点为第一层，根结点的孩子结点为第二层，以此类推，如果某一个结点是第 L 层，则其孩子结点位于第 L+1 层。在图 5.1 右边的树中，A 的层次为 1，B 的层次为 2，G 的层次为 3，M 的层次为 4。
- 树的深度：也称为树的高度，树中所有结点的层次最大值称为树的深度。例如，图 5.1 中右边的树的深度为 4。
- 有序树：如果树中各个子树的次序是有先后次序的，则称该树为有序树。
- 无序树：如果树中各个子树没有先后次序之分，则称该树为无序树。
- 森林：m 棵互不相交的树构成一个森林。如果把一棵非空的树的根结点删除，则该树就变成了一个森林，森林中的树由原来的根结点各个子树构成。如果把一个森林加上一个根结点，将森林中的树变成根结点的子树，则该森林就转换成一棵树。

5.1.2　树的逻辑表示

树的逻辑表示可分为 4 种：树形表示法、文氏图表示法、广义表表示法和凹入表示法。

（1）树形表示法。图 5.1 就是树形表示法。树形表示法是最常用的一种表示法，它能直观、形象地表示出树的逻辑结构，能够清晰地反映出树中结点之间的逻辑关系。树中的结点使用圆圈表示，结点间的关系使用直线表示，位于直线上方的结点是双亲结点，直线下方的结点是孩子结点。

（2）文氏图表示法。文氏图表示是利用数学中的集合来图形化描述树的逻辑关系。图 5.1 的树用文氏图表示成如图 5.2 所示。

（3）广义表表示法。采用广义表的形式表示树的逻辑结构，广义表的子表表示结点的子树。图 5.1 的树利用广义表表示如下：

```
(A(B(E(K,L),F),C(G(M),H,I(N)),D(J)))
```

（4）凹入表示法。图 5.1 的树采用凹入表示法如图 5.3 所示。

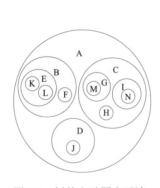

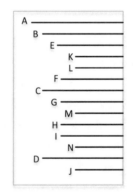

图 5.2　树的文氏图表示法　　　　图 5.3　树的凹入表示法

其中，在这 4 种树的表示法中，树形表示法最为常用。

5.1.3　树的抽象数据类型

树的抽象数据类型定义了树中的数据对象、数据关系及基本操作。树的抽象数据类型定义如下：

```
ADT Tree
{
```
　　　　数据对象 D：D 是具有相同特性的数据元素的集合。

　　　　数据关系 R：若 D 为空集，则称为空树。若 D 仅含一个数据元素，则 R 为空集，否则 R={H}，H 是如下二元关系：

　　　　（1）在 D 中存在唯一的称为根的数据元素 root，它在关系 H 下无前驱。

　　　　（2）若 D-{root}≠¢，则存在 D-{root} 的一个划分 D_1，D_2，…，D_m(m>0)，对任意的 j≠k(1≤j,k≤m) 有 $D_j \cap D_k$=¢，且对任意的 i(1≤i≤m)，唯一存在数据元素 $x_i \in D_i$，有<root,x_i>∈H。

　　　　（3）对应于 D-{root} 的划分，H-{<root,x_1>},…,<root,x_n>} 有唯一的一个划分 H_1，H_2，…，H_m(m>0)，对任意的 j≠k(1≤j,k≤m) 有 $D_j \cap D_k$=¢，且对任意的 i(1≤i≤m)，H_i 是 D_i 上的二元关系，$(D_i,\{H_i\})$ 是一棵符合本定义的树，称为 root 的子树。

　　　　基本操作：

　　　　（1）InitTree(&T)
　　　　初始条件：树 T 不存在。
　　　　操作结果：构造空树 T。

　　　　（2）DestroyTree(&T)
　　　　初始条件：树 T 存在。
　　　　操作结果：销毁树 T。

　　　　（3）CreateTree(&T)
　　　　初始条件：树 T 存在。
　　　　操作结果：根据给定条件构造树 T。

　　　　（4）TreeEmpty(T)
　　　　初始条件：树 T 存在。
　　　　操作结果：若树 T 为空树，则返回 1，否则返回 0。

　　　　（5）Root(T)
　　　　初始条件：树 T 存在。
　　　　操作结果：若树 T 非空，则返回树的根结点，否则返回 None。

　　　　（6）Parent(T,e)
　　　　初始条件：树 T 存在，e 是 T 中的某个结点。
　　　　操作结果：若 e 不是根结点，则返回该结点的双亲，否则返回空。

　　　　（7）FirstChild(T,e)
　　　　初始条件：树 T 存在，e 是 T 中的某个结点。
　　　　操作结果：若 e 是树 T 的非叶子结点，则返回该结点的第一个孩子结点，否则返回 None。

　　　　（8）NextSibling(T,e)
　　　　初始条件：树 T 存在，e 是 T 中某个结点。
　　　　操作结果：若 e 不是其双亲结点的最后一个孩子结点，则返回它的下一个兄弟结点，否则返回 None。

　　　　（9）InsertChild(&T,p,Child)
　　　　初始条件：树 T 存在，p 指向 T 中某个结点，非空树 Child 与 T 不相交。
　　　　操作结果：将非空树 Child 插入到 T 中，使 Child 成为 p 指向的结点的子树。

（10）DeleteChild(&T,p,i)
初始条件：树 T 存在，p 指向 T 中某个结点，1≤i≤d，d 为 p 所指向结点的度。
操作结果：将 p 所指向的结点的第 i 棵子树删除。如果删除成功，则返回 1，否则返回 0。

（11）TraverseTree(T)
初始条件：树 T 存在。
操作结果：按照某种次序对 T 的每个结点访问且仅访问一次。

（12）TreeDepth(T)
初始条件：树 T 存在。
操作结果：若树 T 非空，返回树的深度，如果是空树，则返回 0。
}ADT Tree

5.2 二叉树的定义、性质和抽象数据类型

在深入学习树之前，我们先来认识一种比较简单的树——二叉树。

5.2.1 二叉树的定义

二叉树（Binary Tree）是另一种树结构，它的特点是每个结点最多只有两棵子树。在二叉树中，每个结点的度只可能是 0、1 和 2，每个结点的孩子结点有左右之分，位于左边的孩子结点称为左孩子结点或左孩子，位于右边的孩子结点称为右孩子结点或右孩子。如果 n=0，则称该二叉树为空二叉树。

下面给出二叉树的 5 种基本形态，如图 5.4 所示。

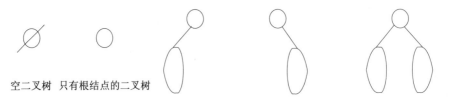

图 5.4　二叉树的 5 种基本形态

一个由 12 个结点构成的二叉树如图 5.5 所示。F 是 C 的左孩子结点，G 是 C 的右孩子结点，L 是 G 的右孩子结点，G 的左孩子结点不存在。

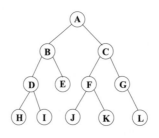

图 5.5　二叉树

每层结点都是满的二叉树称为满二叉树，即在满二叉树中，每一层的结点都具有最大的结点个

数。图 5.6 所示就是一棵满二叉树。在满二叉树中，每个结点的度或者为 2，或者为 0（即叶子结点），不存在度为 1 的结点。

从满二叉树的根结点开始，从上到下，从左到右，依次对每个结点进行连续编号，如图 5.7 所示。

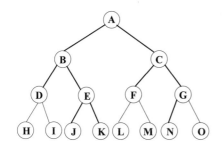

图 5.6　满二叉树

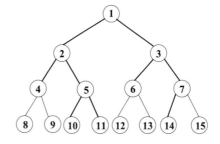

图 5.7　满二叉树及编号

如果一棵二叉树有 n 个结点，并且二叉树的 n 个结点的结构与满二叉树的前 n 个结点的结构完全相同，则称这样的二叉树为完全二叉树。完全二叉树及对应编号如图 5.8 所示。而图 5.9 所示就不是一棵完全二叉树。

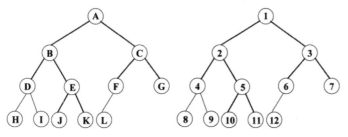

图 5.8　完全二叉树及编号

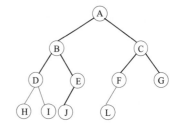

图 5.9　非完全二叉树

由此可以看出，如果二叉树的层数为 k，则满二叉树的叶子结点一定是在第 k 层，而完全二叉树的叶子结点一定在第 k 层或者第 k-1 层出现。满二叉树一定是完全二叉树，而完全二叉树却不一定是满二叉树。

5.2.2　二叉树的性质

二叉树具有以下重要的性质。

（1）性质 1：在二叉树中，第 m(m≥1)层上至多有 2^{m-1} 个结点（规定根结点为第一层）。

证明：利用数学归纳法证明。

当 m=1 时，即根结点所在的层次，有 $2^{m-1}=2^{1-1}=2^0=1$，命题成立。

假设当 m=k 时，命题成立，即第 k 层至多有 2^{k-1} 个结点。因为在二叉树中，每个结点的度最大为 2，则在第 k+1 层，结点的个数最多是第 k 层的 2 倍，即 $2 \times 2^{k-1}=2^{k-1+1}=2^k$。即当 m=k+1 时，命题成立。

（2）性质 2：深度为 k(k≥1)的二叉树至多有 2^k-1 个结点。

证明：第 i 层结点的最多个数 2^{i-1}，将深度为 k 的二叉树中的每一层的结点的最大值相加，就得到二叉树中结点的最大值，因此深度为 k 的二叉树的结点总数至多有：

$$\sum_{i=1}^{k}(\text{第}i\text{层的结点最大个数}) = \sum_{i=1}^{k} 2^{i-1} = 2^0 + 2^1 + \ldots + 2^{k-1} = \frac{2^0(2^k-1)}{2-1} = 2^k - 1$$

命题成立。

（3）性质 3：对任何一棵二叉树 T，如果叶子结点总数为 n_0，度为 2 的结点总数为 n_2，则有 $n_0 = n_2 + 1$。

证明：假设在二叉树中，结点总数为 n，度为 1 的结点总数为 n_1。二叉树中结点的总数 n 等于度为 0、度为 1 和度为 2 的结点总数的和，即 $n = n_0 + n_1 + n_2$。

假设二叉树的分支数为 Y。在二叉树中，除了根结点外，每个结点都存在一个进入的分支，所以有 n=Y+1。

又因为二叉树的所有分支都是由度为 1 和度为 2 的结点发出，所以分支数 $Y = n_1 + 2 \times n_2$。故 $n = Y + 1 = n_1 + 2 \times n_2 + 1$。

联合 $n = n_0 + n_1 + n_2$ 和 $n = n_1 + 2 \times n_2 + 1$ 两式，得到 $n_0 + n_1 + n_2 = n_1 + 2 \times n_2 + 1$，即 $n_0 = n_2 + 1$。命题成立。

（4）性质 4：如果完全二叉树有 n 个结点，则深度为 $\lfloor \log_2 n \rfloor + 1$。符号 $\lfloor x \rfloor$ 表示不大于 x 的最大整数。

证明：假设具有 n 个结点的完全二叉树的深度为 k。k 层完全二叉树的结点个数介于 k-1 层满二叉树与 k 层满二叉树结点个数之间。根据性质 2，k-1 层满二叉树的结点总数为 $n_1 = 2^{k-1} - 1$，k 层满二叉树的结点总数为 $n_2 = 2^k - 1$。因此有 $n_1 < n \leq n_2$，即 $n_1 + 1 \leq n < n_2 + 1$，又 $n_1 = 2^{k-1} - 1$ 和 $n_2 = 2^k - 1$，故得到 $2^{k-1} - 1 \leq n < 2^k - 1$，同时对不等式两边取对数，有 $k-1 \leq \log_2 n < k$。因为 k 是整数，k-1 也是整数，所以 $k-1 = \lfloor \log_2 n \rfloor$，即 $k = \lfloor \log_2 n \rfloor + 1$。命题成立。

（5）性质 5：如果完全二叉树有 n 个结点，按照从上到下、从左到右的顺序，对二叉树中的每个结点从 1 到 n 进行编号，则对于任意结点 i 有以下性质：

- 如果 i=1，则序号 i 对应的结点就是根结点，该结点没有双亲结点。如果 i>1，则序号为 i 的结点的双亲结点的序号为 $\lfloor \frac{i}{2} \rfloor$。

- 如果 $2 \times i > n$，则序号为 i 的结点没有左孩子结点。如果 $2 \times i \leq n$，则序号为 i 的结点的左孩子结点的序号为 $2 \times i$。

- 如果 $2 \times i + 1 > n$，则序号为 i 的结点没有右孩子结点。如果 $2 \times i + 1 \leq n$，则序号为 i 的结点的右孩子结点序号为 $2 \times i + 1$。

证明：

① 利用性质 2 和性质 3 证明性质 1。当 i=1 时，该结点一定是根结点，根结点没有双亲结点。当 i>1 时，假设序号为 m 的结点是序号为 i 结点的双亲结点。如果序号为 i 的结点是序号为 m 的结点的左孩子结点，则根据性质 2 有 $2 \times m = i$，即 m=i/2。如果序号为 i 的结点是序号为 m 结点的右孩子结点，则根据性质 3 有 $2 \times m + 1 = i$，即 m=(i-1)/2=i/2-1/2。综合以上两种情况，当 i>1 时，序号为 i 的结点的双亲结点序号为 $\lfloor \frac{i}{2} \rfloor$。结论成立。

② 利用数学归纳法证明。当 i=1 时，有 $2 \times i = 2$，如果 2>n，则二叉树中不存在序号为 2 的结点，也就不存在序号为 i 的左孩子结点。如果 $2 \leq n$，则该二叉树中存在两个结点，序号 2 是序号为 i 的

结点的左孩子结点的序号。

假设当序号 i=k 时，当 2×k≤n 时，序号为 k 的结点的左孩子结点存在且序号为 2×k，当 2×k>n 时，序号为 k 的结点的左孩子结点不存在。

当 i=k+1 时，在完全二叉树中，如果序号为 k+1 的结点的左孩子结点存在（2×i≤n），则其左孩子结点的序号为序号为 k 的结点的右孩子结点序号加 1，即序号为 k+1 的结点的左孩子结点序号为 (2×k+1)+1=2×(k+1)=2×i。因此，当 2×i>n 时，序号为 i 的结点的左孩子不存在。结论成立。

③ 同理，利用数学归纳法证明。当 i=1 时，如果 2×i+1=3>n，则该二叉树中不存在序号为 3 的结点，即序号为 i 的结点的右孩子不存在。如果 2×i+1=3≤n，则该二叉树存在序号为 3 的结点，且序号为 3 的结点是序号 i 结点的右孩子结点。

假设当序号 i=k 时，当 2×k+1≤n 时，序号为 k 的结点的右孩子结点存在且序号为 2×k+1，当 2×k+1>n 时，序号为 k 的结点的右孩子结点不存在。

当 i=k+1 时，在完全二叉树中，如果序号为 k+1 的结点的右孩子结点存在（2×i+1≤n），则其右孩子结点的序号为序号为 k 的结点的右孩子结点序号加 2，即序号为 k+1 的结点的右孩子结点序号为 (2×k+1)+2=2×(k+1)+1=2×i+1。因此，当 2×i+1>n 时，序号为 i 的结点的右孩子不存在。结论成立。

5.2.3 二叉树的抽象数据类型

二叉树的抽象数据类型定义了二叉树中的数据对象、数据关系及基本操作，具体定义如下：

```
ADT BinaryTree
{
      数据对象 D：D 是具有相同特性的数据元素的集合。
      数据关系 R：若 D=¢，则称 BinaryTree 为空二叉树。
      若 D≠¢，则 R={H}，H 是如下二元关系：

      （1）在 D 中存在唯一的称为根的数据元素 root，它在关系 H 下无前驱。
      （2）若 D-{root}≠¢，则存在 D-{root}={D₁, Dᵣ}，且 D₁∩Dᵣ=¢。
      （3）若 D₁≠¢，则 D₁ 中存在唯一的元素 x₁，<root,x₁>∈H，且存在 D₁ 上的关系 H₁⊂H；若 Dr≠¢，则 Dᵣ 中存在唯一的元素 xᵣ，<root,xᵣ>∈H，且存在 Dᵣ 上的关系 Hᵣ⊂H；
H={<root,x₁>,<root,xᵣ>,H₁,Hᵣ}。
      （4）(D₁, {H₁}) 是一棵符合本定义的二叉树，称为根的左子树，(Dᵣ, {Hᵣ}) 是一棵符合本定义的二叉树，称为根的右子树。

      基本操作 P：

      （1）InitBiTree(&T)
      初始条件：二叉树 T 不存在。
      操作结果：构造空二叉树 T。

      （2）CreateBiTree(&T)
      初始条件：给出了二叉树 T 的定义。
      操作结果：创建一棵非空的二叉树 T。

      （3）DestroyBiTree(&T)
      初始条件：二叉树 T 存在。
      操作结果：销毁二叉树 T。
```

（4）InsertLeftChild(p,c)

初始条件：二叉树 c 存在且非空。

操作结果：将 c 插入到 p 所指向的左子树，使 p 所指结点的左子树成为 c 的右子树。

（5）InsertRightChild(p,c)

初始条件：二叉树 c 存在且非空。

操作结果：将 c 插入到 p 所指向的右子树，使 p 所指结点的右子树成为 c 的右子树。

（6）LeftChild(&T,e)

初始条件：二叉树 T 存在，e 是 T 中的某个结点。

操作结果：若结点 e 存在左孩子结点，则将 e 的左孩子结点返回，否则返回空。

（7）RigthChild(&T,e)

初始条件：二叉树 T 存在，e 是 T 的某个结点。

操作结果：若结点 e 存在右孩子结点，则将 e 的右孩子结点返回，否则返回空。

（8）DeleteLeftChild(&T,p)

初始条件：二叉树 T 存在，p 指向 T 中的某个结点。

操作结果：将 p 所指向的结点的左子树删除。如果删除成功，则返回 1，否则返回 0。

（9）DeleteRightChild(&T,p)

初始条件：二叉树 T 存在，p 指向 T 中的某个结点。

操作结果：将 p 所指向的结点的右子树删除。如果删除成功，则返回 1，否则返回 0。

（10）PreOrderTraverse(T)

初始条件：二叉树 T 存在。

操作结果：先序遍历二叉树 T，即先访问根结点、再访问左子树、最后访问右子树，对二叉树中的每个结点访问且仅访问一次。

（11）InOrderTraverse(T)

初始条件：二叉树 T 存在。

操作结果：中序遍历二叉树 T，即先访问左子树、再访问根结点、最后访问右子树，对二叉树中的每个结点访问，且仅访问一次。

（12）PostOrderTraverse(T)

初始条件：二叉树 T 存在。

操作结果：后序遍历二叉树 T，即先访问左子树、再访问右子树、最后访问根结点，对二叉树中的每个结点访问，且仅访问一次。

（13）LevelTraverse(T)

初始条件：二叉树 T 存在。

操作结果：对二叉树进行层次遍历。即按照从上到下、从左到右，依次对二叉树中的每个结点进行访问。

（14）BiTreeDepth(T)

初始条件：二叉树 T 存在。

操作结果：若二叉树非空，则返回二叉树的深度；若是空二叉树，则返回 0。

}ADT BinaryTree

5.2.4 二叉树的存储表示

二叉树的存储结构有两种：顺序存储表示和链式存储表示。

1. 二叉树的顺序存储

我们已经知道，完全二叉树中每个结点的编号可以通过公式计算得到，因此，完全二叉树的存储可以按照从上到下、从左到右的顺序依次存储在列表中。完全二叉树的顺序存储如图 5.10 所示。

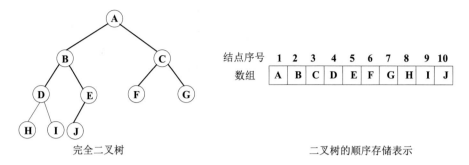

图 5.10 完全二叉树的顺序存储表示

如果按照从上到下、从左到右的顺序把非完全二叉树也进行同样的编号，将结点依次存储在列表中。为了能够正确反映二叉树中结点之间的逻辑关系，需要在列表中将二叉树中不存在的结点位置空出，并用 "∧" 填充。非完全二叉树的顺序存储结构如图 5.11 所示。

顺序存储对于完全二叉树来说是比较适合的，因为采用顺序存储能够节省内存单元，并能够利用公式得到每个结点的存储位置。但是，对于非完全二叉树来说，这种存储方式会浪费内存空间的浪费。在最坏的情况下，如果每个结点只有右孩子结点，而没有左孩子结点，则需要占用 2^k-1 个存储单元，而实际上，该二叉树只有 k 个结点。

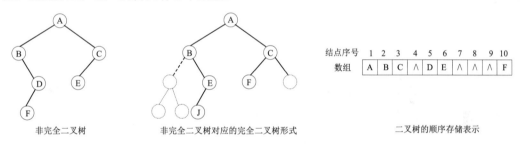

图 5.11 非完全二叉树的顺序存储表示

2. 二叉树的链式存储

在二叉树中，每个结点有一个双亲结点和两个孩子结点。从一棵二叉树的根结点开始，通过结点的左右孩子地址就可以找到二叉树的每一个结点。因此二叉树的链式存储结构包括三个域：数据域、左孩子指针域和右孩子指针域。其中，数据域存放结点的值，左孩子指针域指向左孩子结点，右孩子指针域指向右孩子的结点。这种链式存储结构称为二叉链表存储结构，如图 5.12 所示。

lchild	data	rchild

左孩子指针域 数据域 右孩子指针域

图 5.12 二叉链表的存储结构

如果二叉树采用二叉链表存储结构表示，其二叉树的存储表示如图 5.13 所示。

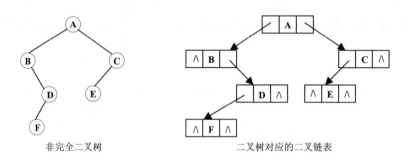

非完全二叉树　　　　　　二叉树对应的二叉链表

图 5.13　二叉树的二叉链表存储表示

有时为了方便找到结点的双亲结点，在二叉链表的存储结构中增加一个指向双亲结点的指针域 parent。该结点的存储结构如图 5.14 所示。这种存储结构称为三叉链表结点存储结构。

lchild	data	rchild	parent
左孩子 指针域	数据域	右孩子 指针域	双亲结点 指针域

图 5.14　三叉链表存储结构

通常情况下，二叉树采用二叉链表进行表示。二叉链表存储结构的类型定义描述如下：

```python
class BiTreeNode():                #二叉树中的结点
    def __init__(self,data,lchild=None,rchild=None):
        self.data=data             #二叉树的结点值
        self.lchild=lchild         #左孩子
        self.rchild=rchild         #右孩子
```

定义了二叉树的存储结点后，为了实现二叉树的插入、删除、遍历、线索化，必须先要创建二叉树，二叉树的操作可通过定义 BiTree 类来实现。二叉树的初始化如下：

```python
class BiTree(object):
    def __init__(self):
        self.root=BiTreeNode(None)
        self.num=0
```

创建二叉树算法实现如下：

```python
def CreatBiTree(self,vals):
    if len(vals) == 0:
        return None
    if vals[0] != '#':     #本层是构建 root、root.lchild、root.rchild 三个结点
        node= BiTreeNode(vals[0])
        if self.num==0:
            self.root=node
        self.num+=1
        vals.pop(0)
        node.lchild = self.CreatBiTree(vals)   #构造左子树
        node.rchild = self.CreatBiTree(vals)   #构造右子树
        return node        #递归结束返回构造好的树的根结点
    else:
```

```
        vals.pop(0)
        return None          #递归结束返回构造好的树的根结点
```

使用完二叉树后，需要将二叉树销毁，其算法实现如下：

```
def DestroyBiTree(self,T):#销毁二叉树操作
    if T: #如果是非空二叉树
        if T.lchild:
            self.DestroyBiTree(T.lchild)
        if T.rchild:
            self.DestroyBiTree(T.rchild)
        del T
        T=None
    return T
```

5.3　二叉树的遍历

在二叉树的应用中，常常需要对二叉树中每个结点进行访问，即二叉树的遍历。

5.3.1　二叉树遍历的定义

二叉树的遍历，即按照某种规律对二叉树的每个结点进行访问，使得每个结点仅被访问一次的操作。这里的访问，可以是对结点的输出、统计结点的个数等。

二叉树的遍历过程其实也是将二叉树的非线性序列转换成一个线性序列的过程。二叉树是一种非线性的结构，通过遍历二叉树，按照某种规律对二叉树中的每个结点进行访问，且仅访问一次，得到一个顺序序列。

由二叉树的定义，二叉树是由根结点、左子树和右子树构成。如果将这三个部分依次遍历，就完成了整个二叉树的遍历。二叉树的结点的基本结构如图 5.15 所示。如果用 D、L、R 分别代表遍历根结点、遍历左子树和遍历右子树，根据组合原理，有 6 种遍历方案：DLR、DRL、LDR、LRD、RDL 和 RLD。

图 5.15　二叉树的结点的基本结构

如果限定先左后右的次序，则在以上 6 种遍历方案中，只剩下 3 种方案：DLR、LDR 和 LRD。其中，DLR 称为先序遍历，LDR 称为中序遍历，LRD 称为后序遍历。

5.3.2　二叉树的先序遍历

二叉树的先序遍历的递归定义如下：

如果二叉树为空，则执行空操作。如果二叉树非空，则执行以下操作：

（1）访问根结点。
（2）先序遍历左子树。
（3）先序遍历右子树。

根据二叉树的先序递归定义，得到图 5.16 所示的二叉树的先序序列为：A、B、D、G、E、H、I、C、F、J。

在二叉树先序的遍历过程中，对每一棵二叉树重复执行以上的递归遍历操作，就可以得到先序序列。例如，在遍历根结点 A 的左子树{B,D,E,G,H,I}时，根据先序遍历的递归定义，先访问根结点 B，然后遍历 B 的左子树为{D,G}，最后遍历 B 的右子树为{E,H,I}。访问过 B 之后，开始遍历 B 的左子树{D,G}，在子树{D,G}中，先访问根结点 D，因为 D 没有左子树，所以遍历其右子树，右子树只有一个结点 G，所以访问 G。B 的左子树遍历完毕，按照以上方法遍历 B 的右子树。最后得到结点 A 的左子树先序序列：B、D、G、E、H、I。

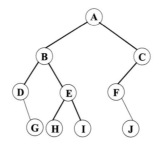

图 5.16　二叉树

根据二叉树的先序递归定义，可以得到二叉树的先序递归算法。

```python
def PreOrderTraverse(self, T):
    #先序遍历二叉树的递归实现
    if T:
        print(T.data, end=' ')  #访问根结点
        self.PreOrderTraverse(T.lchild) #先序遍历左子树
        self.PreOrderTraverse(T.rchild) #先序遍历右子树
```

下面介绍二叉树的非递归算法实现。在第 4 章已经对递归的消除作了详细讲解，现在利用栈来实现二叉树的非递归算法。

算法实现：从二叉树的根结点开始，访问根结点，然后将根结点的指针入栈，重复执行以下两个步骤：① 如果该结点的左孩子结点存在，访问左孩子结点，并将左孩子结点的指针入栈，重复执行此操作，直到结点的左孩子不存在；② 将栈顶的元素（指针）出栈，如果该指针指向的右孩子结点存在，则将当前指针指向右孩子结点。重复执行以上两个步骤，直到栈空为止。以上算法思想的执行流程如图 5.17 所示。

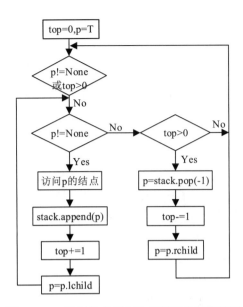

图 5.17 二叉树的非递归先序遍历执行流程图

二叉树的先序遍历非递归算法实现如下：

```python
def PreOrderTraverse2(self,T):
    #先序遍历二叉树的非递归实现
    stack=[]                    #定义一个栈，用于存放结点的指针
    top=0                       #定义栈顶指针，初始化栈
    p = T
    while p != None or top>0:
        while p != None:        #如果p不空，则访问根结点，遍历左子树
            print('% 2c' %p.data, end='') #访问根结点
            stack.append(p)
            top+=1
            p = p.lchild        #遍历左子树
        if top > 0: #如果栈不空
            p=stack.pop(-1)     #栈顶元素出栈
            top-=1
            p = p.rchild        #遍历右子树
```

以上算法是直接利用列表来模拟栈的实现，当然也可以定义一个栈类型实现。

5.3.3 二叉树的中序遍历

二叉树的中序遍历的递归定义如下：

如果二叉树为空，则执行空操作。如果二叉树非空，则执行以下操作：

（1）中序遍历左子树。

（2）访问根结点。

（3）中序遍历右子树。

根据二叉树的中序递归定义，图 5.16 的二叉树的中序序列为：D、G、B、H、E、I、A、F、J、C。

在二叉树中序的遍历过程中，对每一棵二叉树重复执行以上的递归遍历操作，就可以得到二叉树的中序序列。

例如，如果要中序遍历 A 的左子树{B,D,E,G,H,I}，根据中序遍历的递归定义，需要先中序遍历 B 的左子树{D,G}，然后访问根结点 B，最后中序遍历 B 的右子树为{E,H,I}。在子树{D,G}中，D 是根结点，没有左子树，因此访问根结点 D，接着遍历 D 的右子树，因为右子树只有一个结点 G，所以直接访问 G。

在左子树遍历完毕之后，访问根结点 B。最后要遍历 B 的右子树{E,H,I}，E 是子树{E,H,I}的根结点，需要先遍历左子树{H}，因为左子树只有一个 H，所以直接访问 H，然后访问根结点 E，最后要遍历右子树{I}，右子树也只有一个结点，所以直接访问 I，B 的右子树访问完毕。因此，A 的右子树的中序序列为：D、G、B、H、E 和 I。

从中序遍历的序列可以看出，A 左边的序列是 A 的左子树元素，右边是 A 的右子树序列。同样，B 的左边是其左子树的元素序列，右边是其右子树序列。根结点把二叉树的中序序列分为左右两棵子树序列，左边为左子树序列，右边是右子树序列。

根据二叉树的中序递归定义，可以得到二叉树的中序递归算法。

```python
def InOrderTraverse(self, T):
    #中序遍历二叉树的递归实现
    if T:                          #如果二叉树不为空
        self.InOrderTraverse(T.lchild)   #中序遍历左子树
        print(T.data, end=' ')   #访问根结点
        self.InOrderTraverse(T.rchild)   #中序遍历右子树
```

下面介绍二叉树中序遍历的非递归算法实现。

二叉树的中序遍历非递归算法实现：从二叉树的根结点开始，将根结点的指针入栈，执行以下两个步骤：①如果该结点的左孩子结点存在，将左孩子结点的指针入栈。重复执行此操作，直到结点的左孩子不存在；②将栈顶的元素（指针）出栈，并访问该指针指向的结点，如果该指针指向的右孩子结点存在，则将当前指针指向右孩子结点。重复执行步骤①和步骤②，直到栈空为止。以上算法思想的执行流程如图 5.18 所示。

二叉树的中序遍历非递归算法实现如下：

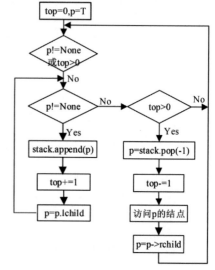

图 5.18　二叉树的非递归中序遍历执行流程图

```python
def InOrderTraverse2(self,T):
    #中序遍历二叉树的非递归实现
    stack=[] #定义一个栈，用于存放结点的指针
    top=0    #定义栈顶指针，初始化栈
    p=T
    while p != None or top > 0:
        while p != None:         #如果 p 不空，则遍历左子树
            stack.append(p)      #将 p 入栈
            top+=1
            p = p.lchild         #遍历左子树
```

```
    if top > 0:              #如果栈不空
        p=stack.pop(-1)      #栈顶元素出栈
        top-=1
        print('% 2c'%p.data,end='')  #访问根结点
        p=p.rchild           #遍历右子树
```

5.3.4　二叉树的后序遍历

二叉树的后序遍历的递归定义如下：

如果二叉树为空，则执行空操作。如果二叉树非空，则执行以下操作：

（1）后序遍历左子树。

（2）后序遍历右子树。

（3）访问根结点。

根据二叉树的后序递归定义，图 5.16 所示的二叉树的后序序列为：G、D、H、I、E、B、J、F、C、A。

在二叉树后序的遍历过程中，对每一棵二叉树重复执行以上的递归遍历操作，就可以得到二叉树的后序序列。

例如，如果要后序遍历 A 的左子树{B,D,E,G,H,I}，根据后序遍历的递归定义，需要先后序遍历 B 的左子树{D,G}，然后后序遍历 B 的右子树为{E,H,I}，最后访问根结点 B。在子树{D,G}中，D 是根结点，没有左子树，因此遍历 D 的右子树，因为右子树只有一个结点 G，所以直接访问 G，接着访问根结点 D。

在左子树遍历完毕之后，需要遍历 B 的右子树{E,H,I}，E 是子树{E,H,I}的根结点，需要先遍历左子树{H}，因为左子树只有一个 H，所以直接访问 H，然后遍历右子树{I}，右子树也只有一个结点，所以直接访问 I，最后访问子树{E,H,I}的根结点 E。此时，B 的左、右子树均访问完毕。最后访问结点 B。因此，A 的右子树的后序序列为：G、D、H、I、E 和 B。

依据二叉树的后序递归定义，可以得到二叉树的后序递归算法。

```
def PostOrderTraverse(self,T):
    #后序遍历二叉树的递归实现
    if T:  #如果二叉树不为空
        self.PostOrderTraverse(T.lchild)  #后序遍历左子树
        self.PostOrderTraverse(T.rchild)  #后序遍历右子树
        print('% 2c'%T.data)  #访问根结点
```

下面来介绍二叉树后序遍历的非递归算法实现。

二叉树的后序遍历非递归算法实现：从二叉树的根结点开始，将根结点的指针入栈，执行以下两个步骤：① 如果该结点的左孩子结点存在，将左孩子结点的指针入栈。重复执行此操作，直到结点的左孩子不存在；② 取栈顶元素（指针）并赋给 p，如果 p.rchild==None 或 p.rchild=q，即 p 没有右孩子或右孩子结点已经访问过，则访问根结点，即 p 指向的结点，并用 q 记录刚刚访问过的结点指针，将栈顶元素退栈。如果 p 有右孩子且右孩子结点没有被访问过，则执行 p=p.rchild。重复执行步骤①和步骤②，直到栈空为止。以上算法思想的执行流程如图 5.19 所示。

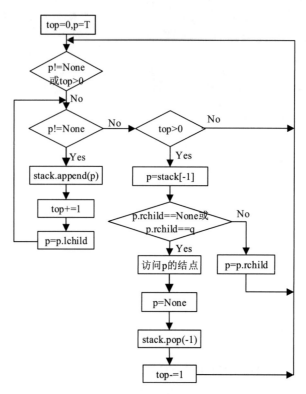

图 5.19 二叉树的非递归后序遍历执行流程图

二叉树的后序遍历非递归算法实现如下：

```python
def PostOrderTraverse3(self,T):
#后序遍历二叉树的非递归实现
    stack=[]                        #定义一个栈，用于存放结点的指针
    p=T
    q=None #初始化结点的指针
    while p != None or len(stack) > 0:
        while p != None:            #如果p不空，则遍历左子树
            stack.append(p)         #将p入栈
            p = p.lchild            #遍历左子树
        if len(stack)>0:            #如果栈不空
            p = stack[-1]           #取栈顶元素
            if p.rchild == None or p.rchild == q:   #如果p没有右孩子结点,或右孩子
结点已经访问过
                print('% 2c'%(p.data),end='')       #访问根结点
                q = p               #记录刚刚访问过的结点
                p = None            #准备下一步遍历右子树
                stack.pop()         #出栈
            else:
                p = p.rchild
```

5.4　二叉树的线索化

在二叉树中，采用二叉链表作为存储结构，只能找到结点的左孩子结点和右孩子结点。要想找到结点的直接前驱或者直接后继，必须对二叉树进行遍历，但这并不是最直接、最简便的方法。通过对二叉树线索化，可以很方便地找到结点的直接前驱和直接后继。

5.4.1　二叉树的线索化定义

为了能够在二叉树的遍历过程中，直接能够找到结点的直接前驱或者直接后继，可在二叉链表结点中增加两个指针域：一个用来指示结点的前驱，另一个用来指向结点的后继。但这样做需要为结点增加更多的存储单元，使结点结构的利用率大大下降。

在二叉链表的存储结构中，具有 n 个结点的二叉链表有 n+1 个空指针域。由此，可以利用这些空指针域存放结点的直接前驱和直接后继的信息。我们可以做以下规定：如果结点存在左子树，则指针域 lchild 指示其左孩子结点，否则指针域 lchild 指示其直接前驱结点。如果结点存在右子树，则指针域 rchild 指示其右孩子结点，否则指针域 rchild 指示其直接后继结点。

为了区分指针域指向的是左孩子结点还是直接前驱结点、右孩子结点还是直接后继结点，增加两个标志域 ltag 和 rtag。结点的存储结构如图 5.20 所示。

lchild	ltag	data	rtag	rchild

前驱结点　　　　　后继结点
标志域　　　　　　标志域

图 5.20　结点的存储结构

其中，当 ltag=0 时，lchild 指示结点的左孩子；当 ltag=1 时，lchild 指示结点的直接前驱结点。当 rtag=0 时，rchild 指示结点的右孩子；当 rtag=1 时，rchild 指示结点的直接后继结点。

由这种存储结构构成的二叉链表称为线索二叉树。采用这种存储结构的二叉链表称为线索链表。其中，指向结点直接前驱和直接后继的指针，称为线索。在二叉树的先序遍历过程中，加上线索之后，得到先序线索二叉树。同理，在二叉树的中序（后序）遍历过程中，加上线索之后，得到中序（后序）线索二叉树。二叉树按照某种遍历方式使二叉树变为线索二叉树的过程称为二叉树的线索化。图 5.21 所示就是将二叉树进行先序、中序和后序遍历得到的线索二叉树。

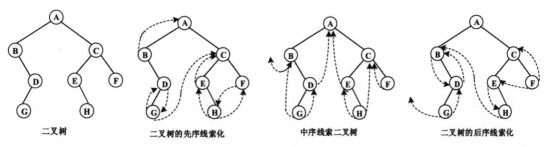

二叉树　　　　　　二叉树的先序线索化　　　　　　中序线索二叉树　　　　　　二叉树的后序线索化

图 5.21　二叉树的线索化

线索二叉树的存储结构类型描述如下：

```python
class BiThrNode(): #线索二叉树结点
    def __init__(self,data,lchild=None,rchild=None,ltag=None,rtag=None):
        self.data=data              #二叉树的结点值
        self.lchild=lchild          #左孩子
        self.rchild=rchild          #右孩子
        self.ltag=ltag              #线索标志域
        self.rtag=rtag              #线索标志域
```

5.4.2　二叉树的线索化算法实现

二叉树的线索化就是利用二叉树中结点的空指针域表示结点的前驱或后继信息。而要得到结点的前驱信息和后继信息，需要对二叉树进行遍历，同时将结点的空指针域修改为其直接前驱或直接后继信息。因此，二叉树的线索化就是对二叉树的遍历过程。这里以二叉树的中序线索化为例介绍二叉树的线索化。

为了方便，在二叉树的线索化时，可增加一个头结点。使头结点的指针域 lchild 指向二叉树的根结点，指针域 rchild 指向二叉树中序遍历时的最后一个结点，二叉树中的第一个结点的线索指针指向头结点。初始化时，使二叉树的头结点指针域 lchild 和 rchild 均指向头结点，并将头结点的标志域 ltag 置为 Link，标志域 rtag 置为 Thread。

线索化以后的二叉树类似于一个循环链表，操作线索二叉树就像操作循环链表一样，既可以从线索二叉树中的第一个结点开始，根据结点的后继线索指针遍历整个二叉树，也可以从线索二叉树的最后一个结点开始，根据结点的前驱线索指针遍历整个二叉树。经过线索化的二叉树及存储结构如图 5.22 所示。

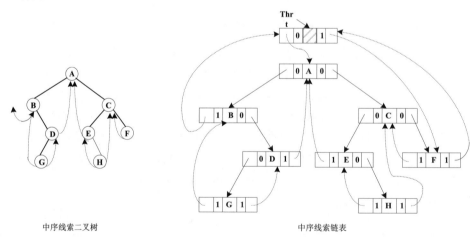

中序线索二叉树　　　　　　　　　中序线索链表

图 5.22　中序线索二叉树及链表

中序线索二叉树的算法实现如下：

```python
pre = None
def InOrderThreading(self,T):
#通过中序遍历二叉树 T，使 T 中序线索化。Thrt 是指向头结点的指针
    global pre
```

```
        thrt=BiThrNode(None)
        #将头结点线索化
        thrt.ltag==0                            #修改前驱线索标志
        thrt.rtag = 1                           #修改后继线索标志
        thrt.rchild = thrt                      #将头结点的rchild指针指向自己
        if T==None:                             #如果二叉树为空，则将lchild指针指向自己
            thrt.lchild = thrt
        else:
            thrt.lchild=T                       #将头结点的左指针指向根结点
            pre=thrt                            #将pre指向已经线索化的结点
            T=self.InThreading(T)               #中序遍历进行中序线索化
            #将最后一个结点线索化
            pre.rchild = thrt                   #将最后一个结点的右指针指向头结点
            pre.rtag = 1                        #修改最后一个结点的rtag标志域
            thrt.rchild=pre                     #将头结点的rchild指针指向最后一个结点

            thrt.lchild = T                     #将头结点的左指针指向根结点
        return thrt
    def InThreading(self,p):
    #二叉树中序线索化
        global pre
        if p!=None:
            self.InThreading(p.lchild)          #左子树线索化
            if p.lchild==None:                  #前驱线索化
                p.ltag=1
                p.lchild=pre
            if pre.rchild==None:                #后继线索化
                pre.rtag=1
                pre.rchild=p
            pre=p                               #pre指向的结点线索化完毕，使p指向的结点成为前驱
            self.InThreading(p.rchild)          #右子树线索化
        return p
```

5.4.3 线索二叉树的遍历

利用在线索二叉树中查找结点的前驱和后继的思想，遍历线索二叉树。

1. 查找指定结点的中序直接前驱

在中序线索二叉树中，若要查找 p 指向结点的直接前驱，如果 p.ltag=1，那么 p.lchild 指向的结点就是 p 的中序直接前驱结点。例如，在图 5.22 中，结点 E 的前驱标志域为 1，即 Thread，则中序直接前驱为 A，即 lchild 指向的结点。如果 p.ltag=0，那么 p 的中序直接前驱就是 p 的左子树的最右下端的结点。例如，结点 A 的中序直接前驱结点为 D，即结点 A 的左子树的最右下端结点。

查找指定结点的中序直接前驱的算法实现如下：

```
    def InOrderPre(self,p):
        #在中序线索树中找结点 p 的中序直接前趋
        if p.ltag == 1:                         #如果p的标志域ltag为线索，则p的左子树结点即为前驱
            return p.lchild
        else:
```

```
        pre = p.lchild              #查找 p 的左孩子的最右下端结点
        while pre.rtag == 0:        #右子树非空时，沿右链往下查找
            pre = pre.rchild
        return pre                  #pre 就是最右下端结点
```

2. 查找指定结点的中序直接后继

在中序线索二叉树中，查找 p 指向结点的中序直接后继，与查找指定结点的中序直接前驱类似。如果 p.rtag=1，那么 p.rchild 指向的结点就是 p 的直接后继结点。例如，在图 5.22 中，结点 G 的后继标志域为 1，即 Thread，则中序直接后继为 D，即 rchild 指向的结点。如果 p.rtag=0，那么 p 的中序直接后继就是 p 的右子树的最左下端的结点。例如，结点 B 的中序直接后继为 G，即结点 B 的右子树的最左下端结点。

查找指定结点的中序直接后继的算法实现如下：

```
def InOrderPost(self, p):           #在中序线索树中查找结点 p 的中序直接后继
    if p.rtag==1:                   #如果 p 的标志域 ltag 为线索，则 p 的右子树结点即为后继
        return p.rchild
    else:
        pre=p.rchild                #查找 p 的右孩子的最左下端结点
        while pre.ltag==0:          #左子树非空时，沿左链往下查找
            pre=pre.lchild
        return pre                  #pre 就是最左下端结点
```

3. 中序遍历线索二叉树

中序遍历线索二叉树的实现思想分为 3 步：第 1 步，从第一个结点开始，找到二叉树的最左下端结点，并访问之；第 2 步，判断该结点的右标志域是否为线索指针，如果是线索指针即 p.rtag==Thread，说明 p.rchild 指向结点的中序后继，则将指针指向右孩子结点，并访问右孩子结点；第 3 步，将当前指针指向该右孩子结点。重复指向以上 3 个步骤，直到遍历完毕。整个中序遍历线索二叉树的过程，就是线索查找后继和查找右子树的最左下端结点的过程。

中序遍历线索二叉树的算法实现如下：

```
def InOrderTraverse(self,T,visit):
    #中序遍历线索二叉树。其中 visit 是函数指针，指向访问结点的函数实现
    p=T.lchild                          #p 指向根结点
    while p!=T:                         #空树或遍历结束时，p==T
        while p!=None and p.ltag==0:
            p=p.lchild
        if visit(p)!=1:                 #访问
            return 0
        while p.rtag==1 and p.rchild!=T:    #访问后继结点
            p=p.rchild
            visit(p)
        p=p.rchild
    return 1
```

5.4.4 线索二叉树的应用举例

【例 5.1】编写程序，建立如图 5.22 所示的二叉树，并将其中序线索化。任意输入一个结点，

输出该结点的中序前驱和中序后继。例如，结点 D 的中序直接前驱是 G，其中序直接后继是 A。

程序代码如下：

```python
if __name__ == '__main__':
    Root = BiTree()
    strs="(A(B(,D(G)),C(E(,H),F))"   #前序遍历扩展的二叉树序列
    vals = list(strs)
    Roots=Root.CreatBiTree(vals)  #Roots 就是我们要的二叉树的根节点
    print('线索二叉树的输出序列：')
    Thrt=Root.InOrderThreading(Roots)
    Root.InOrderTraverse(Thrt,Root.Print)
    p = Root.FindPoint(Thrt, 'D')
    pre = Root.InOrderPre(p)
    print("元素 D 的中序直接前驱元素是:%c" %(pre.data))
    post = Root.InOrderPost(p)
    print("元素 D 的中序直接后继元素是:%c" %(post.data))
    p = Root.FindPoint(Thrt, 'E')
    pre = Root.InOrderPre(p)
    print("元素 E 的中序直接前驱元素是:%c"%(pre.data))
    post = Root.InOrderPost(p)
    print("元素 E 的中序直接后继元素是:%c"%(post.data))


def CreatBiTree(self,strs):
    top=-1                          #初始化栈顶指针
    k=0
    T=None
    flag=0
    strs=list(strs)
    stack=[]
    ch=strs[k]
    p=None
    while k<len(strs):              #如果字符串没有结束
        ch=strs[k]
        if ch=='(':
            stack.append(p)
            top += 1
            flag=1
        elif ch==')':
            stack.pop()
            top-=1
        elif ch==',':
            flag=2
        else:
            p=BiThrNode(ch)
            if T==None:             #如果是第一个结点，表示是根结点
                T=p
            else:
                if flag==1:
                    stack[top].lchild = p
                elif flag==2:
```

```python
                    stack[top].rchild=p
                if stack[top].lchild!=None:
                    stack[top].ltag=0
                if stack[top].rchild!=None:
                    stack[top].rtag=0
            k+=1
        return T
    def Print(self,T):                                  #打印线索二叉树中的结点及线索
        if T.ltag==0:
            lflag='Link'
        else:
            lflag='Thread'
        if T.rtag==0:
            rflag='Link'
        else:
            rflag='Thread'
        print("%2d\t%s\t %2c\t %s\t" % (self.row, lflag, T.data,rflag))
        self.row+=1
        return 1
    def FindPoint(self,T,e):
        #中序遍历线索二叉树，返回元素值为 e 的结点的指针
        p = T.lchild                                    #p 指向根结点
        while p != T:                                   #如果不是空二叉树
            while p.ltag == 0:
                p = p.lchild
            if p.data==e:
                return p
            while p.rtag == 1 and p.rchild != T:        #访问后继结点
                p = p.rchild
                if p.data == e:                         #找到结点，返回指针
                    return p
            p = p.rchild
        return None
```

程序运行结果如图 5.23 所示。

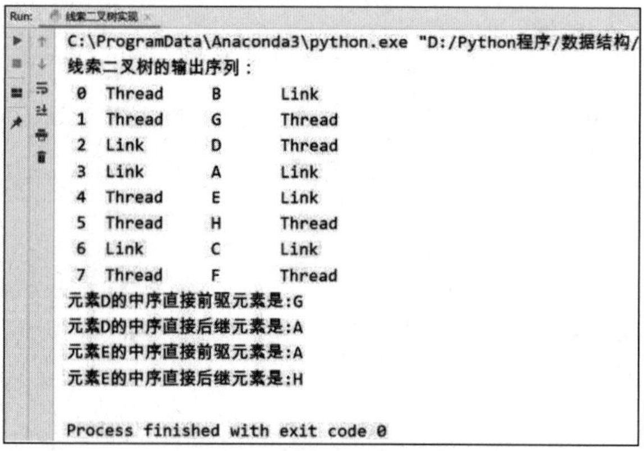

图 5.23　程序运行结果

5.5 树、森林与二叉树

本节将介绍树的表示及遍历操作，并建立森林与二叉树的关系。

5.5.1 树的存储结构

树的存储结构有三种：双亲表示法、孩子表示法和孩子兄弟表示法。

1. 双亲表示法

双亲表示法是利用一组连续的存储单元存储树的每个结点，并利用一个指示器表示结点的双亲结点在树中的相对位置。通常在 Python 语言中，利用列表实现连续的单元的存储。树的双亲表示法如图 5.24 所示。

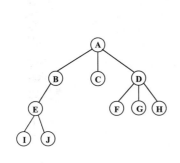

下标	结点	双亲位置
0	A	-1
1	B	0
2	C	0
3	D	0
4	E	1
5	F	3
6	G	3
7	H	3
8	I	4
9	J	4

图 5.24　树的双亲表示法

其中，树的根结点的双亲位置用-1 表示。

树的双亲表示法使得已知结点，查找其双亲结点非常容易。通过反复调用求双亲结点，可以找到树的树根结点。树的双亲表示法存储结构描述如下：

```python
class PNode:                              #双亲表示法的结点定义
    def __init__(self,data=None,parent=None):
        self.data=data
        self.parent=parent                #指示结点的双亲
class PTree:                              #双亲表示法的类型定义
    def __init__(self):
        self.node=[]
        self.num=0                        #结点的个数
```

2. 孩子表示法

把每个结点的孩子结点排列起来，看成是一个线性表，且以单链表作为存储结构，则 n 个结点有 n 个孩子链表（叶子结点的孩子链表为空表），这样的链表称为孩子链表。例如，图 5.24 所示的树，其孩子表示法如图 5.25 所示，其中，"∧"表示空。

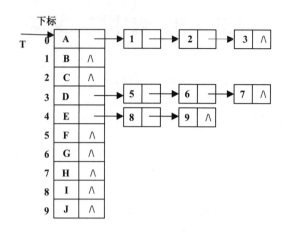

图 5.25　树的孩子表示法

树的孩子表示法使得通过已知一个结点，查找结点的孩子结点非常容易。通过查找某结点的链表，找到该结点的每个孩子。但是查找双亲结点不方便，可以把双亲表示法与孩子表示法结合在一起，图 5.26 所示就是将两者结合在一起的带双亲的孩子链表。

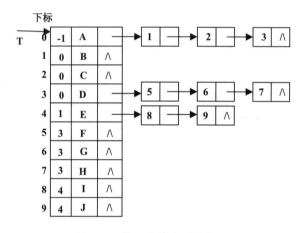

图 5.26　带双亲的孩子链表

树的孩子表示法的类型描述如下：

```python
class ChildNode:                                #孩子结点的类型定义
    def __init__(self,child=None,next=None):
        self.child=child
        self.next=next                          #指向下一个结点
class DataNode:                                 #n 个结点数据与孩子链表的指针构成一个结构
    def __init__(self):
        self.data=data
        self.firstchild=ChildNode()             #孩子链表的指针

class CTree:                                    #孩子表示法类型定义
    def __init__(self,num=0,root=None):
        self.node=[]
        self.num=num                            #结点的个数
```

```
        self.root=root                    #根结点在顺序表中的位置
```

3. 孩子兄弟表示法

孩子兄弟表示法，也称为树的二叉链表表示法。即以二叉链表作为树的存储结构。链表中结点的两个链域分别指向该结点的第一个孩子结点和下一个兄弟结点，分别命名为 firstchild 域和 nextsibling 域。

图 5.24 所示的树对应的孩子兄弟表示如图 5.27 所示。

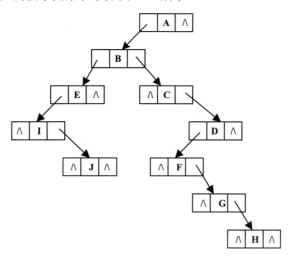

图 5.27　树的孩子兄弟表示法

树的孩子兄弟表示法的类型描述如下：

```
class CSNode:                             #孩子兄弟表示法的类型定义
    def __init__(self,firstchild=None,nextsibling=None):
        self.data=data
        self.firstchild=firstchild
        self.nextsibling=nextsibling      #指向第一个孩子结点和下一个兄弟结点
```

其中，firstchild 指向结点的第一个孩子结点，nextsibling 指向结点的下一个兄弟结点。

利于孩子兄弟表示法可以实现各种树的操作。例如，要查找树中 D 的第 3 个孩子结点，则只需要从 D 的 firstchild 找到第一个孩子结点，然后顺着结点的 nextsibling 域走 2 步，就可以找到 D 的第 3 个孩子结点。

5.5.2　树转换为二叉树

从树的孩子兄弟表示和二叉树的二叉链表表示来看，它们在物理上的存储方式是相同的，也就是说，从它们的相同的物理结构可以得到一棵树，也可以得到一棵二叉树。因此，树与二叉树存在着一种对应关系。从图 5.28 可以看出，树与二叉树存在相同的存储结构。

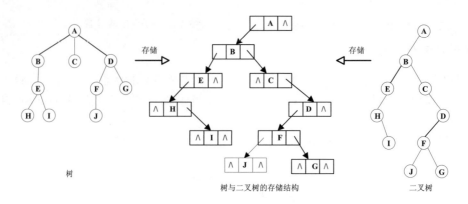

图 5.28　树与二叉树的存储结构

下面来讨论树是如何转换为二叉树的。树中双亲结点的孩子结点是无序的，二叉树中的左右孩子是有序的。为了说明的方便，规定树中的每一个孩子结点从左至右按照顺序编号。例如，图 5.29 中，结点 A 有三个孩子结点 B、C 和 D，其中规定 B 是 A 的第一个孩子结点，C 是 A 的第二个孩子结点，D 是 A 的第三个孩子结点。

按照以下步骤，可以将一棵树转换为对应的二叉树。

（1）在树中的兄弟结点之间加一条连线。

（2）在树中，只保留双亲结点与第一个孩子结点之间的连线，将双亲结点与其他孩子结点的连线删除。

（3）将树中的各个分支，以某个结点为中心进行旋转，子树以根结点成对称形状。

按照以上步骤，图 5.28 中的树可以转换为对应的二叉树，如图 5.29 所示。

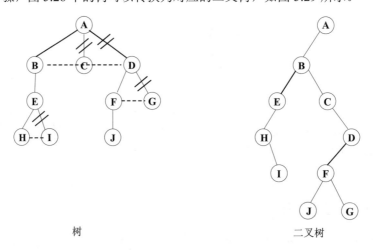

图 5.29　将树转换为二叉树

将树转换为对应的二叉树后，树中的每个结点与二叉树中的结点一一对应，树中每个结点的第一个孩子变为二叉树的左孩子结点，第二个孩子结点变为第一个孩子结点的右孩子结点，第三个孩子结点变为第二个孩子结点右孩子结点，以此类推。例如，结点 C 变为结点 B 的右孩子结点，结点 D 变为结点 C 的右孩子结点。

5.5.3 森林转换为二叉树

森林是由若干棵树组成的集合，树可以转换为二叉树，那么森林也可以转换为对应的二叉树。如果将森林中的每棵树转换为对应的二叉树，则再将这些二叉树按照规则转换为一棵二叉树，就实现森林到二叉树的转换。森林转换为对应的二叉树的步骤如下：

（1）把森林中的所有树都转换为对应的二叉树。

（2）从第二棵树开始，将转换后的二叉树作为前一棵树根结点的右孩子，插入到前一棵树中。然后将转换后的二叉树进行相应的旋转。

按照以上两个步骤，可以将森林转换为一棵二叉树。如图 5.30 所示为森林转换为二叉树的过程。

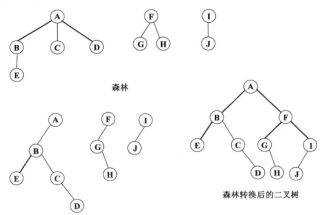

图 5.30　森林转换为二叉树的过程

在图中，将森林中的每棵树转换为对应的二叉树之后，将第二棵二叉树，即根结点为 F 的二叉树，作为第一棵二叉树根结点 A 的右子树，插入到第一棵树中。第三棵二叉树即根结点为 I 的二叉树，作为第二棵二叉树根结点 F 的右子树，插入到第一棵树中。这样，就构成了图中的二叉树。

5.5.4 二叉树转换为树和森林

二叉树转换为树或森林，就是将树或森林转换为二叉树的逆过程。树转换为二叉树，二叉树的根结点一定没有右孩子。森林转换为二叉树，根结点有右孩子。按照树或森林转换为二叉树的逆过程，可以将二叉树转换为树或森林。将一棵二叉树转换为树或者森林的步骤如下：

（1）在二叉树中，将某结点的所有右孩子结点、右孩子的右孩子结点等等，都与该结点的双亲结点用线条连接。

（2）删除掉二叉树中双亲结点与右孩子结点的原来的连线。

（3）调整转换后的树或森林，使结点的所有孩子结点处于同一层次。

利用以上方法，一棵二叉树转换为树的过程如图 5.31 所示。

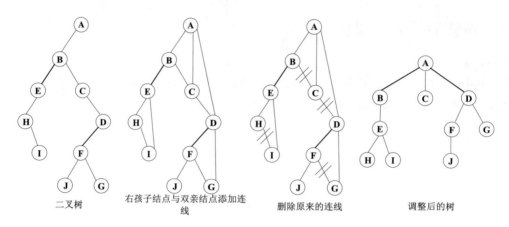

图 5.31　二叉树转换为树的过程

同理，利用以上方法，可以将一棵二叉树转换为森林，如图 5.32 所示。

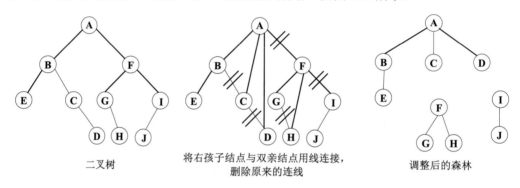

图 5.32　二叉树转换为森林的过程

5.5.5　树和森林的遍历

与二叉树的遍历类似，树和森林的遍历也是按照某种规律对树或者森林中的每个结点进行访问，且仅访问一次的操作。

1. 树的遍历

通常情况下，按照访问树中根结点的先后次序，树的遍历方式分为两种：先根遍历和后根遍历。先根遍历的步骤：

（1）访问根结点。

（2）按照从左到右的顺序依次先根遍历每一棵子树。

例如，图 5.31 所示树的先根遍历后得到的结点序列是：A、B、E、H、I、C、D、F、J、G。后根遍历的步骤：

（1）按照从左到右的顺序依次后根遍历每一棵子树。

（2）访问根结点。

例如，图 5.31 所示树的后根遍历后得到的结点序列是：H、I、E、B、C、J、F、G、D、A。

2. 森林的遍历

森林的遍历方法有两种：先序遍历和中序遍历。

先序遍历森林的步骤如下：

（1）访问森林中第一棵树的根结点。

（2）先序遍历第一棵树的根结点的子树。

（3）先序遍历森林中剩余的树。

例如，图 5.32 所示的森林的先序遍历得到的结点序列是：A、B、E、C、D、F、G、H、I、J。

中序遍历森林的步骤如下：

（1）中序遍历第一棵树的根结点的子树。

（2）访问森林中第一棵树的根结点。

（3）中序遍历森林中剩余的树。

例如，图 5.32 所示的森林的中序遍历得到的结点序列是：E、B、C、D、A、G、H、F、J、I。

【例 5.2】若 F 是一个森林，B 是由 F 转换的二叉树，F 中有 n 个非终端结点，则 B 中右指针域为空的结点是（　　）。

      A. n-1　　　　　B. n　　　　　C. n+1　　　　　D. n+2

分析：根据森林转换为二叉树的规则画出森林和二叉树，每个非终端结点的最后一个孩子的右指针域也为空。答案为 C。

【例 5.3】高度为 h 的满二叉树对应的森林由（　　）棵树构造。

      A. 1　　　　　B. $\log_2 h$　　　　　C. h/2　　　　　D. h

分析：答案为 D。

5.6　并　查　集

并查集（Disjoint Set Union）是一种主要用于处理互不相交集合的合并和查询操作的树形结构。这种数据结构把一些元素按照一定的关系组合在一起。

5.6.1　并查集的定义

对于并查集，在一些有 N 个元素的集合应用问题中，初始时通常将每个元素看成是一个单元素的集合，然后按一定次序将属于同一组的元素所在的集合两两合并，其间要反复查找一个元素在哪个集合中。关于并查集的运算，通常可采用树结构实现。其主要操作有并查集的初始化、查找 x 结点的根结点、合并 x 和 y。并查集的基本运算如表 5.1 所示。

表5.1　并查集的基本运算

基本操作	基本操作方法名称
初始化	__init__(self,n=100)
查找 x 所属的集合（根结点）	Find(self,x)
将 x 和 y 所属的两个集合（两棵树）合并	Merge(self,x,y)

5.6.2　并查集的实现

并查集的实现包括初始化、查找和合并操作。这些操作可以在一个类中实现，下面我们首先可定义一个 DisjointSet 类。

1．初始化

初始化时，每个元素代表一棵树。假设有 n 个编号分别为 1、2、…、n 的元素，使用列表 parent 存储每个元素的父结点，初始化时，先将父结点设为自身。

```python
class DisjointSet:
    def __init__(self,n=100):
        self.MAXSIZE=100
        self.parent=[0]*self.MAXSIZE
        self.rank=[0]*self.MAXSIZE
        for i in range(1,n+1):
            self.parent[i] = i
```

并查集的初始状态如图 5.33（a）所示。

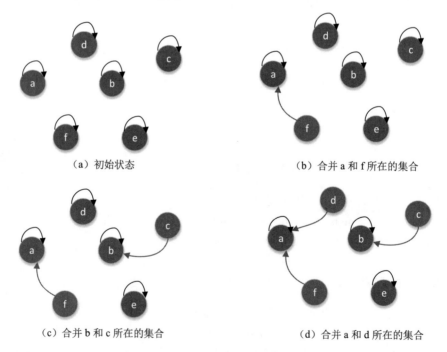

（a）初始状态　　　　　　　　　　　　（b）合并 a 和 f 所在的集合

（c）合并 b 和 c 所在的集合　　　　　　（d）合并 a 和 d 所在的集合

图 5.33　并查集的合并过程

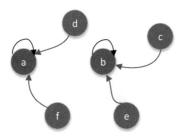 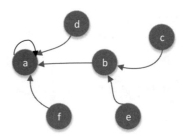

（e）合并 b 和 e 所在的集合　　　　　　　（f）合并 a 和 b 所在的集合

图 5.33　并查集的合并过程（续）

将 a 和 f 所在的集合（即把 a 和 f 两棵树）合并后，使 a 成为两个结点构成树的父结点。如图 5.33（b）所示。将 b 和 c 所在的集合合并，b 成为父结点。如图 5.33（c）所示。继续将其他结点进行合并操作，直到所有结点构成一棵树，如图 5.33（f）所示。

2. 查找

查找操作是查找 x 结点所在子树的根结点。从图 5.33 中可以看出，一棵子树中的根结点满足条件：parent[y]=y。这可通过不断顺着分支查找双亲结点找到，即 y=parent[y]。例如，查找结点 e 的根结点是沿着 e→b→a 路径可找到根结点 a。

```
def Find(self,x):
    if self.parent[x] == x:
        return x
    else:
    return self.Find(self.parent[x])
```

当树的高度增加，想从终端结点找到根结点，其效率就会变得越来越低。有没有更好的办法呢？如果每个结点都指向根结点，则查找效率会提高很多，因此，可在查找的过程中使用路径压缩的方法，令查找路径上的结点逐个指向根结点，如图 5.34 所示。

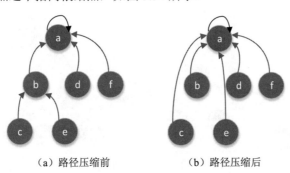

（a）路径压缩前　　　　　　　（b）路径压缩后

图 5.34　查找过程中的路径压缩

带路径压缩的查找算法实现如下：

```
def Find(self,x):
    if self.parent[x] == x:
        return x
    else:
```

```
    self.parent[x]=self.Find(x)
    return self.parent[x]
```

为了方便理解，可将以上查找算法转换为以下非递归算法来实现。

```
def Find_NonRec(self,x):
    root=x
    while self.parent[root]!=root:    #查找根结点 root
        root=self.parent[root]
    y=x
    while y!=root:                     #路径压缩
        self.parent[y]=root
        y=self.parent[y]
    return root
```

经过以上路径压缩后，可以显著提高查找算法的效率。

3. 合并

两棵树的合并操作就是将 x 和 y 所属的两棵子树合并为一棵子树。其合并算法主要思想：找到 x 和 y 所属子树的根结点 root_x 和 root_y，若 root_x==root_y，则表明它们属于同一棵子树，不需要合并；否则，需要比较两棵子树的高度，即秩，使合并后的子树高度尽可能小：

（1）若 x 所在子树的秩 rank[root_x]<rank[root_y]，则将秩较小的 root_x 作为 root_y 的孩子结点，此时 root_y 的秩不变。

（2）若 x 所在子树的秩 rank[root_x]>rank[root_y]，则将秩较小的 root_y 作为 root_x 的孩子结点，此时 root_x 的秩不变。

（3）若 x 所在子树的秩 rank[root_x]==rank[root_y]，则可将 root_x 作为 root_y 的孩子结点，也可将 root_y 作为 root_x 的孩子结点，合并后子树的秩加 1。

两棵树的合并如图 5.35 所示。

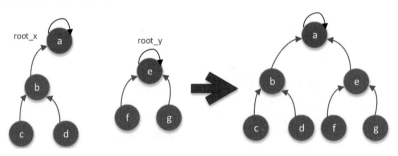

（a）因为 rank[root_x]>rank[root_y]，以第 2 棵子树作为第 1 棵子树根结点的孩子结点，合并后的树的秩为 rank[root_x]

图 5.35　两棵子树的合并

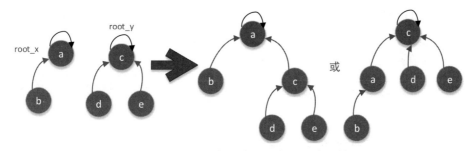

（b）因为 rank[root_x]=rank[root_y]，可将第 2 棵子树作为第 1 棵子树根结点的孩子结点，
或将第 1 棵子树作为第 2 棵子树根结点的孩子结点，合并后的树的秩为 rank[root_x]+1

图 5.35 两棵子树的合并（续）

合并算法实现如下：

```
def Merge(self,x,y):
    root_x,root_y=self.Find(x),self.Find(y)    #找到两个根结点
    if self.rank[root_x] <= self.rank[root_y]: #若前者树的高度小于等于后者
        self.parent[root_x]=root_y
    else:                                       #否则
        self.parent[root_y]=root_x
    if self.rank[root_x] == self.rank[root_y] and root_x != root_y:
        #如果高度相同且根结点不同，则新的根结点的高度+1
        self.rank[root_y]+=1
```

5.6.3 并查集的应用

【例 5.4】给定一个包含 N 个顶点 M 条边的无向图 G，判断 G 是否为一棵树。

分析：判断包含 N 个点 M 条边的无向图是否为一棵树的充分必要条件是 N=M+1 且 N 个点连通。因此，关键在于判断这 N 个点是不是连通的。判断连通性一般有两种方法：（1）利用图的连通性来判断。从一个顶点（比如 1 号顶点）开始进行深度或广度优先搜索遍历，搜索的过程中把遇到的顶点都进行标记，最后检查着 N 个顶点是否都被标记了。统计被标记顶点的数量是否等于 N，若为 N，则表明这是一棵树，否则不是一棵树；（2）用并查集的基本操作实现判断。依次搜索每一条边，把每条边相关联的两个顶点都合并到一个集合里，最后检查是不是 N 个顶点都在同一个集合中。若 N 个顶点都在同一个集合，则是一棵树，否则不是一棵树。

算法实现如下：

```
def FindParent(x,parent):
    #在并查集中查找 x 结点的根结点
    if x == parent[x]:
        return x
    parent[x]=FindParent(parent[x],parent)
    return parent[x]

if __name__=='__main__':
    SIZE = 100
    parent = [None for i in range(SIZE)]
```

```python
n,m=map(int,input('请分别输入结点数和边数：').split())
flag = False
if m != n - 1:
    flag=True
for i in range(1,n+1):
    parent[i]=i
iter=1
while m!=0:
    print('请输入第%d条边:'%iter,end='')
    x,y=map(int,input('').split())
    fx,fy = FindParent(x,parent), FindParent(y,parent)
    if parent[fx] != parent[fy]:
        parent[fx] = parent[fy]
    m-=1
    iter+=1
root = FindParent(parent[1],parent)
for i in range(2,n+1):
    if FindParent(parent[i],parent) != root:
        flag=True
        break
if flag:
    print("这不是一棵树!")
else:
    print("这是一棵树!")
```

程序运行结果如图 5.36 所示。

图 5.36　判断是否为一棵树的程序运行结果

5.7　哈 夫 曼 树

哈夫曼（Huffman）树，也称最优二叉树。它是一种带权路径长度最短的树，有着广泛的应用。

5.7.1　哈夫曼树的定义

在介绍哈夫曼树之前，先了解一下几个与哈夫曼树相关的定义。

1. 路径和路径长度

路径是指在树中，从一个结点到另一个结点所走过的路程。路径长度是一个结点到另一个结点的分支数目。树的路径长度是指从树的树根到每一个结点的路径长度的和。

2. 树的带权路径长度

在一些实际应用中，根据结点的重要程度，将树中的某一个结点赋予一个有意义的值，则这个值就是结点的权。带权路径长度是指在一棵树中，将某一个结点的路径长度与该结点的权的乘积，称为该结点的带权路径长度。而树的带权路径长度是指树中所有叶子结点的带权路径长度的和。树的带权路径长度公式记作：

$$WPL = \sum_{i=1}^{n} w_i \times l_i$$

其中，n 是树中叶子结点的个数，w_i 是第 i 个叶子结点的权值，l_i 是第 i 个叶子结点的路径长度。例如，图 5.33 所示的二叉树的带权路径长度分别是：

（1）WPL=8×2+4×2+2×2+3×2=38

（2）WPL=8×2+4×3+2×3+3×1=37

（3）WPL=8×1+4×2+2×3+3×3=31

从图 5.37 可以看出，第三棵树的带权路径长度最小，它其实就是一棵哈夫曼树。

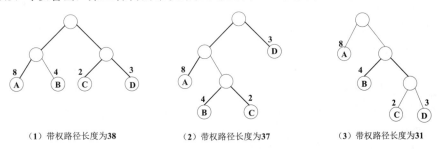

（1）带权路径长度为38　　　（2）带权路径长度为37　　　（3）带权路径长度为31

图 5.37　二叉树的带权路径长度

3. 哈夫曼树

哈夫曼树就是带权路径长度最小的树，权值最小的结点远离根结点，权值越大的结点越靠近根结点。哈夫曼树的构造算法如下：

（1）由给定的 n 个权值 $\{w_1,w_2,...,w_n\}$，构成 n 棵只有根结点的二叉树集合 F=$\{T_1,T_2,...,T_n\}$，每个结点的左右子树均为空。

（2）在二叉树集合 F 中，找两个根结点的权值最小和次小的树，作为左、右子树构造一棵新的二叉树，新二叉树的根结点的权重为左、右子树根结点的权重之和。

（3）在二叉树集合 F 中，删除作为左、右子树的两个二叉树，并将新二叉树加入到集合 F 中。

（4）重复执行步骤（2）和步骤（3），直到集合 F 中只剩下一棵二叉树为止。这颗二叉树就是要构造的哈夫曼树。

例如，假设给定一组权值{1,3,6,9}，按照哈夫曼构造的算法对集合的权重构造哈夫曼树的过程如图 5.38 所示。

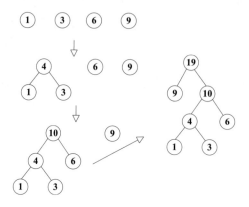

图 5.38　哈夫曼树构造过程

5.7.2　哈夫曼编码

哈夫曼编码常应用在数据通信中，在数据传送时，需要将字符转换为二进制的字符串。例如，假设传送的电文是 ABDAACDA，电文中有 A、B、C 和 D 共 4 种字符，如果规定 A、B、C 和 D 的编码分别为 00、01、10 和 11，则上面的电文代码为 0001110000101100，总共 16 个二进制数。

在传送电文时，希望电文的代码尽可能的短。如果按照每个字符进行长度不等的编码，将出现频率高的字符采用尽可能短的编码，则电文的代码长度就会减少。可以利用哈夫曼树对电文进行编码，最后得到的编码就是长度最短的编码。具体构造方法如下：

假设需要编码的字符集合为$\{c_1,c_2,...,c_n\}$，相应地，字符在电文中的出现次数为$\{w_1,w_2,...,w_n\}$，以字符 $c_1,c_2,...,c_n$ 作为叶子结点，以 $w_1,w_2,...,w_n$ 为对应叶子结点的权值构造一棵二叉树，规定哈夫曼树的左孩子分支为 0，右孩子分支为 1，从根结点到每个叶子结点经过的分支组成的 0 和 1 序列就是结点对应的编码。

按照以上构造方法，字符集合为{A,B,C,D}，各个字符相应的出现次数为{4,1,1,2}，这些字符作为叶子结点构成的哈夫曼树如图 5.39 所示。字符 A 的编码为 0，字符 B 的编码为 110，字符 C 的编码为 111，字符 D 的编码为 10。

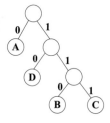

图 5.39　哈夫曼编码

因此，可以得到电文 ABDAACDA 的哈夫曼编码为：01101000111100，共 13 个二进制字符。这样就保证了电文的编码达到最短。

在设计不等长编码时，必须使任何一个字符的编码都不是另外一个字符编码的前缀。例如，字符 A 的编码为 10，字符 B 的编码为 100，则字符 A 的编码就称为字符 B 的编码的前缀。如果一个代码为 10010，在进行译码时，无法确定是将前两位译为 A，还是要将前三位译为 B。但是在利用哈夫曼树进行编码时，每个编码是叶子结点的编码，一个字符是不会出现在另一个字符的前面，也就不会出现一个字符的编码是另一个字符编码的前缀编码。

5.7.3 哈夫曼编码算法的实现

下面利用哈夫曼编码的设计思想，通过一个实例实现哈夫曼编码的算法实现。

【例 5.5】假设一个字符序列为{A,B,C,D}，对应的权重为{1,3,6,9}。设计一个哈夫曼树，并输出相应的哈夫曼编码。

分析：在哈夫曼的算法中，为了设计方便，利用一个嵌套列表来实现。需要保存字符的权重、双亲结点的位置、左孩子结点的位置和右孩子结点的位置。因此需要设计 n 行四列。因此，哈夫曼树的类型定义如下：

```
class HTNode:        #哈夫曼树类型定义
    def __init__(self,weight=None,parent=None,lchild=None,rchild=None):
        self.weight=weight
        self.parent=parent
        self.lchild=lchild
        self.rchild=rchild
```

算法实现：定义一个类型为 HuffmanCode 的变量 HT，用来存放每一个叶子结点的哈夫曼编码。初始时，将每一个叶子结点的双亲结点域、左孩子域和右孩子域初始化为 0。如果有 n 个叶子结点，则非叶子结点有 n-1 个，所以总共结点数目是 2*n-1 个。同时也要将剩下的 n-1 个双亲结点域初始化为 0，这主要是为了查找权值最小的结点方便。

依次选择两个权值最小的结点，分别作为作为左子树结点和右子树结点，修改它们的双亲结点域，使它们指向同一个双亲结点，同时修改双亲结点的权值，使其等于两个左、右子树结点权值的和，并修改左、右孩子结点域，使其分别指向左、右孩子结点。重复执行这种操作 n-1 次，即求出 n-1 个非叶子结点的权值。这样就得到了一棵哈夫曼树。

通过求得的哈夫曼树，得到每一个叶子结点的哈夫曼编码。从叶子结点 c 开始，通过结点 c 的双亲结点域，找到结点的双亲，然后通过双亲结点的左孩子域和右孩子域判断该结点 c 是其双亲结点的左孩子还是右孩子，如果是左孩子，则编码为 0，否则编码为 1。按照这种方法，直到找到根结点，即可以求出叶子结点的编码。

1. 哈夫曼编码的实现

这部分主要是哈夫曼树的实现和哈夫曼编码的实现。程序代码如下：

```
def HuffmanCoding(self,w,n):
#构造哈夫曼树 HT，哈夫曼树的编码存放在 HC 中，w 为 n 个字符的权值
    if n<=1:
        return
    m=2*n-1
    HT=[]
```

```
    for i in range(n):                        #初始化 n 个叶子结点
        p=HTNode()
        p.weight=w[i]
        p.parent=0
        p.lchild=0
        p.rchild=0
        HT.append(p)
    for i in range(n,m):                      #将 n-1 个非叶子结点的双亲结点初始化为 0
        p = HTNode()
        HT.append(p)
        HT[i].parent=0
    for i in range(n,m):                      #构造哈夫曼树
        s1,s2=self.Select(HT,i-1)             #查找树中权值最小的两个结点
        HT[s1].parent=i
        HT[s2].parent=i
        HT[i].lchild=s1
        HT[i].rchild=s2
        HT[i].weight=HT[s1].weight+HT[s2].weight
    #从叶子结点到根结点求每个字符的哈夫曼编码

    HC=[]                                     #存储哈夫曼编码
    #求 n 个叶子结点的哈夫曼编码
    for i in range(n):
        cd = []
        c=i
        f=HT[i].parent
        while f!=0:                           #从叶子结点到根结点求编码
            if HT[f].lchild==c:
                cd.insert(0,'0')
            else:
                cd.insert(0,'1')
            c=f
            f=HT[f].parent
        HC.append(cd.copy())                  #将当前求出结点的哈夫曼编码复制到 HC
        del cd
    return HT,HC
```

2. 查找权值最小和次小的两个结点

这部分主要是在结点的权值中，选择两个权值最小的和次小的结点作为二叉树的叶子结点。其程序代码实现如下：

```
    def Select(self,t,n):
        #在 n 个结点中选择两个权值最小的结点序号，其中 s1 最小，s2 次小
        s1=self.Min(t,n)
        s2=self.Min(t,n)
        if t[s1].weight>t[s2].weight :  #如果序号 s1 的权值大于序号 s2 的权值，将两者交换，
使 s1 最小，s2 次小
            x=s1
            s1=s2
            s2=x
```

```
    return s1,s2
def Min(self,t,n):
    #返回树中 n 个结点中权值最小的结点序号
    f=float('inf')                    #f 为一个无限大的值
    for i in range(n+1):
        if t[i].weight<f and t[i].parent==0:
            f=t[i].weight
            flag=i
    t[flag].parent=1                  #给选中的结点的双亲结点赋值1，避免再次查找该结点
    return flag
```

3. 测试代码部分

这部分主要包括头文件、宏定义、函数的声明和主函数。程序代码实现如下：

```
if __name__ == '__main__':
    HufTree=HTNode()
    n=int(input("请输入叶子结点的个数: "))
    w=[]              #为 n 个结点的权值分配内存空间
    for i in range(n):
        v=int(input("请输入第%d 个结点的权值:"%(i+1)))
        w.append(v)
    HT,HC=HufTree.HuffmanCoding(w,n)
    for i in range(len(HC)):
        print("哈夫曼编码:",HC[i])
```

在算法的实现过程中，其中列表 HT 在初始时的状态和哈夫曼树生成后的状态如图 5.40 所示。

数组下标	weight	parent	lchild	rchild
1	1	0	0	0
2	3	0	0	0
3	6	0	0	0
4	9	0	0	0
5		0		
6		0		
7		0		

HT数组初始化状态

数组下标	weight	parent	lchild	rchild
1	1	5	0	0
2	3	5	0	0
3	6	6	0	0
4	9	7	0	0
5	4	6	1	2
6	10	7	5	3
7	19	0	4	6

生成哈夫曼树后HT的状态

图 5.40　列表 HT 在初始化和生成哈夫曼树后的状态变化

生成的哈夫曼树如图 5.41 所示。从图中可以看出，权值为 1、3、6 和 9 的哈夫曼编码分别是 100、101、11 和 0。

思考题： 以上算法是从叶子结点开始到根结点逆向求哈夫曼编码，当然也可以从根结点开始到叶子结点正向求哈夫曼编码，这个问题留给读者作为思考题。

程序运行结果如图 5.42 所示。

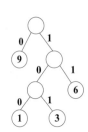

图 5.41 哈夫曼树

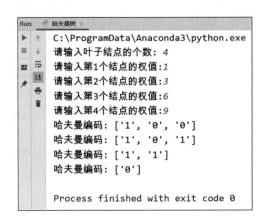

图 5.42 程序运行结果

思政元素：哈夫曼树的构造是整体和部分关系的具体体现，由于每次选择的都是权值最小的结点，最终构成的二叉树的权值才会最小。在做任何事情时，我们应该有全局观念，把握好整体和局部的关系，增强大局意识和协同意识，只有这样，才能把事情做到最好。"大河有水小河满，小河无水大河干""不谋全局者不足以谋一隅"体现了整体与部分的关系，整体和部分不可分割，且相互影响，任何部分的变动会影响全局，全局的变化会影响到部分的变化。

5.8 小 结

树在数据结构中占据着非常重要的地位，树反映的是一种层次结构的关系。在树中，每个结点只允许有一个直接前驱结点，允许有多个直接后继结点，结点与结点之间是一种一对多的关系。

树的定义是递归的。一棵树或者为空，或者是由 m 棵子树 T_1、T_2、…、T_m 组成，这 m 棵子树又是由其他子树构成的。树中的孩子结点没有次序之分，是一种无序树。

二叉树最多有两棵子树，两棵子树分别叫做左子树和右子树。二叉树可以看作是树的特例，但是与树不同的是，二叉树的两棵子树有次序之分。二叉树也是递归定义的，二叉树的两棵子树又是由左子树和右子树构成。

在二叉树中，有两种特殊的树：满二叉树和完全二叉树。满二叉树中每个非叶子结点都存在左子树和右子树，所有的叶子结点都处在同一层次上。完全二叉树是指与满二叉树的前 n 个结点结构相同，满二叉树是一种特殊的完全二叉树。

采用顺序存储的完全二叉树可实现随机存取。如果二叉树不是完全二叉树，则采用顺序存储会浪费大量的存储空间。因此，一般情况下，二叉树采用链式存储——二叉链表。在二叉链表中，结点有一个数据域和两个指针域。其中一个指针域指向左孩子结点，另一个指针域指向右孩子结点。

二叉树的遍历分为先序遍历、中序遍历和后序遍历。二叉树遍历的过程就是将二叉树这种非线性结构转换成线性结构。通过将二叉树线索化，不仅可充分利用二叉链表中的空指针域，还能很方便地找到指定结点的前驱结点。

在哈夫曼树中，只有叶子结点和度为 2 的结点。哈夫曼树是带权路径最小的二叉树，通常用于解决最优化问题。

树、森林和二叉树可以相互进行转换，树实现起来不是太方便，在实际应用中，可以将问题转化为二叉树的相关问题加以实现。

5.9　习　题

一、选择题

1. 二叉树的深度为 k，则二叉树最多有（　　）个结点。

　　A. 2k　　　　　　B. 2^{k-1}　　　　C. 2^k-1　　　　D. 2k-1

2. 用顺序存储的方法，将完全二叉树中所有结点按层逐个从左到右的顺序存放在一维数组 R[1..N]中，若结点 R[i]有右孩子，则其右孩子是（　　）。

　　A. R[2i-1]　　　　　　B. R[2i+1]　　　　　　C. R[2i]　　　　　　D. R[2/i]

3. 在一棵具有 5 层的满二叉树中，结点总数为（　　）。

　　A. 31　　　　　B. 32　　　　　C. 33　　　　　D. 16

4. 下列关于树的表述中，正确的是（　　）。

　　I.对于有 n 个结点的二叉树，其高度为 $\log_2 n$

　　II.在完全二叉树中，若一个结点没有左孩子，则它必是叶结点

　　III.高度为 h（h>0）的完全二叉树对应的森林所含的树的个数一定是 h

　　IV.一棵树中的叶子数一定等于与其对应的二叉树的叶子数

　　A. I和III　　　　B. IV　　　　C. I和II　　　　D. II

5. 某二叉树的中序序列为 ABCDEFG,后序序列为 BDCAFGE,则其左子树中结点数目为（　　）。

　　A. 3　　　　　B. 2　　　　　C. 4　　　　　D. 5

6. 若以{4,5,6,7,8}作为权值构造哈夫曼树，则该树的带权路径长度为（　　）。

　　A. 67　　　　　B. 68　　　　　C. 69　　　　　D. 70

7. 将一棵有 100 个结点的完全二叉树从根这一层开始，每一层上从左到右依次对结点进行编号，根结点的编号为 1，则编号为 49 的结点的左孩子编号为（　　）。

　　A. 98　　　　　B. 99　　　　　C. 50　　　　　D. 48

8. 已知一棵有 2011 个结点的树，其叶子结点个数为 116，该树对应的二叉树中无右孩子的结点个数是（　　）。

　　A. 115　　　　　B. 116　　　　　C. 1895　　　　　D. 1896

9. 对某二叉树进行先序遍历的结果为 ABDEFC，中序遍历的结果为 DBFEAC，则后序遍历的结果是（　　）。

　　A. DBFEAC　　　B. DFEBCA　　　C. BDFECA　　　D. BDEFAC

10. 若一棵二叉树的先序序列为 aebdc，后序序列为 bcdea，则根结点的孩子结点（　　）。

A. 只有 e   B. 有 e、b   C. 有 e、c   D. 无法确定

11. 表达式 A*(B+C)/(D-E+F)的后缀表达式是（   ）。

A. A*B+C/D-E+F   B. AB*C+D/E-F+   C. ABC+*DE-F+/   D. ABCDED*+/-+

12. 将森林转换为对应的二叉树，若在二叉树中，结点 u 是结点 v 的父结点的父结点，则原来的森林中，u 和 v 可能具有的关系是（   ）。

I.父子结点   II.兄弟结点   III.u 的父结点与 v 的父结点是兄弟关系

A. 只有II   B. I和II   C. I和III   D. II和III

13. 按照二叉树的定义，具有 3 个结点的二叉树有（   ）种。

A. 3   B. 4   C. 5   D. 6

14. 若 X 是后序线索二叉树中的叶子结点，且 X 存在左兄弟结点 Y，则 X 的右线索指向的是（   ）。

A. X 的父结点   B. 以 Y 为根的子树的最左下结点
C. X 的左兄弟结点 Y   D. 以 Y 为根的子树的最右下结点

15. 由权值为 3、6、7、2、5 的叶子结点生成一棵哈夫曼树，它的带权路径长度为（   ）。

A. 51   B. 23   C. 53   D. 74

二、算法分析题

1. 函数 depth 实现返回二叉树的高度，请在空格处将算法补充完整。

```python
def tree_depth(self,T):
    if not T:
        return 0
    left, right = 0, 0
    if T.lchild:
        left = _____
    if T.rchild:
        right = self.tree_depth(T.rchild)
    return _____
```

2. 写出下面算法的功能。

```python
def function(self, T):
    if T:
        T.lchild, T.rchild = T.rchild, T.lchild
        self.function(T.lchild)
        self.function(T.rchild)
    return T
```

3. 写出下面算法的功能。

```python
def function2(self,T):
    if T:
        self.function2(T.lchild)
        self.function2(T.rchild)
```

```
print('%2c'%T.data,end='')
```

三、综合分析题

1. 已知二叉树的先序遍历序列为 ABCDEFGH，中序遍历序列为 CBEDFAGH，请画出该二叉树。

2. 已知权值集合为{5,7,2,3,6,9}，要求给出哈夫曼树，并计算带权路径长度 WPL。

3. 已知一棵二叉树的中序序列为 BDAECF，后序序列为 DBEFCA，请画出该二叉树。

4. 已知下图所示的 3 棵树组成的森林，请将其转换为二叉树。

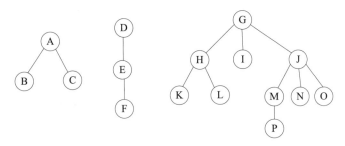

5. 若某非空二叉树的先序序列和后序序列相反，则该二叉树的形态是什么？

6. 若某非空二叉树的先序序列和后序序列相同，则该二叉树的形态是什么？

7. 一个单位有 12 个部门，每个部门都有一部电话，但是整个单位只有一根外线，当有电话打过来的时候，由转接员转到内线电话，已知各部门使用外线电话的频率为（次/天）：5、20、10、12、8、43、2、6、9、15、19。应该如何设计内线电话号码，才能使得接线员拨号次数尽可能少？

8. 已知某森林的二叉树如图 5.43 所示，试画出它所表示的森林。

9. 已知如图 5.44 所示的二叉树，请写出先序、中序、后序遍历的序列。

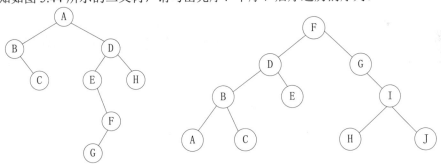

图 5.43 二叉树　　　　　　　　图 5.44 二叉树

四、算法设计题

1. 给出求二叉树的所有结点的算法实现。

2. 编写一个算法，判断二叉树是否是完全二叉树。

3. 在二叉链表存储结构的二叉树中，p 是指向二叉树中的某个结点的指针，编写算法，求 p 的所有祖先结点。

4. 编写算法，创建一个如图 5.45 所示的二叉树，并按照先序遍历、中序遍历和后序遍历的方式输出二叉树的每个结点的值。

5. 创建一个二叉树，并按照层次输出二叉树的每个结点，并按照树状打印二叉树。例如，一棵二叉树如图 5.46 所示，按照层次输出的序列为：A、B、C、D、E、F、G、H、I，按照树状输出的二叉树如图 5.47 所示。

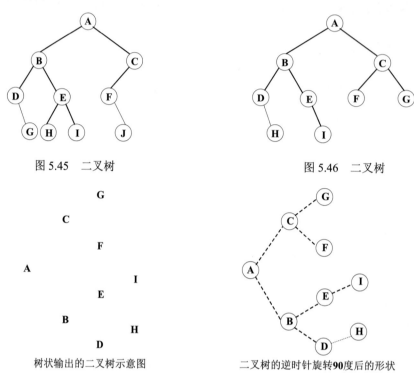

图 5.45　二叉树　　　　　　　　　　　　　　图 5.46　二叉树

树状输出的二叉树示意图　　　　　　　　二叉树的逆时针旋转90度后的形状

图 5.47　二叉树的树状输出

6. 创建一个二叉树，计算二叉树的叶子结点数目、非叶子结点数目和二叉树的深度。例如，图 5.48 所示的二叉树的叶子结点数目为 5 个，非叶子结点数目为 7 个，深度为 5。

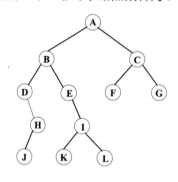

图 5.48　二叉树

7. 编写一个判断两棵二叉树是否相似的算法。相似二叉树指的是二叉树的结构相似。假设存在两棵二叉树 T1 和 T2，T1 和 T2 都是空二叉树或者 T1 和 T2 都不为空树，且 T1 和 T2 的左、右子树的结构分别相似。则称 T1 和 T2 是相似二叉树。

8. 编写算法，给定一棵二叉树的先序序列和序列，可唯一确定这棵二叉树。例如，已知先序序列(A,B,C,D,E,F,G)和中序序列(B,D,C,A,F,E,G)，则可以确定一棵二叉树，如图 5.49 所示。

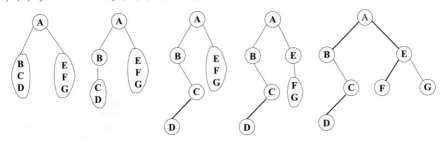

图 5.49　由先序序列和中序序列确定的二叉树过程

第6章

图

图（Graph）是另一种非线性数据结构，图结构中每个元素都可以与其他任何元素相关，元素之间是多对多的关系，即一个元素对应多个直接前驱元素和多个直接后继元素。图被广泛应用于许多技术领域，例如，系统工程、化学分析、遗传学、控制论、人工智能等领域。在离散数学中侧重于对图理论的研究，本章主要应用图论知识来讨论图在计算机中的表示与处理。

学习目标：

- 图的基本概念
- 图的各种存储结构
- 图的深度优先遍历和广度优先遍历
- 最小生成树
- 拓扑排序和关键路径
- 最短路径

6.1 图的定义与相关概念

6.1.1 图的定义

图由数据元素集合与边的集合构成。在图中，数据元素常称为顶点（Vertex），因此数据元素集合称为顶点集合。其中，顶点集合（V）不能为空，边（E）表示顶点之间的关系，用连线表示。图（G）的形式化定义为：G=(V,E)，其中，V={x|x∈数据元素集合}，E={<x,y>|Path(x,y)∧(x∈V,y∈V)}。Path(x,y)表示从 x 与 y 的关系属性。

如果<x,y>∈E，则<x,y>表示从顶点 x 到顶点 y 的一条弧（Arc），x 称为弧尾（Tail）或起始点（Initial node），y 称为弧头（Head）或终端点（Terminal node）。这种图的边是有方向的，这样的图被称为有向图（Digraph）。如果<x,y>∈E 且有<y,x>∈E，则用无序对(x,y)代替有序对<x,y>和<y,x>，表示 x 与 y 之间存在一条边（Edge），将这样的图称为无向图，如图 6.1 所示。

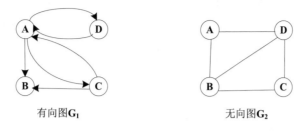

有向图G₁ 　　　　　　　　　 无向图G₂

图 6.1　有向图 G₁ 与无向图 G₂

在图 6.1 中，有向图 G₁ 可以表示为 G₁=(V₁,E₁)，其中，顶点集合 V₁={A,B,C,D}，边的集合 E₁={<A,B>,<A,C>,<A,D>,<C,A>,<C,B>,<D,A>}。无向图 G₂ 可以表示为 G₂=(V₂,E₂)，其中，顶点集合 V₂={A,B,C,D}，边的集合 E₂={(A,B),(A,D),(B,C),(B,D),(C,D)}。

在图中，通常将有向图的边称为弧，无向图的边称为边。顶点的顺序可以是任意的。

假设图的顶点数目是 n，图的边数或者弧的数目是 e。如果不考虑顶点到自身的边或弧，即如果 <v_i,v_j>，则 $v_i \neq v_j$。对于无向图，边数 e 的取值范围为 0~n(n-1)/2。将具有 n(n-1)/2 条边的无向图称为完全图（Completed graph）。对于有向图，弧数 e 的取值范围是 0~n(n-1)。将具有 n(n-1)条弧的有向图称为有向完全图。对于有向图，有 e<<n(n-1)，对于无向图，有 e<<n(n-1)/2，这样的图称为稀疏图（Sparse graph）。当一个图的边数接近完全图的边数时，这样的图称为稠密图（Dense graph）。

6.1.2　图的相关概念

下面介绍一些有关图的概念。

1. 邻接点

在无向图 G=(V,E)中，如果存在边(v_i,v_j)∈E，则称 v_i 和 v_j 互为邻接点（Adjacent），即 v_i 和 v_j 相互邻接。边(v_i,v_j)依附于顶点 v_i 和 v_j，或者称边(v_i,v_j)与顶点 v_i 和 v_j 相互关联。在有向图 G=(V,A) 中，如果存在弧<v_i,v_j>∈A，则称顶点 v_j 邻接自顶点 v_i，顶点 v_i 邻接到顶点 v_j。弧<v_i,v_j>与顶点 v_i 和 v_j 相互关联。

在图 6.1 中，无向图 G₂ 的边的集合为 E={(A,B),(A,D),(B,C),(B,D),(C,D)}，如顶点 A 和 B 互为邻接点，边(A,B)依附于顶点 A 和 B。顶点 B 和 C 互为邻接点，边(B,C)依附于顶点 B 和 C。有向图 G₁ 的弧的集合为 A={<A,B>,<A,C>,<A,D>,<C,A>,<C,B>,<D,A>}，如顶点 A 邻接到顶点 B，弧<A,B> 与顶点 A 和 B 相互关联。顶点 A 邻接到顶点 C，弧<A,C>与顶点 A 和 C 相互关联。

2. 顶点的度

在无向图中，顶点 v 的度是指与 v 相关联的边的数目，记作 TD(v)。在有向图中，以顶点 v 为弧头的数目称为顶点 v 的入度（InDegree），记作 ID(v)。以顶点 v 为弧尾的数目称为 v 的出度（OutDegree），记作 OD(v)。顶点 v 的度为以 v 为顶点的入度和出度之和，即 TD(v)=ID(v)+OD(v)。

在图 6.1 中，无向图 G₂ 边的集合为 E={(A,B),(A,D),(B,C),(B,D),(C,D)}，如顶点 A 的度为 2，顶点 B 的度为 3，顶点 C 的度为 2，顶点 D 的度为 3。有向图 G₁ 的弧的集合为

A={<A,B>,<A,C>,<A,D>,<C,A>,<C,B>,<D,A>}，顶点 A、B、C 和 D 的入度分别为 2、2、1 和 1，顶点 A、B、C 和 D 的出度分别为 3、0、2 和 1，顶点 A、B、C 和 D 的度分别为 5、2、3 和 2。

在图中，假设顶点的个数为 n，边数或弧数记为 e，顶点 v_i 的度记作 $TD(v_i)$，则顶点的度与弧或者边数满足关系：$e = \dfrac{1}{2}\sum_{i=1}^{n}TD(v_i)$。

3. 路径

在图中，从顶点 v_i 出发经过一系列的顶点序列到达顶点 v_j 称为从顶点 v_i 到 v_j 的路径（Path）。路径的长度是路径上弧或边的数目。在路径中，如果第一个顶点与最后一个顶点相同，则这样的路径称为回路或环。在路径所经过的顶点序列中，如果顶点不重复出现，则称这样的路径为简单路径。在回路中，除了第一个顶点和最后一个顶点外，如果其他的顶点不重复出现，则称这样的回路为简单回路或环（Cycle）。

例如，在图 6.1 中有向图 G_1 中，顶点序列 A、C 和 A 就构成了一个简单回路。在无向图 G_2 中，从顶点 A 到顶点 C 所经过的路径为 A、B 和 C。

4. 子图

假设存在两个图 G={V,E} 和 G'={V',E'}，如果 G' 的顶点和关系都是 G 中顶点和关系的子集，即有 V'⊆V，E'⊆E，则 G' 为 G 的子图。子图的示例如图 6.2 所示。

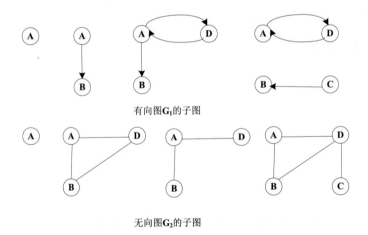

有向图 G_1 的子图

无向图 G_2 的子图

图 6.2　有向图 G_1 与无向图 G_2 的子图

5. 连通图和强连通图

在无向图中，如果从顶点 v_i 到顶点 v_j 存在路径，则称顶点 v_i 到 v_j 是连通的。推广到图的所有顶点，如果图中的任何两个顶点之间都是连通的，则称图是连通图（Connected Graph）。无向图中的极大连通子图称为连通分量（Connected Component）。无向图 G_3 与连通分量如图 6.3 所示。

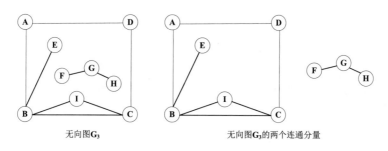

图 6.3 无向图 G_3 的连通分量

在有向图中，如果任意两个顶点 v_i 和 v_j，且 $v_i \neq v_j$，从顶点 v_i 到顶点 v_j 和顶点 v_j 到顶点 v_i 都存在路径，则该图称为强连通图。在有向图中，极大强连通子图称为强连通分量。有向图 G_4 与强连通分量如图 6.4 所示。

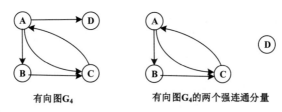

图 6.4 有向图 G_4 的强连通分量

6. 生成树

一个连通图（假设有 n 个顶点）的生成树是一个极小连通子图，它含有图中的全部顶点，但只有足以构成一棵树的 n-1 条边。如果在该生成树中添加一条边，则必定构成一个环。如果少于 n-1 条边，则该图是非连通的。反过来，具有 n-1 条边的图不一定能构成生成树。一个图的生成树不一定是唯一的。图 6.3 中无向图 G_5 的生成树如图 6.5 所示。

7. 网

在实际应用中，图的边或弧往往与具有一定意义的数有关，即每一条边都有与它相关的数，称为权，这些权可以表示从一个顶点到另一个顶点的距离或花费等信息。这种带权的图称为带权图或网。一个网如图 6.6 所示。

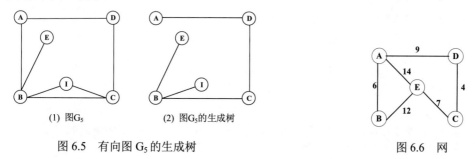

图 6.5 有向图 G_5 的生成树

图 6.6 网

6.1.3 图的抽象数据类型

图的抽象数据类型定义了图中数据对象、数据关系和基本操作。其具体定义如下：

```
ADT Graph
{
        数据对象 V：V 是具有相同特性的数据元素的集合，称为顶点集。
        数据关系 R：R={VR}
        VR={<x,y>|x,y∈V 且 P(x,y)，<x,y>表示从 x 到 y 的弧，P(x,y)表示弧<x,y>的权值}

        基本操作：

        （1）CreateGraph(&G)
        初始条件：图 G 不存在。
        操作结果：创建一个图 G。

        （2）DestroyGraph(&T)
        初始条件：图 G 存在。
        操作结果：销毁图 G。

        （3）LocateVertex(G,v)
        初始条件：图 G 存在，顶点 v 合法。
        操作结果：若图 G 存在顶点 v，则返回顶点 v 在图 G 中的位置。若图 G 中没有顶点 v，则函数返回
值为空。

        （4）GetVertex(G,i)
        初始条件：图 G 存在。
        操作结果：返回图 G 中序号 i 对应的值。i 是图 G 某个顶点的序号，返回图 G 中序号 i 对应的值。

        （5）FirstAdjVertex(G,v)
        初始条件：图 G 存在，顶点 v 的值合法。
        操作结果：返回图 G 中 v 的第一个邻接顶点。若 v 无邻接顶点或图 G 中无顶点 v，则函数返回-1。

        （6）NextAdjVertex(G,v,w)
        初始条件：图 G 存在，w 是图 G 中顶点 v 的某个邻接顶点。
        操作结果：返回顶点 v 的下一个邻接顶点。若 w 是 v 的最后一个邻接顶点，则函数返回-1。

        （7）InsertVertex(&G,v)
        初始条件：图 G 存在，v 和图 G 中顶点有相同的特征。
        操作结果：在图 G 中增加新的顶点 v，并将图的顶点数增 1。

        （8）DeleteVertex(&G,v)
        初始条件：图 G 存在，v 是图 G 中的某个顶点。
        操作结果：删除图 G 中顶点 v 及相关的弧。

        （9）InsertArc(&G,v,w)
        初始条件：图 G 存在，v 和 w 是 G 中的两个顶点。
        操作结果：在图 G 中增加弧<v,w>。对于无向图，还要插入弧<w,v>。

        （10）DeleteArc(&G,v,w)
        初始条件：图 G 存在，v 和 w 是 G 中的两个顶点。
        操作结果：在 G 中删除弧<v,w>。对于无向图，还要删除弧<w,v>。

        （11）DFSTraverseGraph(G)
        初始条件：图 G 存在。
        操作结果：从图中的某个顶点出发，对图进行深度遍历。

        （12）BFSTraverseGraph(G)
        初始条件：图 G 存在。
        操作结果：从图中的某个顶点出发，对图进行广度遍历。
}ADT Graph
```

6.2 图的存储结构

图的存储方式有4种：邻接矩阵表示法、邻接表表示法、十字链表表示法和邻接多重表表示法。

6.2.1 邻接矩阵表示法

图的邻接矩阵表示（Adjacency Matrix）也称为数组表示。它采用两个数组来表示图：一个是用于存储顶点信息的一维数组，另一个是用于存储图中顶点之间的关联关系的二维数组，这个关联关系数组称为邻接矩阵。对于无权图，则邻接矩阵表示为：

$$A[i][j]=\begin{cases} 1 & \text{当}<v_i,v_j>\in E\text{或}(v_i,v_j)\in E \\ 0 & \text{反之} \end{cases}$$

对于带权图，有：

$$A[i][j]=\begin{cases} w_{ij} & \text{当}<v_i,v_j>\in E\text{或}(v_i,v_j)\in E \\ \infty & \text{反之} \end{cases}$$

其中，w_{ij} 表示顶点 i 与顶点 j 构成的弧或边的权值，如果顶点之间不存在弧或边，则用∞表示。

在图 6.1 中，两个图弧和边的集合分别为 A={<A,B>,<A,C>,<A,D>,<C,A>,<C,B>,<D,A>} 和 E={(A,B),(A,D),(B,C),(B,D),(C,D)}。它们的邻接矩阵表示如图 6.7 所示。

$$G_1 = \begin{bmatrix} 0 & 1 & 1 & 1 \\ 0 & 0 & 0 & 0 \\ 1 & 1 & 0 & 0 \\ 1 & 0 & 0 & 0 \end{bmatrix} \begin{matrix} A \\ B \\ C \\ D \end{matrix} \qquad G_2 = \begin{bmatrix} 0 & 1 & 0 & 1 \\ 1 & 0 & 1 & 1 \\ 0 & 1 & 0 & 1 \\ 1 & 1 & 1 & 0 \end{bmatrix} \begin{matrix} A \\ B \\ C \\ D \end{matrix}$$

有向图G_1的邻接矩阵表示　　　　无向图G_2的邻接矩阵表示

图 6.7　图的邻接矩阵表示

在无向图的邻接矩阵中，如果有边(A,B)存在，需要将<A,B>和<B,A>的对应位置都置为1。

带权图的邻接矩阵表示如图 6.8 所示。

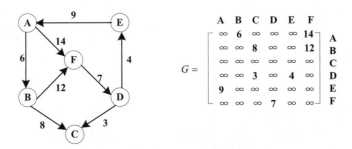

$$G = \begin{bmatrix} \infty & 6 & \infty & \infty & \infty & 14 \\ \infty & \infty & 8 & \infty & \infty & 12 \\ \infty & \infty & \infty & \infty & \infty & \infty \\ \infty & \infty & 3 & \infty & 4 & \infty \\ 9 & \infty & \infty & \infty & \infty & \infty \\ \infty & \infty & \infty & 7 & \infty & \infty \end{bmatrix} \begin{matrix} A \\ B \\ C \\ D \\ E \\ F \end{matrix}$$

图 6.8　带权图的邻接矩阵表示

图的邻接矩阵存储结构描述如下：

```
class MGraph:
    def __init__(self):
        self.vex=[]      #用于存储顶点
        self.arc=[]      #邻接矩阵，存储边或弧的信息
        self.vexnum=0    #顶点数
        self.arcnum=0    #边（弧）的数目
        self.kind=None   #图的类型
```

其中，列表 vex 用于存储图中的顶点信息，如 A、B、C、D，arcs 用于存储图中顶点信息，称为邻接矩阵。

【例 6.1】编写算法，利用邻接矩阵表示法创建一个有向网。

```
class MGraph:
    def __init__(self):
        self.vex=[]      #用于存储顶点
        self.arc=[]      #邻接矩阵，存储边或弧的信息
        self.vexnum=0    #顶点数
        self.arcnum=0    #边（弧）的数目
        self.kind=None   #图的类型

    #采用邻接矩阵表示法创建有向网
    def CreateGraph(self,kind):
        self.vexnum,self.arcnum=map(int,input("请输入有向网 N 的顶点数,弧数:
").split(' '))
        self.arc = [[0 for  in range(self.vexnum)] for  in range(self.vexnum)]
        print("请输入%d 个顶点的值(字符)"%self.vexnum,end=',')
        v=input("以空格分隔各个字符:").split(' ')
        for e in v:
            self.vex.append(e)
        for i in range(self.vexnum): #初始化邻接矩阵
            for j in range(self.vexnum):
                self.arc[i][j]=float('inf')
        print("请输入%d 条弧的弧尾 弧头 权值(以空格作为间隔): "%self.arcnum)
        print("顶点 1 顶点 2 权值")
        for k in range(self.arcnum):
            v1,v2,w=map(str,input("").split(" "))  #输入两个顶点和弧的权值
            i=self.LocateVertex(v1)
            j=self.LocateVertex(v2)
            self.arc[i][j]=int(w)

    def LocateVertex(self,v):#在顶点向量中查找顶点 v，找到返回在向量的序号，否则返回-1
        for i in range(self.vexnum):
            if self.vex[i]==v:
                return i
        return -1

    # 输出邻接矩阵存储表示的图
    def DisplayGraph(self):
        print("有向网具有%d 个顶点%d 条弧，顶点依次是: "%(self.vexnum, self.arcnum))
        for i in range(self.vexnum):
            print(self.vex[i],end=' ')
        print("\n 有向网 N 的:")
        print("序号 i=")
```

```
        for i in range(self.vexnum):
            print("%4d"% i,end=' ')
        print()
        for i in range(self.vexnum):
            print("%6d"%i,end=' ')
            for j in range(self.vexnum):
                if self.arc[i][j]!=float('inf'):
                    print("%4d"%self.arc[i][j],end=' ')
                else:
                    print('%4s'%'∞',end=' ')
            print()

if __name__ == '__main__':
    print("创建一个有向网 N：")
    N=MGraph()
    N.CreateGraph('网')
    print("输出网的顶点和弧：")
    N.DisplayGraph()
```

程序运行结果如图 6.9 所示。

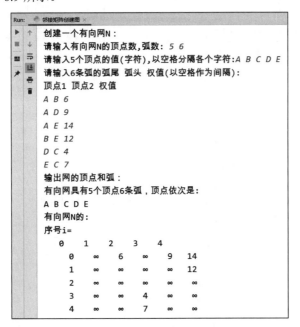

图 6.9　程序运行结果

6.2.2　邻接表表示法

图的邻接矩阵表示法虽然有很多优点，但对于稀疏图来说，用邻接矩阵表示会造成存储空间的很大浪费。邻接表（Adjacency List）表示法实际上是一种链式存储结构。它克服了邻接矩阵的弊病，基本思想是只存储顶点相关联的信息，对于图中存在的边信息则存储，不相邻接的顶点则不保留信息。在邻接表中，对于图中的每个顶点，建立一个带头结点的边链表，如第 i 个单链表中的结点则表示依附于顶点 v_i 的边。每个边链表的头结点又构成一个表头结点表。因此，一个 n 个顶点的图的邻接表表示法由表头结点和边表结点两个部分构成。

表头结点出两个域组成：数据域和指针域。其中，数据域用来存放顶点信息，指针域用来指向边表中的第一个结点。通常情况下，表头结点采用顺序存储结构实现，这样可以随机地访问任意顶点。边表结点由三个域组成：邻接点域、数据域和指针域。其中，邻接点域表示与相应的表头顶点邻接点的位置，数据域存储与边或弧的信息，指针域用来指示下一个边或弧的结点。 表头结点和边表结点结构如图 6.10 所示。

图 6.10　表头结点与边表结点存储结构

图 6.1 所示的 G_1 和 G_2 用邻接表表示如图 6.11 所示。

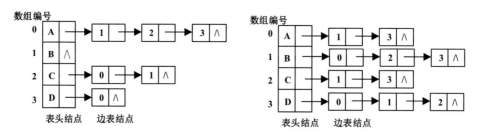

图 6.11　图的邻接表表示

图 6.8 所示的带权图用邻接表表示如图 6.12 所示。

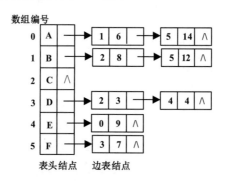

图 6.12　带权图的邻接表表示

图的邻接表存储结构描述如下：

```python
class GKind(Enum):          #图的类型：有向图、有向网、无向图和无向网
    DG=1
    DN=2
    UG=3
    UN=4
class ArcNode:              #边结点的类型定义
    def __init__(self,adjvex):
        self.adjvex=adjvex     #弧指向的顶点的位置
```

```
          self.nextarc=None              #指示下一个与该顶点相邻接的顶点
          self.info=None                 #与弧相关的信息
    class VNode:                         #头结点的类型定义
       def __init__(self,data):
          self.data=data                 #用于存储顶点
          self.firstarc=None             #指向第一个与该顶点邻接的顶点
    class AdjGraph:    #图的类型定义
       def __init__(self):
          self.vertex=[]
          self.vexnum=0                  #图的顶点数目
          self.arcnum=0                  #弧的数目
          self.kind=GKind.UG             #图的类型
```

　　如果无向图 G 中有 n 个顶点和 e 条边，则图采用邻接表表示，需要 n 个头结点和 2e 个表结点。在 e 远小于 n(n-1)/2 时，采用邻接表存储表示显然要比采用邻接矩阵表示更能节省空间。

　　在图的邻接表存储结构中，表头结点并没有存储顺序的要求。某个顶点的度正好等于该顶点对应链表的结点个数。在有向图的邻接表存储结构中，某个顶点的出度等于该顶点对应链表的结点个数。为了方便求某个顶点的入度，需要建立一个有向图的逆邻接链表，也就是为每个顶点 v_i 建立一个以 v_i 为弧头的链表。图 6.1 所示的有向图 G_1 的逆邻接链表如图 6.13 所示。

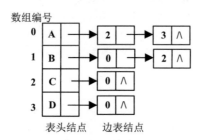

图 6.13　有向图 G_1 的逆邻接链表

【例 6.2】编写算法，采用邻接表创建一个无向图 G。

```
from enum import Enum
class ArcNode:                           #边结点的类型定义
   def __init__(self,adjvex):
      self.adjvex=adjvex                 #弧指向的顶点的位置
      self.nextarc=None                  #指示下一个与该顶点相邻接的顶点
      self.info=None                     #与弧相关的信息
class VNode:                             #头结点的类型定义
   def __init__(self,data):
      self.data=data                     #用于存储顶点
      self.firstarc=None                 #指向第一个与该顶点邻接的顶点
class AdjGraph:                          #图的类型定义
   def __init__(self):
      self.vertex=[]
      self.vexnum=0                      #图的顶点数目
      self.arcnum=0                      #弧的数目
      self.kind=GKind.UG                 #图的类型
```

```python
    def CreateGraph(self):              #采用邻接表存储结构，创建无向图 G
        self.vexnum, self.arcnum = map(int, input("请输入有向网 N 的顶点数，弧数(以空
格分隔): ").split(' '))
        print("请输入%d 个顶点的值:"%self.vexnum,end=' ')
        #将顶点存储在头结点中
        vnodelist = map(str, input("").split(' '))
        for v in vnodelist:
            vtex=VNode(v)
            self.vertex.append(vtex)
        print("请输入弧尾和弧头(以空格分隔):")
        for k in range(self.arcnum):            #建立边链表
            v1,v2 = map(str, input("").split(' '))
            i=self.LocateVertex(v1)
            j=self.LocateVertex(v2)
#j 为入边，i 为出边创建邻接表
            p=ArcNode(j)
            p.nextarc=self.vertex[i].firstarc
            self.vertex[i].firstarc=p
            #i 为入边，j 为出边创建邻接表
            p=ArcNode(i)
            p.nextarc=self.vertex[j].firstarc
            self.vertex[j].firstarc=p
        self.kind=GKind.UG

    def LocateVertex(self, v):                  #在顶点向量中查找顶点 v，若找到，则返回在向量
的序号，否则返回-1
        for i in range(self.vexnum):
            if self.vertex[i].data== v:
                return i
        return -1

    #图的邻接表存储结构的输出
    def DisplayGraph(self):
        print("%d 个顶点："%self.vexnum)
        for i in range(self.vexnum):
            print(self.vertex[i].data,end=' ')
        print("\n%d 条边:"%(2*self.arcnum))
        for i in range(self.vexnum):
            p=self.vertex[i].firstarc              #将 p 指向边表的第一个结点
            while p!=None:                         #输出无向图的所有边
print("%s→%s"%(self.vertex[i].data,self.vertex[p.adjvex].data),end=' ')
                p=p.nextarc
            print()

if __name__ == '__main__':
    print("创建一个有向网 N: ")
    N=AdjGraph()
    N.CreateGraph()
    print("输出网的顶点和弧: ")
```

```
N.DisplayGraph()
```

程序的运行结果如图 6.14 所示。

图 6.14　程序运行结果

6.2.3　十字链表

十字链表（Orthogonal List）是有向图的又一种链式存储结构，可以把它看成是将有向图的邻接表与逆邻接链表结合起来的一种链表。在十字链表中，将表头结点称为顶点结点，边结点称为弧结点。其中，顶点结点包含 3 个域：数据域和 2 个指针域。2 个指针域：一个指向以顶点为弧头顶点，另一个指向以顶点为弧尾的顶点，数据域则存储顶点的信息。

弧结点包含五个域：尾域 tailvex、头域 headvex、infor 域和两个指针域 hlink、tlink。其中，尾域 tailvex 用于表示弧尾顶点在图中的位置，头域 headvex 表示弧头顶点在图中的位置，infor 域表示弧的相关信息，指针域 hlink 指向弧头相同的下一个条弧，指针域 tlink 指向弧尾相同的下一条弧。

有向图 G_1 的十字链表存储表示如图 6.15 所示。

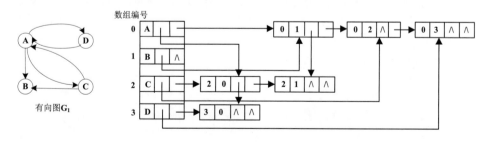

图 6.15　有向图 G_1 的十字链表表示

有向图的十字链表存储结构描述如下：

```
class ArcNode:          #弧结点的类型定义
    def __init__(self,headvex=None,tailvex=None,info=None):
        self.headvex=headvex            #弧的头顶点和尾顶点位置
        self.tailvex=tailvex            #弧的头顶点和尾顶点位置
        self.info=info                  #与弧相关的信息
        self.hlink=None                 #指示弧头相同的结点
        self.tlink=None                 #指示弧尾相同的结点
class VNode:    #顶点结点的类型定义
    def __init__(self,data=None):
        self.data= data                 #存储顶点
        self.firstin=ArcNode()          #指向顶点的第一条入弧
        self.firstout=ArcNode()         #指向顶点的第一条出弧
class OLGraph:                          #图的类型定义
    def __init__(self):
        self.vertex=[]
        self.vexnum=0                   #图的顶点数目与弧的数目
        self.arcnum=0                   #图的顶点数目与弧的数目
```

在十字链表存储表示的图中，可以很容易找到以某个顶点为弧尾和弧头的弧。

6.2.4 邻接多重表

邻接多重表（Adjacency Multi_list）表示是无向图的另一种链式存储结构。邻接多重表可以提供更为方便的边处理信息。在无向图的邻接表表示法中，每一条边(v_i,v_j)在邻接表中都对应着两个结点，它们分别在第 i 个边链表和第 j 个边链表中。这给图的某些边操作带来不便，如检测某条边是否被访问过，则需要同时找到表示该条边的两个结点，而这两个结点又分别在两个边链表中。邻接多重表是将图的一条边用一个结点表示，它的结点存储结构如图 6.16 所示。

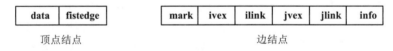

图 6.16 邻接多重表的结点存储结构

顶点结点由两个域构成：data 域和 firstedge 域。数据域 data 用于存储顶点的数据信息，firstedga 域指示依附于顶点的第一条边。边结点包含六个域：mark 域、ivex 域、ilink 域、jvex 域、jlink 域和 info 域。其中，mark 域用来表示边是否被检索过，ivex 域和 jvex 域表示依附于边的两个顶点在图中的位置，ilink 域指向依附于顶点 ivex 的下一条边，jlink 域指向依附于顶点 jvex 的下一条边，info 域表示与边的相关信息。

无向图 G_2 的邻接多重表表示如图 6.17 所示。

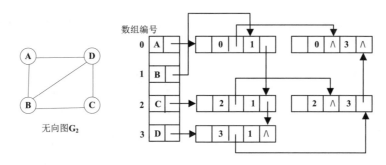

图 6.17 无向图 G_2 的邻接多重表表示

无向图的多重表存储结构描述如下：

```
class EdgeNode                                    #边结点的类型定义
    def __init__(self,mark=None,ivex=None,jvex=None,info=None):
        self.mark=mark                            #访问标志
        self.ivex=ivex                            #边的顶点位置
        self.jvex=jvex                            #边的顶点位置
        self.info=info                            #与边相关的信息
        self.ilink=None                           #指示与边顶点相同的结点
        self.jlink=None                           #指示与边顶点相同的结点
class VNode:                                       #顶点结点的类型定义
    def __init__(self,data):
        self.data=data              #存储顶点
        self.firstedge=EdgeNode()                 #指向依附于顶点的第一条边
class AdjMultiGraph:                               #图的类型定义
    def __init__(self):
        self.vertex=[]
        self.vexnum=0                             #图的顶点数目
        self.edgenum=0                            #图的边的数目
```

6.3 图的遍历

与树的遍历一样，图的遍历是访问图中每个顶点仅被访问一次的操作。图的遍历方式主要有两种：深度优先遍历和广度优先遍历。

6.3.1 图的深度优先遍历

1. 图的深度遍历的定义

图的深度优先遍历是树的先根遍历的推广。图的深度优先遍历的思想是：从图中某个顶点 v_0 出发，访问顶点 v_0 的第一个邻接点，然后以该邻接点为新的顶点，访问该顶点的邻接点。重复执行以上操作，直到当前顶点没有邻接点为止。返回到上一个已经访问过并还有未被访问的邻接点的顶点，按照以上步骤继续访问该顶点的其他未被访问的邻接点。以此类推，直到图中所有的顶点都被访问过。

图的深度优先遍历如图 6.18 所示。访问顶点的方向用实箭头表示，回溯用虚箭头表示，图中的数字表示访问或回溯的次序。

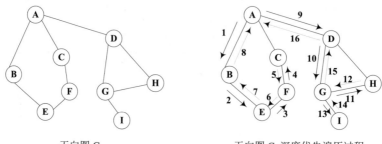

无向图 G₆　　　　　　　　无向图 G₆ 深度优先遍历过程

图 6.18　无向图 G_6 及深度优先遍历过程

无向图 G_6 的深度优先遍历过程如下：

（1）首先访问 A，顶点 A 的邻接点有 B、C、D，然后访问 A 的第一个邻接点 B。

（2）顶点 B 未访问的邻接点只有顶点 E，因此访问顶点 E。

（3）顶点 E 的邻接点只有 F 且未被访问过，因此访问顶点 F。

（4）顶点 F 的邻接点只有 C 且未被访问过，因此访问顶点 C。

（5）顶点 C 的邻接点只有 A 但已经被访问过，因此要回溯到上一个顶点 F。

（6）同理，顶点 F、E、B 都已经被访问过，且没有其他未访问的邻接点，因此回溯到顶点 A。

（7）顶点 A 的未被访问的顶点只有顶点 D，因此访问顶点 D。

（8）顶点 D 的邻接点有顶点 G 和顶点 H，访问第一个顶点 G。

（9）顶点 G 的邻接点有顶点 H 和顶点 I，访问第一个顶点 H。

（10）顶点 H 的邻接点只有 D 且已经被访问过，因此回溯到上一个顶点 G。

（11）顶点 G 的未被访问过的邻接点有顶点 I，因此访问顶点 I。

（12）顶点 I 已经没有未被访问的邻接点，因此回溯到顶点 G。

（13）同理，顶点 G、D 都没有未被访问的邻接点，因此回溯到顶点 A。

（14）顶点 A 也没有未被访问的邻接点。

因此，图的深度优先遍历的序列为：A、B、E、F、C、D、G、H、I。

在图的深度优先的遍历过程中，图中可能存在回路，因此，在访问了某个顶点之后，沿着某条路径遍历，有可能又回到该顶点。例如，在访问了顶点 A 之后，接着访问顶点 B、E、F、C，顶点 C 的邻接点是顶点 A，沿着边（C,A）会再次访问顶点 A。为了避免再次访问已经访问过的顶点，需要设置一个列表 visited[n]，作为一个标志记录结点是否被访问过。

2. 图的深度优先遍历的算法实现

图的深度优先遍历（邻接表实现）的算法描述如下：

```python
def DFSTraverse(self,visited):
#从第 1 个顶点起，深度优先遍历图
    for v in range(self.vexnum):
        visited.append(0)    #访问标志列表初始化为未被访问
```

```
    for v in range(self.vexnum):
        if visited[v]==0:
            self.DFS(v) #对未访问的顶点 v 进行深度优先遍历
    print()
def DFS(self,v): #从顶点 v 出发递归深度优先遍历图
    visited[v] = 1 #访问标志设置为已访问
    print(self.vertex[v].data, end=' ')#访问第 v 个顶点
    w=self.FirstAdjVertex(self.vertex[v].data)
    while w>=0:
        if visited[w]==0:
            self.DFS(w) #递归调用 DFS 对 v 的尚未访问的序号为 w 的邻接顶点
        w=self.NextAdjVertex(self.vertex[v].data, self.vertex[w].data)
```

如果该图是一个无向连通图或者该图是一个强连通图，则只需要调用一次 DFS(G,v)就可以遍历整个图，否则需要多次调用 DFS(G,v)。在上面的算法中，对于查找序号为 v 的顶点的第一个邻接点算法 FirstAdjVex(G,G.vexs[v])以及查找序号为 v 的相对于序号 w 的下一个邻接点的算法 NextAdjVex(G,G.vexs[v],G.vexs[w])的实现，采用不同的存储表示，其时间耗费也是不一样的。当采用邻接矩阵作为图的存储结构时，如果图的顶点个数为 n，则查找顶点的邻接点需要的时间为 $O(n^2)$。如果无向图中的边数或有向图的弧的数目为 e，当采用邻接表作为图的存储结构时，则查找顶点的邻接点需要的时间为 O(e)。

以邻接表作为存储结构，查找 v 的第一个邻接点的算法实现如下：

```
def FirstAdjVertex(self,v):
#返回顶点 v 的第一个邻接顶点的序号
    v1 = self.LocateVertex(v) #v1 为顶点 v 在图 G 中的序号
    p=self.vertex[v1].firstarc
    if p!=None: #如果顶点 v 的第一个邻接点存在，则返回邻接点的序号，否则返回-1
        return p.adjvex
    else:
        return -1
```

以邻接表作为存储结构，查找 v 的相对于 w 的下一个邻接点的算法实现如下：

```
def NextAdjVertex(self,v,w):
#返回 v 的相对于 w 的下一个邻接顶点的序号
    v1=self.LocateVertex(v)          #v1 为顶点 v 在图中的序号
    w1=self.LocateVertex(w)          #w1 为顶点 w 在图 G 中的序号
    next=self.vertex[v1].firstarc
    while next!=None:
        if next.adjvex!=w1:
            next=next.nextarc
        else:
            break
    p=next   #p 指向顶点 v 的邻接顶点 w 的结点
    if p==None or p.nextarc==None: #如果 w 不存在或 w 是最后一个邻接点，则返回-1
        return -1
    else:
        return p.nextarc.adjvex     #返回 v 的相对于 w 的下一个邻接点的序号
```

图的非递归实现深度优先遍历的算法如下：

```
def DFSTraverse2(self,v,visited):
#图的非递归深度优先遍历
    stack=[]
    top=-1                                    #初始化栈
    for i in range(self.vexnum):              #将所有顶点都添加未访问标志
        visited.append(0)
    print(self.vertex[v].data,end=' ')        #访问顶点v并将访问标志置为1，表示已经访问
    visited[v]=1
    p=self.vertex[v].firstarc                 #p指向顶点v的第一个邻接点
    while top>-1 or p!=None:
        while p != None:
            if visited[p.adjvex] == 1:        #若p指向的顶点已经访问过，则p指向下一个邻接点
                p = p.nextarc
            else:
                print(self.vertex[p.adjvex].data,end=' ')        #访问p指向的顶点
                visited[p.adjvex]=1
                top+=1
                stack.append(p)               #保存p指向的顶点
                p = self.vertex[p.adjvex].firstarc    #p指向当前顶点的第一个邻接点
        if top>-1:
            p=stack.pop(-1)                   #如果当前顶点都已经被访问，则退栈
            top-=1
            p = p.nextarc                     #p指向下一个邻接点
```

【想一想】对于以上非递归算法实现深度优先遍历邻接表表示的图，若是非连通图，是否能对所有顶点进行遍历？

6.3.2　图的广度优先遍历

1. 图的广度优先遍历的定义

图的广度优先遍历与树的层次遍历类似。图的广度优先遍历的思想是：从图的某个顶点 v 出发，首先访问顶点 v，然后按照次序访问顶点 v 的未被访问的每一个邻接点，接着访问这些邻接点的邻接点，并保证执行先被访问的邻接点的邻接点先访问，后被访问的邻接点的邻接点后访问的顺序，依次访问邻接点的邻接点。按照这种思想，直到图的所有顶点都被访问，这样就完成了对图的广度优先遍历。

例如，图 G_6 的广度优先遍历的过程如图 6.19 所示。其中，箭头表示广度遍历的方向，图中的数字表示遍历的次序。

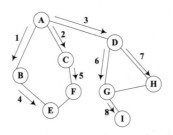

图 6.19　图 G_6 的广度优先遍历过程

图 G_6 的广度优先遍历的过程如下：

（1）首先访问顶点 A，顶点 A 的邻接点有 B、C、D，然后访问 A 的第一个邻接点 B。

（2）访问顶点 A 的第二个邻接点 C，再访问顶点 A 的第三个邻接点 D。

（3）顶点 B 邻接点只有顶点 E，因此访问顶点 E。

（4）顶点 C 的邻接点只有 F 且未被访问过，因此访问顶点 F。

（5）顶点 D 的邻接点有 G 和 H，且都未被访问过，因此先访问第一个顶点 G，然后访问第二个顶点 H。

（6）顶点 E 和 F 不存在未被访问的邻接点，顶点 G 的未被访问的邻接点有 I，因此访问顶点 I。至此，图 G_6 所有的顶点已经被访问完毕。

因此，图 G_6 的广度优先遍历的序列为：A、B、C、D、E、F、G、H、I。

2. 图的广度优先遍历的算法实现

在图的广度优先的遍历过程中，同样也需要一个列表 visited[MaxSize]指示顶点是否被访问过。图的广度优先遍历的算法实现思想：将图中的所有顶点对应的标志列表 visited[v_i]都初始化为 0，表示顶点未被访问。从第一个顶点 v_0 开始，访问该顶点且将标志列表置为 1。然后将 v_0 入队，当队列不为空时，将队头元素（顶点）出队，依次访问该顶点的所有邻接点，并将邻接点依次入队，同时将标志列表对应位置为 1 表示已经访问过。以此类推，直到图中的所有顶点都已经被访问过。

图的广度优先遍历的算法实现如下：

```python
def BFSTraverse(self):
#从第 1 个顶点出发，按广度优先非递归遍历图
    MaxSize=20
    visited=[]
    queue=[]                       #定义一个队列
    front=-1
    rear = -1                      #初始化队列
    for v in range(self.vexnum):   #初始化标志位
        visited.append(0)
    v=0
    visited[v]=1                   #设置访问标志为1，表示已经被访问过
    print(self.vertex[v].data,end=' ')
    rear=(rear+1) % MaxSize
    queue.append(v)                #v 入队列
    while front < rear:            #如果队列不空
        front = (front + 1) % MaxSize
        v=queue.pop(0)             #队头元素出队赋值给v
        p = self.vertex[v].firstarc
        while p != None:           #遍历序号为 v 的所有邻接点
            if visited[p.adjvex] == 0:       #如果该顶点未被访问过
                visited[p.adjvex]=1
                print(self.vertex[p.adjvex].data, end=' ')
```

```
                    rear = (rear + 1) % MaxSize
                    queue.append(p.adjvex)
            p = p.nextarc                              #p 指向下一个邻接点
```

假设图的顶点个数为 n，边数（弧）的数目为 e，则采用邻接表实现图的广度优先遍历的时间复杂度为 O(n+e)。图的深度优先遍历和广度优先遍历的结果并不是唯一的，这主要与图的存储结点的位置有关。

6.4 图的连通性问题

在 6.1 节已经介绍了连通图和强连通图概念，那么，如何判断一个图是否为连通图呢？怎样求一个连通图的连通分量呢？本节将讨论如何利用遍历算法求解图的连通性问题，并讨论最小代价生成树算法。

6.4.1 无向图的连通分量与生成树

在无向图的深度优先和广度优先遍历的过程中，对于连通图，从任何一个顶点出发，就可以遍历图中的每一个顶点。而对于非连通图，则需要从多个顶点出发对图进行遍历，每次从新顶点开始遍历得到的序列就是图的各个连通分量的顶点集合。图 6.3 所示的非连通图 G_3 的邻接表如图 6.20 所示。对图 G_3 进行深度优先遍历，因为图 G_3 是非连通图且有两个连通分量，所以需要从图的至少两个顶点（顶点 A 和顶点 F）出发，才能完成对图中的每个顶点的访问。对图 G_3 进行深度优先搜索遍历，得到的序列为：A、B、C、D、I、E 和 F、G、H。

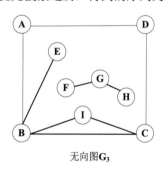

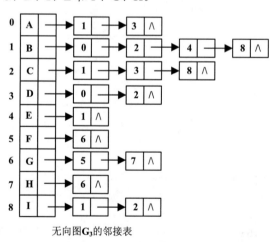

无向图 G_3 的邻接表

图 6.20 图 G_3 的邻接表

由图 6.20 可以看出，对非连通图进行深度或广度优先遍历，就可以分别得到连通分量的顶点序列。对于连通图，从某一个顶点出发，对图进行深度优先遍历，按照访问路径得到一棵生成树，称为深度优先生成树。从某一个顶点出发，对图进行广度优先遍历，得到的生成树称为广度优先生成树。图 6.21 所示就是对应图 G_6 的深度优先生成树和广度优先生成树。

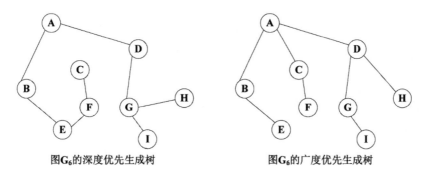

图 6.21　图 G_6 的深度优先生成树和广度优先生成树

对于非连通图而言，从某一个顶点出发，对图进行深度优先遍历或者广度优先遍历，按照访问路径会得到一系列的生成树，这些生成树在一起构成生成森林。对图 G_3 进行深度优先遍历构成的深度优先生成森林如图 6.22 所示。

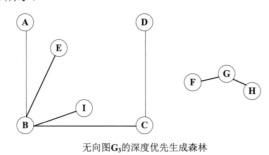

无向图 G_3 的深度优先生成森林

图 6.22　图 G_3 的深度优先生成森林

利用图的深度优先或广度优先遍历可以判断一个图是否是连通图。如果不止一次地调用遍历图，则说明该图是非连通的，否则该图是连通图。进一步，对图进行遍历还可以得到生成树。

6.4.2　最小生成树

最小生成树就是指在一个连通网的所有生成树中，其中所有边的代价之和最小的那棵生成树。代价在网中通过权值来表示，一个生成树的代价就是生成树各边的代价之和。最小生成树的研究意义，例如要在 n 个城市建立一个交通图，就是要在 n(n-1)/2 条线路中选择 n-1 条代价最小的线路，各个城市可以看成是图的顶点，城市的线路可以看作图的边。

最小生成树具有以下重要的性质：

假设一个连通网 N=(V,E)，V 是顶点的集合，E 是边的集合，V 有一个非空子集 U。如果(u,v)是一条具有最小权值的边，其中，u∈U、v∈V-U，那么一定存在一个最小生成树包含边(u,v)。

下面用反证法证明以上性质。

假设所有的最小生成树都不存在这样的一条边(u,v)。设 T 是连通网 N 中的一棵最小生成树，如果将边(u,v)加入到 T 中，根据生成树的定义，T 一定出现包含(u,v)的回路。另外 T 中一定存在一条边(u',v')的权值大于或等于(u,v)的权值，如果删除边(u',v')，则得到一棵代价小于或等于 T 的生成树 T'。T'是包含边(u,v)的最小生成树，这与假设矛盾。由此，性质得证。

最小生成树的构造算法有两个：Prim(普里姆)算法和 Kruskal（克鲁斯卡尔）算法。

1. Prim 算法

Prim 算法描述如下：

假设 N={V,E}是连通网，TE 是 N 的最小生成树边的集合。执行以下操作：

（1）初始时，令 U={u_0}(u_0∈V)、TE=Φ。

（2）对于所有的边 u∈U，v∈V–U 的边(u,v)∈E，将一条代价最小的边(u_0,v_0)放到集合 TE 中，同时将顶点 v_0 放进集合 U 中。

（3）重复执行步骤（2），直到 U=V 为止。

这时，边集合 TE 一定有 n-1 条边，T={V,TE}就是连通网 N 的最小生成树。

例如，图 6.23 所示就是利用 Prim 算法构造最小生成树的过程。

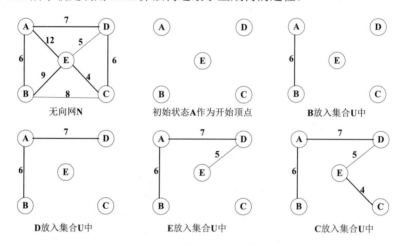

图 6.23　利用 Prim 算法构造最小生成树的过程

初始时，集合 U={A}，集合 V–U={B,C,D,E}，边集合为Φ。A∈U 且 U 中只有一个元素，将 A 从 U 中取出，比较顶点 A 与集合 V–U 中顶点构成的代价最小边，在(A,B)、(A,D)、(A,E)中，最小的边是(A,B)。将顶点 B 加入到集合 U 中，边(A,B)加入到 TE 中，因此有 U={A,B}、V–U={C,D,E}、TE=={(A,B)}。然后在集合 U 与集合 V–U 构成的所有边(A,E)、(A,D)、(B,E)、(B,C)中，其中最小边为(A,D)，故将顶点 D 加入到集合 U 中，边(A,D)加入到 TE 中，因此有 U={A,B,D}、V–U={C,E}、TE=={(A,B,D)}。以此类推，直到所有的顶点都加入到 U 中。

在算法实现时，需要设置一个列表 closeedge[MaxSize]，用来保存 U 到 V–U 最小代价的边。对于每个顶点 v∈V–U，在列表中存在一个分量 closeedge[v]，它包括两个域 adjvex 和 lowcost，其中，adjvex 域用来表示该边中属于 U 中的顶点，lowcost 域存储该边对应的权值。用公式描述如下：

```
closeedge[v].lowcost=Min({cost(u,v)|u∈U})
```

根据 Prim 算法构造最小生成树，其对应过程中各个参数的变化情况如表 6.1 所示。

表6.1 Prim算法各个参数的变化

closeedge[i] / i	0	1	2	3	4	U	V-U	k	(u_0,v_0)
adjvex	0	A	A	A	A	{A}	{B,C,D,E}	1	(A,B)
lowcost		6	∞	7	12				
adjvex	0	0	B	A	B	{A,B}	{C,D,E}	3	(A,D)
lowcost			8	7	9				
adjvex	0	0	D	0	D	{A,B,D}	{C,E}	4	(D,E)
lowcost			6		5				
adjvex	0	0	E	0	0	{A,B,D,E}	{C}	2	(E,C)
lowcost			4						
adjvex	0	0	0	0	0	{A,B,D,E,C}	{}		
lowcost									

Prim 算法描述如下:

```
class CloseEdge:
#记录从顶点集合 U 到 V-U 的代价最小的边的信息
    def __init__(self,adjvex,lowcost):
        self.adjvex=adjvex
        self.lowcost=lowcost


def Prim(self, u, closeedge): #利用普里姆算法求从第 u 个顶点出发构造网 G 的最小生成树
    k = self.LocateVertex(u) #k 为顶点 u 对应的序号
    for j in range(self.vexnum):#列表初始化
        close_edge=CloseEdge(u,self.arc[k][j])
        closeedge.append(close_edge)
    closeedge[k].lowcost=0 #初始时集合 U 只包括顶点 u
    print("最小代价生成树的各条边为:")
    for i in range(1,self.vexnum): #选择剩下的 G.vexnum-1 个顶点
        k=self.MiniNum(closeedge) #k 为与 U 中顶点相邻接的下一个顶点的序号
        print("(%s-%s)"%(closeedge[k].adjvex, self.vex[k])) # 输出生成树的边
        closeedge[k].lowcost=0 #第 k 顶点并入 U 集
        for j in range(self.vexnum):
            if self.arc[k][j] < closeedge[j].lowcost:#新顶点加入 U 集后重新将最小边
存入数组
                closeedge[j].adjvex=self.vex[k]
                closeedge[j].lowcost=self.arc[k][j]
```

Prim 算法中有两个嵌套的 for 循环,假设顶点的个数是 n,则第一层循环的频度为 $n-1$,第二层循环的频度为 n,因此该算法的时间复杂度为 $O(n^2)$。

【例 6.3】利用邻接矩阵创建一个图 6.23 所示的无向网 N,然后利用 Prim 算法求该无向网的最小生成树。

分析：主要考察 Prim 算法无向网的最小生成树算法。列表 closedge 有两个域：adjvex 域和 lowcost 域。其中，adjvex 域用来存放依附于集合 U 的顶点，lowcost 域用来存放列表下标对应的顶点到顶点（adjvex 中的值）的最小权值。因此，查找无向网 N 中的最小权值的边就是在列表 lowcost 中找到最小值，输出生成树的边后，要将新的顶点对应的列表值赋值为 0，即将新顶点加入到集合 U。以此类推，直到所有的顶点都加入到集合 U 中。

数组 closedge 中的 adjvex 域和 lowcost 域变化情况如图 6.24 所示。

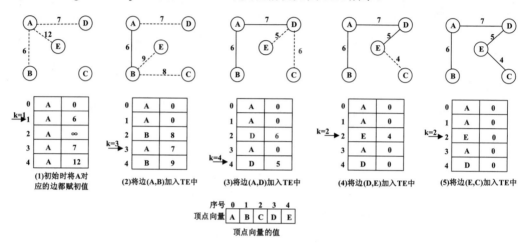

图 6.24 列表 closedge 值的变化情况

根据 Prim 算法思想，可根据给定的无向网构造最小生成树，其最小生成树算法实现见前面所述，求最小生成树的测试代码如下：

```python
def MiniNum(self, edge):
#将 lowcost 的最小值的序号返回
    i=0
    while edge[i].lowcost==0:      #忽略列表中为 0 的值
        i+=1
    min=edge[i].lowcost            #min 为第一个不为 0 的值
    k=i
    for j in range(i+1,self.vexnum):
        if edge[j].lowcost>0 and edge[j].lowcost<min: #将最小值对应的序号赋值给 k
            min=edge[j].lowcost
            k=j
    return k
if __name__ == '__main__':
    print("创建一个无向网 N：")
    N=MGraph()
    N.CreateGraph()
    print("输出网的顶点和弧：")
    N.DisplayGraph()
    closeedge=[]
    N.Prim("A",closeedge)

def CreateGraph(self):
```

```
    #采用邻接矩阵表示法创建有向网 N
        self.vexnum,self.arcnum=map(int,input("请输入无向网 N 的顶点数，弧数:
").split(' '))
        self.arc = [[0 for _ in range(self.vexnum)] for _ in range(self.vexnum)]
        print("请输入%d 个顶点的值(字符)"%self.vexnum,end=',')
        v=input("以空格分隔各个字符:").split(' ')
        for e in v:
            self.vex.append(e)
        for i in range(self.vexnum):          #初始化邻接矩阵
            for j in range(self.vexnum):
                self.arc[i][j]=float('inf')
        print("请输入%d 条弧的弧尾 弧头 权值(以空格作为间隔): "%self.arcnum)
        print("顶点 1 顶点 2 权值")
        for k in range(self.arcnum):
            v1,v2,w=map(str,input("").split(" ")) #输入两个顶点和弧的权值
            i=self.LocateVertex(v1)
            j=self.LocateVertex(v2)
            self.arc[i][j]=int(w)
            self.arc[j][i]=int(w)
```

程序运行结果如图 6.25 所示。

```
Run: 最小生成树prim
C:\ProgramData\Anaconda3\python.exe "D:/Python程序/数据结构/第6章 图
创建一个无向网N：
请输入无向网N的顶点数,弧数: 5 8
请输入5个顶点的值(字符),以空格分隔各个字符:A B C D E
请输入8条弧的弧尾 弧头 权值(以空格作为间隔):
顶点1 顶点2 权值
A B 6
A D 7
A E 12
B C 8
B E 9
C D 6
C E 4
D E 5
输出网的顶点和弧：
有向网具有5个顶点8条弧，顶点依次是:
A B C D E
```

```
有向网N的:
序号i=
   0    1    2    3    4
     0    ∞    6    ∞    7   12
     1    6    ∞    8    ∞    9
     2    ∞    8    ∞    6    4
     3    7    ∞    6    ∞    5
     4   12    9    4    5    ∞
最小代价生成树的各条边为:
(A-B)
(A-D)
(D-E)
(E-C)

Process finished with exit code 0
```

图 6.25　程序运行结果

2. Kruska（克鲁斯卡尔）算法

Kruskal 算法的基本思想是：假设 N={V,E} 是连通网，TE 是 N 的最小生成树边的集合。执行以下操作：

（1）初始时，最小生成树中只有 n 个顶点，这 n 个顶点分别属于不同的集合，而边的集合 TE=Φ。

（2）从连通网 N 中选择一个代价最小的边，如果边所依附的两个顶点在不同的集合中，将该边加入到最小生成树 TE 中，并将该边依附的两个顶点合并到同一个集合中。

（3）重复执行步骤（2），直到所有的顶点都属于同一个顶点集合为止。

例如，图 6.26 所示就是利用 Kruskal 算法构造最小生成树的过程。

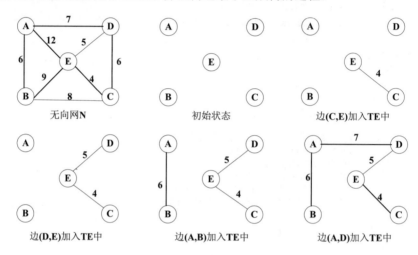

图 6.26　Kruskal 算法构造最小生成树的过程

初始时，边的集合 TE 为空集，顶点 A、B、C、D、E 分别属于不同的集合集合，假设 $U_1=\{A\}$、$U_2=\{B\}$、$U_3=\{C\}$、$U_4=\{D\}$、$U_5=\{E\}$。图中含有 8 条边，将这 8 条边按照权值从小到大排列，依次取出最小的边且依附于边的两个顶点属于不同的结合，则将该边加入到集合 TE 中，并将这两个顶点合并为一个集合，重复执行类似操作直到所有顶点都属于一个集合为止。

这 8 条边中，权值最小的是边(C,E)，其权值 cost(C,E)=4，并且 $C \in U_3$、$E \in U_5$、$U_3 \neq U_5$，因此，将边(C,E)加入到集合 TE 中，并将两个顶点集合合并为一个集合，TE={(C,E)}、$U_3=U_5=\{C,E\}$。在剩下的边的集合中，边(D,E)权值最小，其权值 cost(D,E)=5，并且 $D \in U_4$、$E \in U_3$、$U_3 \neq U_4$，因此，将边(D,E)加入到边的集合 TE 中并合并顶点集合，有 TE={(C,E),(D,E)}、$U_3=U_5=U_4=\{C,E,D\}$。然后继续从剩下的边的集合中选择权值最小的边，依次加入到 TE 中，合并顶点集合，直到所有的顶点都加入到顶点集合。

Kruskal 算法描述如下：

```python
def Kruskal(self):
    #Kruskal算法求最小生成树
    set=[]
    a=0
```

```
    b=0
    min=self.arc[a][b]
    k=0
    for i in range(self.vexnum):                 #初始时，各顶点分别属于不同的集合
        set.append(i)
    print("最小生成树的各条边为:")
    while k<self.vexnum-1: #查找所有最小权值的边
        for i in range(self.vexnum):             #在矩阵的上三角查找最小权值的边
            for j in range(i+1,self.vexnum):
                if self.arc[i][j]<min:
                    min=self.arc[i][j]
                    a=i
                    b=j
        self.arc[a][b]=float('inf')              #删除上三角中最小权值的边，下次不再查找
        min=self.arc[a][b]
        if set[a]!=set[b]:                       #如果边的两个顶点在不同的集合
            print("%s-%s"%(self.vex[a],self.vex[b]))     #输出最小权值的边
            k+=1
            for r in range(self.vexnum):
                if set[r]==set[b]:               #将顶点 b 所在集合并入顶点 a 集合中
                    set[r]=set[a]
```

6.5　有向无环图

有向无环图（Directed Acyclic Graph）是指一个无环的有向图，它用来描述工程或系统的进行过程。在有向无环图描述工程的过程中，将工程分为若干个活动，即子工程。这些子工程即活动之间，它们互相制约，例如，一些活动必须在另一些活动完成之后才能开始。整个工程涉及两个问题：一个是工程的顺序进行；另一个是整个工程的最短完成时间。其实这就是有向图的两个应用：拓扑排序和关键路径。

6.5.1　AOV 网与拓扑排序

由 AOV 网可以得到拓扑排序。在介绍拓扑排序之前，先来介绍一下 AOV 网。

1. AOV 网

在每一个工程过程中，可以将一项工程分为若干个子工程，这些子工程称为活动。如果用图中的顶点表示活动，以有向图的弧表示活动之间的优先关系，这样的有向图称为 AOV 网，即顶点表示活动的网。在 AOV 网中，如果从顶点 v_i 到顶点 v_j 之间存在一条路径，则顶点 v_i 是顶点 v_j 的前驱，顶点 v_j 为顶点 v_i 的后继。如果 $<v_i,v_j>$ 是有向网的一条弧，则称顶点 v_i 是顶点 v_j 的直接前驱，顶点 v_j 是顶点 v_i 的直接后继。

活动中的制约关系可以通过 AOV 网中的弧表示。例如，计算机科学与技术专业的学生必须修完一系列专业基础课程和专业课程才能毕业，学习这些课程的过程可以被看成是一项工程，每一门课程可以被看成是一个活动。计算机科学与技术专业的基本课程及先修课程的关系如表 6.2 所示。

表6.2 计算机科学与技术专业课程关系表

课程编号	课程名称	先修课程编号
C_1	程序设计语言	无
C_2	汇编语言	C_1
C_3	离散数学	C_1
C_4	数据结构	C_1,C_3
C_5	编译原理	C_2,C_4
C_6	高等数学	无
C_7	大学物理	C_6
C_8	数字电路	C_7
C_9	计算机组成结构	C_8
C_{10}	操作系统	C_9

在这些课程中，《高等数学》是基础课，它独立于其他课程。在修完《程序设计语言》和《离散数学》后，才能学习《数据结构》。这些课程构成的有向无环图如图 6.27 所示。

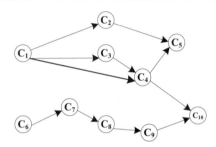

图 6.27 表示课程之间优先关系的有向无环图

在 AOV 网中，不允许出现环，如果出现环就表示某个活动是自己的先决条件。因此，需要对 AOV 网判断是否存在环，可以利用有向图的拓扑排序进行判断。

2. 拓扑排序

拓扑排序就是将 AOV 网中的所有顶点排列成一个线性序列，并且序列满足以下条件：在 AOV 网网中，如果从顶点 v_i 到 v_j 存在一条路径，则在该线性序列中，顶点 v_i 一定出现在顶点 v_j 之前。因此，拓扑排序的过程就是将 AOV 网排成线性序列的操作。AOV 网表示一个工程图，而拓扑排序则是将 AOV 网中的各个活动组成一个可行的实施方案。

对 AOV 网进行拓扑排序的方法如下：

（1）在 AOV 网中任意选择一个没有前驱的顶点即顶点入度为零，将该顶点输出。

（2）从 AOV 网中删除该顶点，以及从该顶点出发的弧。

（3）重复执行步骤（1）和步骤（2），直到 AOV 网中所有顶点都已经被输出，或者 AOV 网中不存在无前驱的顶点为止。

按照以上步骤，图 6.27 所示的 AOV 网的拓扑序列为：

$(C_1,C_2,C_3,C_4,C_5,C_6,C_7,C_8,C_9,C_{10})$或$(C_6,C_7,C_8,C_9,C_1,C_2,C_3,C_4,C_5,C_{10})$

图 6.28 所示是 AOV 网的拓扑序列的构造过程，其拓扑序列为：V_1、V_2、V_3、V_5、V_4、V_6。

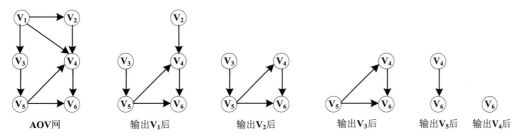

图 6.28　AOV 网构造拓扑序列的过程

在对 AOV 网进行拓扑排序结束后，可能会出现两种情况：一种是 AOV 网中的顶点全部输出，表示网中不存在回路；另一种是 AOV 网中还存在没有输出的顶点，未输出顶点的入度都不为零，表示网中存在回路。

采用邻接表存储结构的 AOV 网的拓扑排序的算法实现：遍历邻接表，将各个顶点的入度保存在列表 indegree 中。将入度为零的顶点入栈，依次将栈顶元素出栈并输出该顶点，对该顶点的邻接顶点的入度减 1，如果邻接顶点的入度为零，则入栈，否则，将下一个邻接顶点的入度减 1 并进行相同的处理。然后继续将栈中元素出栈，重复执行以上操作，直到栈空为止。

AOV 网的拓扑排序算法如下：

```
def TopologicalOrder(self):
    #采用邻接表存储结构的有向网 N 的拓扑排序
    #如果 N 无回路，则用栈 T 返回 N 的一个拓扑序列，并返回 1，否则返回 0
    count=0
    indegree=[]                            #列表 indegree 存储各顶点的入度
    #将图中各顶点的入度保存在列表 indegree 中
    for i in range(self.vexnum):           #将列表 indegree 赋初值
        indegree.append(0)
    for i in range(self.vexnum):
        p=self.vertex[i].firstarc
        while p != None:
            k = p.adjvex
            indegree[k] +=1
            p = p.nextarc
    S=Stack()                              #创建栈 S
    print("拓扑序列：")
    for i in range(self.vexnum):
        if indegree[i]==0:                 #将入度为零的顶点入栈
            S.PushStack(i)
    while S.StackEmpty()==False:           #如果栈 S 不为空
        i=S.PopStack()                     #从栈 S 将已拓扑排序的顶点 i 弹出
        print("%s "%self.vertex[i].data,end='')
        count +=1                          #对入栈 T 的顶点计数
        p=self.vertex[i].firstarc
        while p:                           #处理编号为 i 的顶点的每个邻接点
            k=p.adjvex                     #顶点序号为 k
            indegree[k]-=1
```

```
            if indegree[k] == 0:        #如果 k 的入度减 1 后变为 0，则将 k 入栈 S
                S.PushStack(k)
            p = p.nextarc
    if count < self.vexnum:
        print("该有向网有回路")
        return 0
    else:
        return 1
```

在拓扑排序的实现过程中，入度为零的顶点入栈的时间复杂度为 O(n)，有向图的顶点进栈、出栈操作及 while 循环语句的执行次数是 e 次，因此，拓扑排序的时间复杂度为 O(n+e)。

6.5.2　AOE 网与关键路径

AOE 网是以边表示活动的有向无环网。AOE 网在工程计划和工程管理中有广泛的应用，在 AOE 网中，具有最大路径长度的路径称为关键路径，关键路径表示了完成工程的最短工期。

1. AOE 网

AOE 网是一个带权的有向无环图。其中，用顶点表示事件，弧表示活动，权值表示两个活动持续的时间。AOE 网是以边表示活动的网（Activity On Edge Network）。

AOV 网描述了活动之间的优先关系，可以认为是一个定性的研究，但是有时候还需要定量地研究工程的进度，如整个工程的最短完成时间、各个子工程影响整个工程的程度、每个子工程的最短完成时间和最长完成时间。在 AOE 网中，通过研究事件与活动之间的关系，从而可以确定整个工程的最短完成时间，明确活动之间的相互影响，确保整个工程的顺利进行。

在用 AOE 网表示一个工程计划时，用顶点表示各个事件，弧表示子工程的活动，权值表示子工程的活动需要的时间。在顶点表示事件发生之后，从该顶点出发的有向弧所表示的活动才能开始。在进入某个顶点的有向弧所表示的活动完成之后，该顶点表示的事件才能发生。

图 6.29 所示是一个具有 10 个活动、8 个事件的 AOE 网。v_1、v_2、…、v_8 表示 8 个事件，$<v_1,v_2>$、$<v_1,v_3>$、…、$<v_7,v_8>$ 表示 10 个活动，a_1、a_2、…、a_{10} 表示活动的执行时间。进入顶点的有向弧表示的活动已经完成，从顶点出发的有向弧表示的活动可以开始。顶点 v_1 表示整个工程的开始，v_8 表示整个工程的结束。顶点 v_5 表示活动 a_4、a_5、a_6 已经完成，活动 a_7 和 a_8 可以开始。其中，完成活动 a_5 和活动 a_6 分别需要 5 天和 6 天。

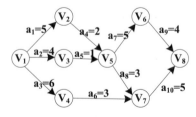

图 6.29　一个 AOE 网

对于一个工程来说，只有一个开始状态和一个结束状态，因此，在 AOE 网中，只有一个入度为零的点表示工程的开始，称为源点；只有一个出度为零的点表示工程的结束，称为汇点。

2. 关键路径

关键路径是指在 AOE 网中从源点到汇点最长的路径。这里的路径长度是指路径上各个活动持续时间之和。在 AOE 网中，有些活动是可以并行执行的。关键路径其实就是完成工程的最短时间所经过的路径，关键路径上的活动称为关键活动。

下面是与关键路径有关的几个概念。

（1）事件 v_i 的最早发生时间：从源点到顶点 v_i 的最长路径长度，称为事件 v_i 的最早发生时间，记作 ve(i)。求解 ve(i) 可以从源点 ve(0)=0 开始，按照拓扑排序规则根据递推得到：

```
ve(i)=Max{ve(k)+dut(<k,i>)|<k,i>∈T,1≤i≤n-1}
```

其中，T 是所有以第 i 个顶点为弧头的弧的集合，dut(<k,i>) 表示弧<k,i>对应的活动的持续时间。

（2）事件 v_i 的最晚发生时间：在保证整个工程完成的前提下，活动必须最迟的开始时间，记作 vl(i)。在求解事件 v_i 的最早发生时间 ve(i) 的前提 vl(n-1)=ve(n-1)下，从汇点开始，向源点推进得到 vl(i)：

```
vl(i)=Min{vl(k)-dut(<i,k>)|<i,k>∈S,0≤i≤n-2}
```

其中，S 是所有以第 i 个顶点为弧尾的弧的集合，dut(<i,k>) 表示弧<i,k>对应的活动的持续时间。

（3）活动 a_i 的最早开始时间 e(i)：如果弧<v_k,v_j>表示活动 a_i，当事件 v_k 发生之后，活动 a_i 才开始。因此，事件 v_k 的最早发生时间也就是活动 a_i 的最早开始时间，即 e(i)=ve(k)。

（4）活动 a_i 的最晚开始时间 l(i)：在不推迟整个工程完成时间的基础上，活动 a_i 最迟必须开始的时间。如果弧<v_k,v_j>表示活动 a_i，持续时间为 dut(<k,j>)，则活动 a_i 的最晚开始时间 l(i)=vl(j)-dut(<k,j>)。

（5）活动 a_i 的松弛时间：活动 a_i 的最晚开始时间与最早开始时间之差就是活动 a_i 的松弛时间，记作 l(i)-e(i)。

在图 6.29 所示的 AOE 网中，从源点 v_1 到汇点 v_8 的关键路径是(v_1,v_2,v_5,v_6,v_8)，路径长度为 16，也就是说 v_8 的最早发生时间为 16。活动 a_7 的最早开始时间是 7，最晚开始时间也是 7。活动 a_8 的最早开始时间是 7，最晚开始时间是 8，如果 a_8 推迟 1 天开始，不会影响到整个工程的进度。

当 e(i)=l(i)时，对应的活动 a_i 称为关键活动。在关键路径上的所有活动都称为关键活动，非关键活动提前完成或推迟完成并不会影响到整个工程的进度。例如，活动 a_8 是非关键活动，a_7 是关键活动。

求 AOE 网的关键路径的算法如下：

（1）对 AOE 网中的顶点进行拓扑排序，如果得到的拓扑序列顶点个数小于网中顶点数，则说明网中有环存在，不能求关键路径，终止算法；否则，从源点 v0 开始，求出各个顶点的最早发生时间 ve(i)。

（2）从汇点 v_n 出发 vl(n-1)=ve(n-1)，按照逆拓扑序列求其他顶点的最晚发生时间 vl(i)。

（3）由各顶点的最早发生时间 ve(i) 和最晚发生时间 vl(i)，求出每个活动 ai 的最早开始时间 e(i) 和最晚开始时间 l(i)。

（4）找出所有满足条件 e(i)=l(i)的活动 a_i，a_i 即关键活动。

利用求 AOE 网的关键路径的算法，图 6.29 所示的网中顶点对应事件最早发生时间 ve、最晚发生时间 vl 以及弧对应活动最早发生时间 e、最晚发生时间如图 6.30 所示。

顶点	ve	vl	活动	e	l	l-e
v_1	0	0	a_1	0	0	0
v_2	5	5	a_2	0	2	2
v_3	4	6	a_3	0	2	2
v_4	6	8	a_4	5	5	0
v_5	7	7	a_5	4	6	2
v_6	12	12	a_6	6	8	2
v_7	10	11	a_7	7	7	0
v_8	16	16	a_8	7	8	1
			a_9	12	12	0
			a_{10}	10	11	1

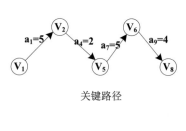

关键路径

图 6.30　AOE 网顶点发生时间与活动的开始时间

显然，网的关键路径是 (v_1,v_2,v_5,v_6,v_8)，关键活动是 a_1、a_4、a_7 和 a_9。

关键路径经过的顶点是满足条件 ve(i)==vl(i)，即当事件的最早发生时间与最晚发生时间相等时，该顶点一定在关键路径之上。同样，关键活动者的弧满足条件 e(i)=l(i)，即当活动的最早开始时间与最晚开始时间相等时，该活动一定是关键活动。因此，要求关键路径，需要首先求出网中每个顶点的对应事件的最早开始时间，然后再推出事件的最晚开始时间和活动的最早、最晚开始时间，最后再判断顶点是否在关键路径之上，得到网的关键路径。

要得到每一个顶点的最早开始时间，首先要将网中的顶点进行拓扑排序。在对顶点进行拓扑排序过程中，同时计算顶点的最早发生时间 ve(i)。从源点开始，由与源点相关联的弧的权值，可以得到该弧相关联顶点对应事件的最早发生时间。同时定义一个栈 T，保存顶点的逆拓扑序列。拓扑排序和求 ve(i) 的算法实现如下：

```python
def TopologicalOrder(self):
    #采用邻接表存储结构的有向网 N 的拓扑排序，并求各顶点对应事件的最早发生时间 ve
    #如果 N 无回路，则用栈 T 返回 N 的一个拓扑序列，并返回 1，否则返回 0
    count=0
    ve = [0 for i in range(self.vexnum)]
    indegree=[]                              #列表 indegree 存储各顶点的入度
    #将图中各顶点的入度保存在列表 indegree 中
    for i in range(self.vexnum):        #将列表 indegree 赋初值
        indegree.append(0)
    for i in range(self.vexnum):
        p=self.vertex[i].firstarc
        while p != None:
            k = p.adjvex
            indegree[k] +=1
            p = p.nextarc
    S=Stack()                                #创建栈 S
    print("拓扑序列：")
    for i in range(self.vexnum):
```

```
    if indegree[i]==0:                          #将入度为零的顶点入栈
        S.PushStack(i)
    T=Stack()                                   #创建拓扑序列顶点栈
    for i in range(self.vexnum):                # 初始化 ve
        ve[i]=0
    while S.StackEmpty()==False:                #如果栈 S 不为空
        i=S.PopStack()                          #从栈 S 将已拓扑排序的顶点 i 弹出
        print("%s "%self.vertex[i].data,end='')
        T.PushStack(i)                          #i 号顶点入逆拓扑排序栈 T
        count +=1                               #对入栈 T 的顶点计数

        p=self.vertex[i].firstarc
        while p:                                #处理编号为 i 的顶点的每个邻接点
            k=p.adjvex                          #顶点序号为 k
            indegree[k]-=1
            if indegree[k] == 0:                #如果 k 的入度减 1 后变为 0，则将 k 入栈 S
                S.PushStack(k)
            if ve[i]+ p.info > ve[k]:           #计算顶点 k 对应的事件的最早发生时间
                ve[k]=ve[i]+ p.info
            p = p.nextarc
    if count < self.vexnum:
        print("该有向网有回路")
        return 0,T,ve
    else:
        return 1,T,ve
```

在上面的算法中，语句 if(ve[i]+*(p->info)>ve[k])　ve[k]=ve[i]+*(p->info)就是求顶点 k 的对应事件的最早发生时间，其中域 info 保存的是对应弧的权值，在这里将图的邻接表类型定义做了简单的修改。

在求出事件的最早发生时间之后，按照逆拓扑序列就可以推出事件的最晚发生时间、活动的最早开始时间和最晚开始时间。在求出所有的参数之后，如果 ve(i)==vl(i)，则输出关键路径经过的顶点。如果 e(i)=l(i)，则将与对应弧关联的两个顶点存入列表 e1[]和 e2[]，用来输出关键活动。

关键路径算法实现如下：

```
def CriticalPath(self):
#输出有向网 N 的关键路径
    vl=[0 for i in range(self.vexnum)]          #事件最晚发生时间
    e1=[0 for i in range(self.arcnum)]
    e2=[0 for i in range(self.arcnum)]
    flag,T,ve=self.TopologicalOrder()
    if flag==0:                                 #如果有环存在，则返回 0
        return 0
    value = ve[0]
    for i in range(1,self.vexnum):
        if ve[i] > value:
            value = ve[i]                       #value 为事件的最早发生时间的最大值
    for i in range(self.vexnum):                #将顶点事件的最晚发生时间初始化
        vl[i]=value
```

```
        while T.StackEmpty()==False:              #按逆拓扑排序求各顶点的 vl 值
            j=T.PopStack()                        #弹出栈 T 的元素，赋给 j
            p=self.vertex[j].firstarc             #p 指向 j 的后继事件 k
            while p!=None:
                k=p.adjvex
                dut = p.info                      #dut 为弧 < j, k > 的权值
                if vl[k] - dut < vl[j]:           #计算事件 j 的最迟发生时间
                    vl[j] = vl[k] - dut
                p=p.nextarc
        print("\n 事件的最早发生时间和最晚发生时间\ni ve[i] vl[i]")
        for i in range(self.vexnum):        #输出顶点对应的事件的最早发生时间和最晚发生时间
            print("%d  %d    %d"%(i, ve[i], vl[i]))
        print("关键路径为：(",end='')
        for i in range(self.vexnum):              #输出关键路径经过的顶点
            if ve[i] == vl[i]:
                print("%s "%self.vertex[i].data,end='')
        print(")")
        count = 0
        print("活动最早开始时间和最晚开始时间\n   弧   e   l   l-e")
        for j in range(self.vexnum):              #求活动的最早开始时间 e 和最晚开始时间 l
            p=self.vertex[j].firstarc
            while p:
                k = p.adjvex
                dut = p.info                      #dut 为弧 < j, k > 的权值
                e = ve[j]                         #e 就是活动 < j, k > 的最早开始时间
                l = vl[k] - dut                   #l 就是活动 < j, k > 的最晚开始时间
                print("%s→%s %3d %3d %3d"%(self.vertex[j].data,self.vertex[k].data,
e, l, l - e))
                if e == l:                        #将关键活动保存在列表中
                    e1[count]=j
                    e2[count]=k
                    count+=1
                p=p.nextarc
        print("关键活动为：")
        for k in range(count):                    #输出关键路径
            i = e1[k]
            j= e2[k]
            print("(%s→%s) "%(self.vertex[i].data, self.vertex[j].data),end='')
        print()
        return 1
```

在以上两个算法中，其求解事件的最早发生时间和最晚发生时间为 O(n+e)。如果网中存在多个关键路径，则需要同时改进所有的关键路径才能提高整个工程的进度。

程序运行结果如图 6.31 所示。

```
Run:  关键路径 ×
  C:\ProgramData\Anaconda3\python.exe "D:/Python程序/数据结构/
  创建一个有向网N：
  请输入有向网N的顶点数,弧数(以空格分隔)：8 10
  请输入8个顶点的值：v1 v2 v3 v4 v5 v6 v7 v8
  请输入弧尾 弧头 权值(以空格分隔)：
  v1 v2 5
  v1 v3 4
  v1 v4 6
  v2 v5 2
  v3 v5 1
  v4 v7 3
  v5 v7 3
  v5 v6 5
  v6 v8 4
  v7 v8 5
  拓扑序列：
  v1 v2 v3 v5 v6 v4 v7 v8
```

```
  事件的最早发生时间和最晚发生时间
  i ve[i] vl[i]
  0  0    0
  1  5    5
  2  4    6
  3  6    8
  4  7    7
  5  12   12
  6  10   11
  7  16   16
  关键路径为：(v1 v2 v5 v6 v8 )
```

```
  活动最早开始时间和最晚开始时间
     弧    e   l   l-e
  v1→v4   0   2   2
  v1→v3   0   2   2
  v1→v2   0   0   0
  v2→v5   5   5   0
  v3→v5   4   6   2
  v4→v7   6   8   2
  v5→v6   7   7   0
  v5→v7   7   8   1
  v6→v8   12  12  0
  v7→v8   10  11  1
  关键活动为：
  (v1→v2) (v2→v5) (v5→v6) (v6→v8)

  Process finished with exit code 0
```

图 6.31 程序运行结果

思政元素：求解拓扑排序、关键路径告诉我们在日常生活中，要根据各种事情的轻重缓急，合理安排好做事情的优先顺序，只有这样，才能提高工作效率。在学习和工作过程中，当遇到多件事情需要处理时，养成合理管理时间、科学合理规划工作安排的良好习惯，既保证工作任务的按计划完成，又提高工作效率。

6.6 最短路径

在日常生活中，经常会遇到求两个地点之间的最短距离的问题，如在交通网络中求城市 A 与城市 B 的最短路径。可以将每个城市作为图的顶点，两个城市的线路作为图的弧或者边，城市之间的距离作为权值，这样就把一个实际的问题转化为求图的顶点之间的最短路径问题。求图的最短路径算法有两种：Dijkstra（迪杰斯特拉）算法和 Floyd（弗洛伊德）算法。其中，Dijkstra 算法求解的是图中某一顶点到其余各顶点的最短路径问题，即单源最短路径问题；Floyd 算法求解的是图中任何一对顶点的最短路径问题，即多源最短路径问题。

6.6.1 从某个顶点到其余各顶点的最短路径

1. 从某个顶点到其他顶点的最短路径算法思想

假设从有向图的顶点 v_0 出发到其余各个顶点的最短路径。带权有向图 G_7 及从 v_0 出发到其他各个顶点的最短路径如图 6.32 所示。

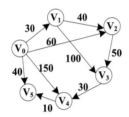

始点	终点	最短路径	路径长度
V_0	V_1	(V_0,V_1)	30
V_0	V_2	(V_0,V_2)	60
V_0	V_3	(V_0,V_2,V_3)	110
V_0	V_4	(V_0,V_2,V_3,V_4)	140
V_0	V_5	(V_0,V_5)	40

图 6.32　图 G_7 从顶点 v_0 到其他各个顶点的最短路径

从图 6.32 中可以看出，从顶点 v_0 到顶点 v_2 有两条路径：(v_0,v_1,v_2) 和 (v_0,v_2)。其中，前者的路径长度为 70，后者的路径长度为 60。因此，(v_0,v_2) 是从顶点 v_0 到顶点 v_2 的最短路径。从顶点 v_0 到顶点 v_3 有 3 条路径：(v_0,v_1,v_2,v_3)、(v_0,v_2,v_3) 和 (v_0,v_1,v_3)。其中，第 1 条路径长度为 120，第 2 条路径长度为 110，第 3 条路径长度为 130。因此，(v_0,v_2,v_3) 是从顶点 v_0 到顶点 v_3 的最短路径。

下面介绍由迪杰斯特拉（Dijkstra）提出的求最短路径算法。它的基本思想是根据路径长度递增求解从顶点 v_0 到其他各顶点的最短路径。

设有一个带权有向图 D=(V,E)，定义一个列表 dist，列表中的每个元素 dist[i] 表示顶点 v_0 到顶点 v_i 的最短路径长度，则长度为 dist[j]=Min{dist[i]|v_i∈V} 的路径，表示从顶点 v_0 出发到顶点 v_j 的最短路径。也就是说，在所有的顶点 v_0 到顶点 v_j 的路径中，dist[j] 是最短的一条路径。而列表 dist 的初始状态是：如果从顶点 v_0 到顶点 v_i 存在弧，则 dist[i] 是弧<v_0,v_j>的权值，否则 dist[j] 的值为∞。

假设 S 表示求出的最短路径对应终点的集合。在按递增次序已经求出从顶点 v_0 出发到顶点 v_j 的最短路径之后，那么下一条最短路径，即从顶点 v_0 到顶点 v_k 的最短路径或者是弧<v_0,v_k>，或者是经过集合 S 中某个顶点然后到达顶点 v_k 的路径。从顶点 v_0 出发到顶点 v_k 的最短路径长度或者是弧<v_0,v_k>的权值，或者是 dist[j] 与 v_j 到 v_k 的权值之和。

求最短路径长度满足：终点为 v_x 的最短路径或者是弧<v_0,v_x>，或者是中间经过集合 S 中某个顶点然后到达顶点 v_x 的所经过的路径。下面用反证法证明此结论。假设该最短路径有一个顶点 v_z∈V-S

即 $v_z \notin S$，则最短路径为$(v_0,...,v_z,...,v_x)$，但是，这种情况是不可能出现的。因为最短路径是按照路径长度的递增顺序产生的，所以长度更短的路径已经出现，其终点一定在集合 S 中。因此假设不成立，结论得证。

例如，从图 6.32 可以看出，(v_0,v_2)是从 v_0 到 v_2 的最短路径，(v_0,v_2,v_3)是从 v_0 到 v_3 的最短路径，经过了顶点 v_2；(v_0,v_2,v_3,v_4)是从 v_0 到 v_4 的最短路径，经过了顶点 v_3。

在一般情况下，下一条最短路径的长度一定是：

```
dist[j]=Min{dist[i]|vi∈V-S}
```

其中，dist[i]或者是弧$<v_0,v_i>$的权值，或者是dist[k]$(v_k \in S)$与弧$<v_k,v_i>$的权值之和。V-S 表示还没有求出的最短路径的终点集合。

迪杰斯特拉算法求解最短路径步骤如下（假设有向图用邻接矩阵存储）：

（1）初始时，S 只包括源点 v_0，即 S={v_0}，V-S 包括除 v_0 以外的图中的其他顶点。v_0 到其他顶点的路径初始化为 dist[i]=G.arc[0][i].adj。

（2）选择距离顶点 v_i 最短的顶点 v_k，使得 dist[k]=Min{dist[i]|$v_i \in V-S$}，dist[k]表示从 v_0 到 v_k 最短路径长度，v_k 表示对应的终点，将 v_k 加入到 S 中。

（3）修改从 v_0 到顶点 v_i 的最短路径长度，其中 $v_i \in V-S$。如果有 dist[k]+G.arc[k][i]<dist[i]，则修改 dist[i]，使得 dist[i]=dist[k]+G.arc[k][i].adj。

（4）重复执行步骤（2）和步骤（3），直到所有从 v_0 到其他顶点的最短路径长度求出。

利用以上迪杰斯特拉算法求最短路径的思想，对图 6.32 所示的图 G_7 求解从顶点 v_0 到其他顶点的最短路径，求解过程如图 6.33 所示。

$$G_7 = \begin{bmatrix} \infty & 30 & 60 & \infty & 150 & 40 \\ \infty & \infty & 40 & 100 & \infty & \infty \\ \infty & \infty & \infty & 50 & \infty & \infty \\ \infty & \infty & \infty & \infty & 30 & \infty \\ \infty & \infty & \infty & \infty & \infty & 10 \\ \infty & \infty & \infty & \infty & \infty & \infty \end{bmatrix}$$

终点	路径长度和路径数组	从顶点v_0到其他各顶点的最短路径的求解过程				
		i=1	i=2	i=3	i=4	i=5
v_1	dist	30				
	path	(v_0,v_1)				
v_2	dist	60	60	**60**		
	path	(v_0,v_2)	(v_0,v_2)	(v_0,v_2)		
v_3	dist	∞	130	130	**110**	
	path	-1	(v_0,v_1,v_3)	(v_0,v_1,v_3)	(v_0,v_2,v_3)	
v_4	dist	150	150	150	150	**140**
	path	(v_0,v_4)	(v_0,v_4)	(v_0,v_4)	(v_0,v_4)	(v_0,v_2,v_3,v_4)
v_5	dist	40	**40**			
	path	(v_0,v_5)	(v_0,v_5)			
最短路径终点		v_1	v_5	v_2	v_3	v_4
集合S		{v_0,v_1}	{v_0,v_1,v_5}	{v_0,v_1,v_5,v_2}	{v_0,v_1,v_5,v_2,v_3}	{v_0,v_1,v_5,v_2,v_3,v_4}

图 6.33　带权图 G_7 的从顶点 v_0 到其他各顶点的最短路径求解过程

根据迪杰斯特拉算法，求图 G_7 的最短路径过程中列表 dist[]和 path[]变化情况如图 6.34 所示。

（1）初始化：S={v_0}、V-S={v_1,v_2,v_3,v_4,v_5}、dist[]=[0,30,60,∞,150,40]（根据邻接矩阵得到 v_0 到其他各顶点的权值）、path[]=[0,0,0,-1,0,0]（若顶点 v_0 到顶点 v_i 有边$<v_0,v_i>$存在，则它就是从 v_0 到 v_i 的当前最短路径，令 path[i]=0，表示该最短路径上顶点 v_i 的前一个顶点是 v_0；若 v_0 到 v_i 没有路

径，则令 path[i]=-1）。

S	V-S	dist	path
$\{v_0\}$	$\{v_1\ v_2\ v_3\ v_4\ v_5\}$	$[0, 30, 60, \infty, 150, 40]$	$[0, 0, 0, -1, 0, 0]$
$\{v_0\ \mathbf{v_1}\}$	$\{v_2\ v_3\ v_4\ v_5\}$	$[0, 30, 60, 130, 150, 40]$	$[0, 0, 0, 1, 0, 0]$
$\{v_0\ v_1\ \mathbf{v_5}\}$	$\{v_2\ v_3\ v_4\}$	$[0, 30, 60, 130, 150, 40]$	$[0, 0, 0, 1, 0, 0]$
$\{v_0\ v_1\ v_5\ \mathbf{v_2}\}$	$\{v_3\ v_4\}$	$[0, 30, 60, 110, 150, 40]$	$[0, 0, 0, 2, 0, 0]$
$\{v_0\ v_1\ v_5\ v_2\ \mathbf{v_3}\}$	$\{v_4\}$	$[0, 30, 60, 110, 140, 40]$	$[0, 0, 0, 2, 3, 0]$
$\{v_0\ v_1\ v_5\ v_2\ v_3\ \mathbf{v_4}\}$	$\{\ \}$	$[0, 30, 60, 110, 140, 40]$	$[0, 0, 0, 2, 3, 0]$

图 6.34　求最短路径各变量的状态变化过程

（2）从 V-S 集合中找到一个顶点，该顶点与 S 集合中的顶点构成的路径最短，即 dist[]列表中值最小的顶点为 v_1，将其添加到 S 中，则 S=$\{v_0,\mathbf{v_1}\}$、V-S=$\{v_2,v_3,v_4,v_5\}$。考察顶点 v_1，发现从 v_1 到 v_2 和 v_3 存在有边，则得到：

```
dist[2]=min{dist[2],dist[1]+40}=60
dist[3]=min{dist[3],dist[1]+100}=130（修改）
```

则 dist[]=[0,30,60,**130**,150,40]，同时修改 v_1 到 v_3 路径上的前驱顶点，path[]=[0,0,0,**1**,0,0]。

（3）从 V-S 中找到一个顶点 v_5，它与 S 中顶点构成的路径最短，即 dist[]列表中值最小的顶点，将其添加到 S 中，则 S=$\{v_0,v_1,\mathbf{v_5}\}$、V-S=$\{v_2,v_3,v_4\}$。考察顶点 v_5，发现 v_5 与其他顶点不存在边，则 dist[]和 path[]保持不变。

（4）从 V-S 中找到一个顶点 v_2，它与 S 中顶点构成的路径最短，即 dist[]列表中值最小的顶点，将其加入到 S 中，则 S=$\{v_0,v_1,v_5,\mathbf{v_2}\}$、V-S=$\{v_3,v_4\}$。考察顶点 v_2，从 v_2 到 v_3 存在边，则得到：

```
dist[3]=min{dist[3],dist[2]+50}=110（修改）
```

则 dist[]=[0,30,60,**110**,150,40]，同时修改 v_1 到 v_3 路径上的前驱顶点，path[]=[0,0,0,**2**,0,0]。

（5）从 V-S 中找到一个顶点 v_3，它与 S 中顶点构成的路径最短，即 dist[]列表中值最小的顶点，将其加入到 S 中，则 S=$\{v_0,v_1,v_5,v_2,\mathbf{v_3}\}$、V-S=$\{v_4\}$。考察顶点 v_3，从 v_3 到 v_4 存在边，则得到：

```
dist[4]=min{dist[4],dist[3]+30}=140（修改）
```

则 dist[]=[0,30,60,110,**140**,40]，同时修改 v_1 到 v_4 路径上的前驱顶点，path[]=[0,0,0,2,**3**,0]。

（6）从 V-S 中找到与 S 中顶点构成的路径最短的顶点 v_4，即 dist[]列表中值最小的顶点，将其加入到 S 中，则 S=$\{v_0,v_1,v_5,v_2,v_3,v_4\}$、V-S=$\{\ \}$。考察顶点 v_4，从 v_4 到 v_5 存在边，则得到：

```
dist[5]=min{dist[5],dist[4]+10}=40
```

则 dist[]和 path[]保持不变，即 dist[]=[0,30,60,110,140,40]、path[]=[0,0,0,2,3,0]。

根据 dist[]和 path[]中的值输出从 v_0 到其他各顶点的最短路径。例如，从 v_0 到 v_4 的最短路径可根据 path[]获得：由 path[4]=3 得到 v_4 的前驱顶点为 v_3，由 path[3]=2 得到 v_3 的前驱顶点为 v_2，由 path[2]=0 得到 v_2 的前驱顶点为 v_0，因此反推出从 v_0 到 v_4 的最短路径为 $v_0 \rightarrow v_2 \rightarrow v_3 \rightarrow v_4$，最短路径长

度为 dist[4]，即 140。

2. 从某个顶点到其他顶点的最短路径算法实现

求解最短路径的迪杰斯特拉算法描述如下：

```python
def Dijkstra(self, v0, path, dist, final):
#用 Dijkstra 算法求有向网 N 的 v0 顶点到其余各顶点 v 的最短路径 path[v] 及带权长度 dist[v]
#final[v] 为 1 表示 v∈S，即已经求出从 v0 到 v 的最短路径
    for v in range(self.vexnum): #列表 dist[] 存储 v0 到 v 的最短距离，初始化为 v0 到 v 的
弧的距离
        final.append(0)
        dist.append(self.arc[v0][v])          #记录与 v0 有连接的顶点的权值
        if self.arc[v0][v]<float('inf'):
            path.append(v0)
        else:
            path.append(-1)                   #初始化路径列表 path[] 为-1
    dist[v0]=0                                 #v0 到 v0 的路径为 0
    final[v0]=1                                #v0 顶点并入集合 S
    path[v0]=v0
    #从 v0 到其余 G.vexnum-1 个顶点的最短路径，并将该顶点并入集合 S
    #利用循环每次求 v0 到某个顶点 v 的最短路径
    for v in range(1,self.vexnum):
        min = float('inf')                    #记录一次循环距离 v0 最近的距离
        for w in range(self.vexnum):          #找出距 v0 最近的顶点
            #final[w] 为 0 表示该顶点还没有记录与它最近的顶点
            if final[w]==0 and dist[w] < min: #在不属于集合 S 的顶点中找到离 v0 最近的
顶点
                k = w                         #记录最小权值的下标，将其距 v0 最近的顶点 w 赋给 k
                min = dist[w]      #记录最小权值
        #将目前找到的最接近 v0 的顶点的下标的位置置为 1，表示该顶点已被记录
        final[k] = 1                          #将 v 并入集合 S
        #修正当前最短路径即距离
        for w in range(self.vexnum):          #利用新并入集合 S 的顶点，更新 v0 到不属于集合
S 的顶点的最短路径长度和最短路径列表
            # 如果经过顶点 v 的路径比现在这条路径短，则修改顶点 v0 到 w 的距离
            if final[w]==0 and min<float('inf') and self.arc[k][w]<float('inf')
and min + N.arc[k][w] < dist[w]:
                dist[w] = min + self.arc[k][w]     #修改顶点 w 距离 v0 的最短长度
                path[w] = k                        #存储最短路径前驱结点的下标
def PrintShortPath(self,v0,path,dist):
    k=0
    apath=[]
    apath = [0 for _ in range(self.vexnum)]
```

```python
print("存储最短路径前驱结点下标的数组 path 的值为：")
print("数组下标：")
for i in range(self.vexnum):
    print("%2d"%i,end=' ')
print("\n 数组的值：",end=' ')
for i in range(self.vexnum):
    print("%2d "%path[i],end=' ')
#存储最短路径前驱结点下标的列表 path 的值为：
#列表下标：  0  1  2  3  4  5
#列表的值：  0  0  0  2  3  0
#当 path[4]=3 时，表示顶点 4 的前驱结点是顶点 3
#找到顶点 3，当 path[3]=2 时，表示顶点 3 的前驱结点是顶点 2
#找到顶点 2，当 path[2]=0 时，表示顶点 2 的前驱结点是顶点 0
#因此顶点 4 到顶点 0 的最短路径为：4 -> 3 -> 2 -> 0
#将这个顺序倒过来即可得到顶点 0 到顶点 4 的最短路径
print("\nv0 到其他顶点的最短路径如下：")
for i in range(1,self.vexnum):
    k=0
    print("v%d -> v%d : "%(v0, i),end=' ')
    j = i
    print("%s "%self.vex[v0],end=' ')
    while path[j] != 0:
        apath[k] = path[j]
        j = path[j]
        k +=1
    for j in range(k-1,-1,-1):
        print("%s "%self.vex[apath[j]],end=' ')
    print("%s"%self.vex[i])
print("顶点 v%d 到各顶点的最短路径长度为："%v0)
for i in range(1,self.vexnum):
    print("%s - %s : %d"%(self.vex[0], self.vex[i], dist[i])) #dist 列表中
存放 v0 到各顶点的最短路径
```

其中，列表 dist[v] 表示从顶点 v_0 到顶点 v 的当前求出的最短路径长度。先利用 v_0 到其他顶点的弧对应的权值初始化列表 path[] 和 dist[]，然后找出从 v_0 到顶点 v（不属于集合 S）的最短路径，并将 v 并入集合 S，最短路径长度赋给 min。接着利用新并入的顶点 v，更新 v_0 到其他顶点（不属于集合 S）的最短路径长度和最短路径列表。重复执行以上步骤，直到从 v_0 到所有其他顶点的最短路径求出为止。列表 path[v] 存放顶点 v 的前驱顶点的下标，根据 path[] 中的值，可依次求出相应顶点的前驱，直到源点 v_0，逆推回去可得到从 v_0 到其他各顶点的最短路径。

该算法的时间主要耗费在第 2 个 for 循环语句，外层 for 循环语句主要控制循环的次数，一次循环可得到从 v_0 到某个顶点的最短路径，两个内层 for 循环共执行 n 次，如果不考虑每次求解最短路径的耗费，则该算法的时间复杂度是 $O(n^2)$。

下面通过一个具体例子来说明 Dijkstra 算法的应用。

【例 6.4】建立一个如图 6.32 所示的有向网 N，输出有向网 N 中从 v_0 出发到其他各顶点的最短路径及从 v_0 到各个顶点的最短路径长度。

```python
# 采用邻接矩阵表示法创建有向网
def CreateGraph(self,value,vnum,arcnum,ch):
    self.vexnum,self.arcnum=vnum,arcnum
    self.arc = [[0 for _ in range(self.vexnum)] for _ in range(self.vexnum)]
    for e in ch:
        self.vex.append(e)
    for i in range(self.vexnum): #初始化邻接矩阵
        for j in range(self.vexnum):
            self.arc[i][j]=float('inf')
    for r in range(len(value)):
        i = value[r][0]
        j = value[r][1]
        self.arc[i][j] = value[r][2]
if __name__ == '__main__':
    vnum = 6
    arcnum = 9
    final=[]
    value= [ [0, 1, 30], [0, 2, 60], [0, 4, 150], [0, 5, 40],
        [1, 2, 40], [1, 3, 100], [2, 3, 50], [3, 4, 30], [4, 5, 10]]
    ch = ["v0", "v1", "v2", "v3", "v4", "v5"]
    path=[]              #用嵌套列表存放最短路径所经过的顶点
    dist=[]              #用列表存放最短路径长度
    N=MGraph()
    N.CreateGraph(value, vnum, arcnum, ch)       #创建有向网 N
    N.DisplayGraph()                              #输出有向网 N
    N.Dijkstra(0, path, dist, final)
    N.PrintShortPath(0, path, dist)              #打印最短路径

def DisplayGraph(self):                          #输出邻接矩阵存储表示的图 N
    print("有向网具有%d 个顶点%d 条弧，顶点依次是: "%(self.vexnum, self.arcnum))
    for i in range(self.vexnum):
        print(self.vex[i],end=' ')
    print("\n 有向网 N 的:")
    print("序号 i=",end='')
    for i in range(self.vexnum):
        print("%4d"% i,end=' ')
    print()
    for i in range(self.vexnum):
        print("%5d"%i,end=' ')
```

```
        for j in range(self.vexnum):
            if self.arc[i][j]!=float('inf'):
                print("%4d"%self.arc[i][j],end=' ')
            else:
                print('%4s'%'∞',end=' ')
        print()
```

程序运行结果如图 6.35 所示。

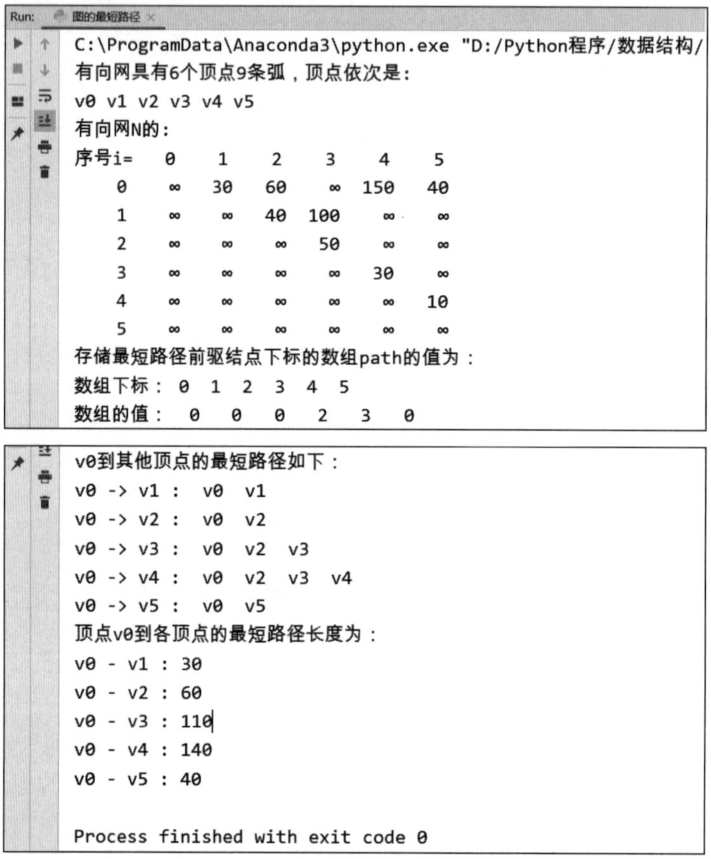

图 6.35　程序运行结果

6.6.2　每一对顶点之间的最短路径

如果要计算每一对顶点之间的最短路径，只需要以任何一个顶点为出发点，将迪杰斯特拉算法重复执行 n 次，就可以得到每一对顶点的最短路径。这样求出的每一个顶点之间的最短路径的时间复杂度为 O(n^3)。下面介绍另一个算法——Floyd 算法，其时间复杂度也是 O(n^3)。

1. 各个顶点之间的最短路径算法思想

求解各个顶点之间最短路径的弗洛伊德算法的思想是：假设要求顶点 v_i 到顶点 v_j 的最短路径。

如果从顶点 v_i 到顶点 v_j 存在弧，但是该弧所在的路径不一定是 v_i 到 v_j 的最短路径，需要进行 n 次比较。首先需要从顶点 v_0 开始，如果有路径 (v_i,v_0,v_j) 存在，则比较路径 (v_i,v_j) 和 (v_i,v_0,v_j)，选择两者中最短的一个且中间顶点的序号不大于 0。

然后在路径上再增加一个顶点 v_1，得到路径 $(v_i,…,v_1)$ 和 $(v_1,…,v_j)$，如果两者都是中间顶点不大于 0 的最短路径，则将该路径 $(v_i,…,v_1,…,v_j)$ 与上面的已经求出的中间顶点序号不大于 0 的最短路径进行比较，选中其中最小的作为从 v_i 到 v_j 的中间路径顶点序号不大于 1 的最短路径。

接着在路径上增加顶点 v_2，得到路径 $(v_i,…,v_2)$ 和 $(v_2,…,v_j)$，按照以上方法进行比较，求出从 v_i 到 v_j 的中间路径顶点序号不大于 2 的最短路径。以此类推，经过 n 次比较，可以得到从 v_i 到 v_j 的中间顶点序号不大于 n-1 的最短路径。依照这种方法，可以得到各个顶点之间的最短路径。

假设采用邻接矩阵存储带权有向图 G，则各个顶点之间的最短路径可以保存在一个 n 阶方阵 D 中，每次求出的最短路径可以用矩阵表示为：D^{-1}、D^0、D^1、D^2、…、D^{n-1}。其中 $D^{-1}[i][j]=G.arc[i][j].adj$、$D^k[i][j]=Min\{D^{k-1}[i][j],D^{k-1}[i][k]+D^{k-1}[k][j]|0\leqslant k\leqslant n-1\}$。其中，$D^k[i][j]$ 表示从顶点 v_i 到顶点 v_j 的中间顶点序号不大于 k 的最短路径长度，而 $D^{n-1}[i][j]$ 即为从顶点 v_i 到顶点 v_j 的最短路径长度。

根据弗洛伊德算法，求解图 6.32 所示的带权有向图 G_7 的每一对顶点之间最短路径的过程如下（D 存放每一对顶点之间的最短路径长度，P 存放最短路径中到达某顶点的前驱顶点下标）：

（1）初始时，D 中元素的值为顶点间弧的权值，若两个顶点间不存在弧，则其值为 ∞。顶点 v_2 到 v_3 存在弧，权值为 50，故 $D^{-1}[2][3]=50$；路径 (v_2,v_3) 的前驱顶点为 v_2，故 $P^{-1}[2][3]=2$；顶点 v_4 到 v_5 存在弧，权值为 10，故 $D^{-1}[4][5]=10$；路径 (v_4,v_5) 的前驱顶点为 v_4，故 $P^{-1}[4][5]=4$。若没有前驱顶点，则 P 中相应的元素值为 -1。D 和 P 的初始状态如图 6.36 所示。

$$
D^{-1}=\begin{bmatrix} \infty & 30 & 60 & \infty & 150 & 40 \\ \infty & \infty & 40 & 100 & \infty & \infty \\ \infty & \infty & \infty & 50 & \infty & \infty \\ \infty & \infty & \infty & \infty & 30 & \infty \\ \infty & \infty & \infty & \infty & \infty & 10 \\ \infty & \infty & \infty & \infty & \infty & \infty \end{bmatrix}
\qquad
P^{-1}=\begin{bmatrix} -1 & 0 & 0 & -1 & 0 & 0 \\ -1 & -1 & 1 & 1 & -1 & -1 \\ -1 & -1 & -1 & 2 & -1 & -1 \\ -1 & -1 & -1 & -1 & 3 & -1 \\ -1 & -1 & -1 & -1 & -1 & 4 \\ -1 & -1 & -1 & -1 & -1 & -1 \end{bmatrix}
$$

图 6.36　D 和 P 的初始状态

（2）考察 v_0，经过比较得知，从顶点 v_i 到 v_j 经由顶点 v_0 的最短路径无变化，因此，D^0 和 P^0 如图 6.37 所示。

$$
D^0=\begin{bmatrix} \infty & 30 & 60 & \infty & 150 & 40 \\ \infty & \infty & 40 & 100 & \infty & \infty \\ \infty & \infty & \infty & 50 & \infty & \infty \\ \infty & \infty & \infty & \infty & 30 & \infty \\ \infty & \infty & \infty & \infty & \infty & 10 \\ \infty & \infty & \infty & \infty & \infty & \infty \end{bmatrix}
\qquad
P^0=\begin{bmatrix} -1 & 0 & 0 & -1 & 0 & 0 \\ -1 & -1 & 1 & 1 & -1 & -1 \\ -1 & -1 & -1 & 2 & -1 & -1 \\ -1 & -1 & -1 & -1 & 3 & -1 \\ -1 & -1 & -1 & -1 & -1 & 4 \\ -1 & -1 & -1 & -1 & -1 & -1 \end{bmatrix}
$$

图 6.37　经由顶点 v_0 的 D^0 和 P^0 的存储状态

（3）考察顶点 v_1，从顶点 v_1 到 v_2 和 v_3 存在路径，由顶点 v_0 到 v_1 的路径可得到 v_0 到 v_2 和 v_3 的路径 $D^1[0][2]=70$（由于 70>60，$D^1[0][2]$ 的值保持不变）和 $D^1[0][3]=130$（由于 130<∞，故需更新 $D^1[0][3]$ 的值为 130，同时前驱顶点 $P^1[0][3]$ 的值为 1），因此更新后的最短路径矩阵和前驱顶点矩阵如图 6.38 所示。

$$D^1=\begin{bmatrix} \infty & 30 & 60 & 130 & 150 & 40 \\ \infty & \infty & 40 & 100 & \infty & \infty \\ \infty & \infty & \infty & 50 & \infty & \infty \\ \infty & \infty & \infty & \infty & 30 & \infty \\ \infty & \infty & \infty & \infty & \infty & 10 \\ \infty & \infty & \infty & \infty & \infty & \infty \end{bmatrix} \qquad P^1=\begin{bmatrix} -1 & 0 & 0 & 1 & 0 & 0 \\ -1 & -1 & 1 & 1 & -1 & -1 \\ -1 & -1 & -1 & 2 & -1 & -1 \\ -1 & -1 & -1 & -1 & 3 & -1 \\ -1 & -1 & -1 & -1 & -1 & 4 \\ -1 & -1 & -1 & -1 & -1 & -1 \end{bmatrix}$$

图 6.38　经由顶点 v_1 的 D^1 和 P^1 的存储状态

（4）考察顶点 v_2，从顶点 v_2 到 v_3 存在路径，由顶点 v_0 到 v_2 的路径可得到 v_0 到 v_3 的路径 $D^2[0][3]=110$（由于 110<130，故需更新 $D^2[0][3]$ 的值为 110，同时前驱顶点 $P^1[0][3]$ 的值为 2）。同时，修改从顶点 v_1 到 v_3 路径（$D^2[1][3]=90<100$）和 $P^2[1][3]$ 的值，因此，更新后的最短路径矩阵和前驱顶点矩阵如图 6.39 所示。

$$D^2=\begin{bmatrix} \infty & 30 & 60 & 110 & 150 & 40 \\ \infty & \infty & 40 & 90 & \infty & \infty \\ \infty & \infty & \infty & 50 & \infty & \infty \\ \infty & \infty & \infty & \infty & 30 & \infty \\ \infty & \infty & \infty & \infty & \infty & 10 \\ \infty & \infty & \infty & \infty & \infty & \infty \end{bmatrix} \qquad P^2=\begin{bmatrix} -1 & 0 & 0 & 2 & 0 & 0 \\ -1 & -1 & 1 & 2 & -1 & -1 \\ -1 & -1 & -1 & 2 & -1 & -1 \\ -1 & -1 & -1 & -1 & 3 & -1 \\ -1 & -1 & -1 & -1 & -1 & 4 \\ -1 & -1 & -1 & -1 & -1 & -1 \end{bmatrix}$$

图 6.39　经由顶点 v_2 的 D^2 和 P^2 的存储状态

（5）考察顶点 v_3，从顶点 v_3 到 v_4 存在路径，由顶点 v_0 到 v_3 的路径可得到 v_0 到 v_4 的路径 $D^3[0][4]=140$（由于 140<150，故需更新 $D^3[0][4]$ 的值为 140，同时前驱顶点 $P^3[0][4]$ 的值为 3）。同时，更新从 v_1、v_2 到 v_4 的最短路径长度和前驱顶点，因此，更新后的最短路径矩阵和前驱顶点矩阵如图 6.40 所示。

$$D^3=\begin{bmatrix} \infty & 30 & 60 & 110 & 140 & 40 \\ \infty & \infty & 40 & 90 & 120 & \infty \\ \infty & \infty & \infty & 50 & 80 & \infty \\ \infty & \infty & \infty & \infty & 30 & \infty \\ \infty & \infty & \infty & \infty & \infty & 10 \\ \infty & \infty & \infty & \infty & \infty & \infty \end{bmatrix} \qquad P^3=\begin{bmatrix} -1 & 0 & 0 & 2 & 3 & 0 \\ -1 & -1 & 1 & 2 & 3 & -1 \\ -1 & -1 & -1 & 2 & 3 & -1 \\ -1 & -1 & -1 & -1 & 3 & -1 \\ -1 & -1 & -1 & -1 & -1 & 4 \\ -1 & -1 & -1 & -1 & -1 & -1 \end{bmatrix}$$

图 6.40　经由顶点 v_3 的 D^3 和 P^3 的存储状态

（6）考察顶点 v_4，从顶点 v_4 到 v_5 存在路径，则按以上方法计算从各顶点经由 v_4 到其他各顶点的路径长度和前驱顶点，更新后的最短路径矩阵和前驱顶点矩阵如图 6.41 所示。

$$D^4=\begin{bmatrix} \infty & 30 & 60 & 110 & 140 & 40 \\ \infty & \infty & 40 & 90 & 120 & 130 \\ \infty & \infty & \infty & 50 & 80 & 90 \\ \infty & \infty & \infty & \infty & 30 & 40 \\ \infty & \infty & \infty & \infty & \infty & 10 \\ \infty & \infty & \infty & \infty & \infty & \infty \end{bmatrix} \qquad P^4=\begin{bmatrix} -1 & 0 & 0 & 2 & 3 & 0 \\ -1 & -1 & 1 & 2 & 3 & 4 \\ -1 & -1 & -1 & 2 & 3 & 4 \\ -1 & -1 & -1 & -1 & 3 & 4 \\ -1 & -1 & -1 & -1 & -1 & 4 \\ -1 & -1 & -1 & -1 & -1 & -1 \end{bmatrix}$$

图 6.41　经由顶点 v_4 的 D^4 和 P^4 的存储状态

（7）考察顶点 v_5，从顶点 v_5 到其他各顶点不存在路径，故无需更新最短路径矩阵和前驱顶点矩阵。根据以上分析，图 G_7 的各个顶点间的最短路径及长度如图 6.42 所示。

D^{-1}

D	0	1	2	3	4	5
0	∞	30	60	∞	150	40
1	∞	∞	40	100	∞	∞
2	∞	∞	∞	50	∞	∞
3	∞	∞	∞	∞	30	∞
4	∞	∞	∞	∞	∞	10
5	∞	∞	∞	∞	∞	∞

P^{-1}

P	0	1	2	3	4	5
0		v_0v_1	v_0v_2		v_0v_4	v_0v_5
1			v_1v_2	v_1v_3		
2				v_2v_3		
3					v_3v_4	
4						v_4v_5
5						

D^{0}

D	0	1	2	3	4	5
0	∞	30	60	∞	150	40
1	∞	∞	40	100	∞	∞
2	∞	∞	∞	50	∞	∞
3	∞	∞	∞	∞	30	∞
4	∞	∞	∞	∞	∞	10
5	∞	∞	∞	∞	∞	∞

P^{0}

P	0	1	2	3	4	5
0		v_0v_1	v_0v_2		v_0v_4	v_0v_5
1			v_1v_2	v_1v_3		
2				v_2v_3		
3					v_3v_4	
4						v_4v_5
5						

D^{1}

D	0	1	2	3	4	5
0	∞	30	60	130	150	40
1	∞	∞	40	100	∞	∞
2	∞	∞	∞	50	∞	∞
3	∞	∞	∞	∞	30	∞
4	∞	∞	∞	∞	∞	10
5	∞	∞	∞	∞	∞	∞

P^{1}

P	0	1	2	3	4	5
0		v_0v_1	v_0v_2	$v_0v_1v_3$	v_0v_4	v_0v_5
1			v_1v_2	v_1v_3		
2				v_2v_3		
3					v_3v_4	
4						v_4v_5
5						

D^{2}

D	0	1	2	3	4	5
0	∞	30	60	110	150	40
1	∞	∞	40	90	∞	∞
2	∞	∞	∞	50	∞	∞
3	∞	∞	∞	∞	30	∞
4	∞	∞	∞	∞	∞	10
5	∞	∞	∞	∞	∞	∞

P^{2}

P	0	1	2	3	4	5
0		v_0v_1	v_0v_2	$v_0v_2v_3$	v_0v_4	v_0v_5
1			v_1v_2	$v_1v_2v_3$		
2				v_2v_3		
3					v_3v_4	
4						v_4v_5
5						

D^{3}

D	0	1	2	3	4	5
0	∞	30	60	110	140	40
1	∞	∞	40	90	120	∞
2	∞	∞	∞	50	80	∞
3	∞	∞	∞	∞	30	∞
4	∞	∞	∞	∞	∞	10
5	∞	∞	∞	∞	∞	∞

P^{3}

P	0	1	2	3	4	5
0		v_0v_1	v_0v_2	$v_0v_2v_3$	$v_0v_2v_3v_4$	v_0v_5
1			v_1v_2	$v_1v_2v_3$	$v_1v_2v_3v_4$	
2				v_2v_3	$v_2v_3v_4$	
3					v_3v_4	
4						v_4v_5
5						

D^{4}

D	0	1	2	3	4	5
0	∞	30	60	110	140	40
1	∞	∞	40	90	120	130
2	∞	∞	∞	50	80	90
3	∞	∞	∞	∞	30	40
4	∞	∞	∞	∞	∞	10
5	∞	∞	∞	∞	∞	∞

P^{4}

P	0	1	2	3	4	5
0		v_0v_1	v_0v_2	$v_0v_2v_3$	$v_0v_2v_3v_4$	v_0v_5
1			v_1v_2	$v_1v_2v_3$	$v_1v_2v_3v_4$	$v_1v_2v_3v_4v_5$
2				v_2v_3	$v_2v_3v_4$	$v_2v_3v_4v_5$
3					v_3v_4	$v_3v_4v_5$
4						v_4v_5
5						

D^{5}

D	0	1	2	3	4	5
0	∞	30	60	110	140	40
1	∞	∞	40	90	120	130
2	∞	∞	∞	50	80	90
3	∞	∞	∞	∞	30	40
4	∞	∞	∞	∞	∞	10
5	∞	∞	∞	∞	∞	∞

P^{5}

P	0	1	2	3	4	5
0		v_0v_1	v_0v_2	$v_0v_2v_3$	$v_0v_2v_3v_4$	v_0v_5
1			v_1v_2	$v_1v_2v_3$	$v_1v_2v_3v_4$	$v_1v_2v_3v_4v_5$
2				v_2v_3	$v_2v_3v_4$	$v_2v_3v_4v_5$
3					v_3v_4	$v_3v_4v_5$
4						v_4v_5
5						

图 6.42　带权有向图 G_7 的各个顶点之间的最短路径及长度

2. 各个顶点之间的最短路径算法实现

根据 Floyd 算法思想，各个顶点之间的最短路径算法实现如下：

```python
def Floyd_Short_Path(self):
#用Floyd算法求有向网N任意顶点之间的最短路径,其中D[u][v]表示从u到v当前得到的最短路径,
P[u][v]存放的是u到v的前驱顶点
    MAXSIZE=20
    D = [[None for col in range(MAXSIZE)] for row in range(MAXSIZE)]
    P = [[None for col in range(MAXSIZE)] for row in range(MAXSIZE)]
    for u in range(self.vexnum):          #初始化最短路径长度P和前驱顶点矩阵D
        for v in range(self.vexnum):
            D[u][v]=self.arc[u][v]#顶点u到顶点v的最短路径为u到v的弧的权值
            if u!=v and self.arc[u][v]<float('inf'):    #若顶点u到v存在弧
                P[u][v]=u                 #则路径（u，v）的前驱顶点为u
            else:                         #否则
                P[u][v]=-1                #路径（u，v）的前驱顶点为-1
    for w in range(self.vexnum):          #依次查看所有顶点
        for u in range(self.vexnum):
            for v in range(self.vexnum):
                if D[u][v]>D[u][w]+D[w][v]:    #从u经w到v的一条路径为当前最短的路径
                    D[u][v]=D[u][w]+D[w][v]     #更新u到v的最短路径长度
                    P[u][v]=P[w][v]             #更新最短路径中u到v的前驱顶点
```

根据以上算法实现，可以输出任何一对顶点之间的最短路径长度和最短路径上的各顶点。具体输出各顶点的最短路径实现代码与 Dijkstra 算法类似。

6.7　图的应用举例

本节将通过几个具体实例来介绍图的具体应用。其中包括求图中距离顶点 v 的最短路径长度为 k 的所有顶点、求图中顶点 u 到顶点 v 的简单路径。

6.7.1　距离某个顶点的最短路径长度为 k 的所有顶点

【例 6.5】创建一个无向图，求距离顶点 v_0 最短路径长度为 k 的所有顶点。

分析：主要考察图的遍历。可以采用图的广度优先遍历，找出第 k 层的所有顶点。例如，在图 6.43 所示的无向图 G_9 中，具有 7 个顶点和 8 条边。

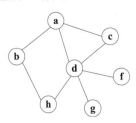

图 6.43　无向图 G_9

　　【算法思想】利用广度优先遍历对图进行遍历，从 v_0 开始，依次访问与 v_0 相邻接的各个顶点，利用一个队列存储所有已经访问过的顶点及该顶点与 v_0 的最短路径，并将该顶点的标志位置为 1 表示已经访问过。依次取出队列的各个顶点，如果该顶点存在未访问过的邻接点，则首先判断该顶点是否距离 v_0 的最短路径为 k，如果满足条件将该邻接点输出，否则，将该邻接点入队，并将距离 v_0 的层次加 1。重复执行以上操作，直到队列为空或者存在满足条件的顶点为止。

　　求距离 v_0 最短路径为 k 的所有顶点的算法实现如下：

```python
def BsfLevel(self,v0,k):
#在图 G 中，求距离顶点 v0 最短路径为 k 的所有顶点
    global QUEUESIZE
    #队列 queue[][0]存储顶点的序号，queue[][1]存储当前顶点距离 v0 的路径长度
    queue=[[None for col in range(2)]for row in range(QUEUESIZE)]
    visited=[]    #一个顶点访问标志列表，0 表示未访问，1 表示已经访问
    front = 0
    rear = -1
    yes = 0
    for i in range(self.vexnum):          #初始化标志列表
        visited.append(0)
    rear=(rear+1) % QUEUESIZE              #顶点 v0 入队列
    queue[rear][0]=v0
    queue[rear][1]=1
    visited[v0]=1                         #访问列表标志置为 1
    level=1                               #设置当前层次
    flag=True
    while flag:
        v=queue[front][0]                 #取出队列中顶点
        level=queue[front][1]
        front=(front+1) % QUEUESIZE
        p=G.vertex[v].firstarc            #p 指向 v 的第一个邻接点
        while p != None:
            if visited[p.adjvex] == 0:    #如果该邻接点未被访问
                if level == k:            #如果该邻接点距离 v0 的最短路径为 k，则将其输出
                    if yes == 0:
                        print("距离%s 的最短路径为%2d 的顶点有：%s
"%(self.vertex[v0].data, k, self.vertex[p.adjvex].data),end='')
                    else:
                        print(",%s" %self.vertex[p.adjvex].data,end='')
                    yes=1
                visited[p.adjvex]=1       #访问标志置为 1
                rear=(rear+1) % QUEUESIZE #并将该顶点入队
                queue[rear][0]=p.adjvex
                queue[rear][1]=level+1
            p=p.nextarc                   #如果当前顶点已经被访问，则 p 移向下一个邻接点
        if front != rear and level < k + 1:
            flag=True
        else:
```

```
            flag=False
    print()
```

测试代码如下（省略了创建无向图、销毁图等代码）：

```
def DisplayGraph(self):
#图的邻接表存储结构的输出
    print("%d个顶点："%self.vexnum)
    for i in range(self.vexnum):
        print(self.vertex[i].data,end=' ')
    print("\n%d条边:"%(2*self.arcnum))
    for i in range(self.vexnum):
        p=self.vertex[i].firstarc          #将p指向边表的第一个结点
        while p!=None:                     #输出无向图的所有边
            print("%s→%s"%(self.vertex[i].data,self.vertex[p.adjvex].data),
end=' ')
            p=p.nextarc
    print()


if __name__ == '__main__':
    print("创建一个无向图G: ")
    G=AdjGraph()
    G.CreateGraph()
    print("输出图的顶点和弧：")
    G.DisplayGraph()
    G.BsfLevel(0,2)                         #求图G中距离顶点v₀最短路径为2的顶点
```

程序运行结果如图 6.44 所示。

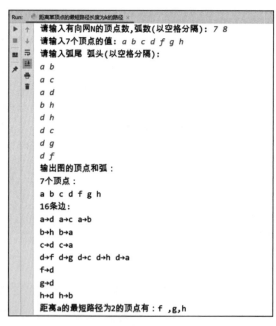

图 6.44　程序运行结果

6.7.2 求图中顶点 u 到顶点 v 的简单路径

【例 6.6】创建一个无向图，求图中从顶点 u 到顶点 v 的一条简单路径，并输出所在路径。

分析：主要考察图广度优先遍历。通过从顶点 u 开始对图进行广度优先遍历，如果访问到顶点 v，则说明从顶点 u 到顶点 v 存在一条路径。因为在图的遍历过程中，要求每个顶点只能访问一次，所以该路径一定是简单路径。在遍历过程中，将当前访问到的顶点都记录下来，就得到了从顶点 u 到顶点 v 的简单路径。可以利用一个列表 parent 记录访问过的顶点，如 parent[u]=w，表示顶点 w 是 u 的前驱顶点。如果 u 到 v 是一条简单路径，则输出该路径。

以图 6.43 所示的无向图 G₉ 为例，其邻接表存储结构如图 6.45 所示。

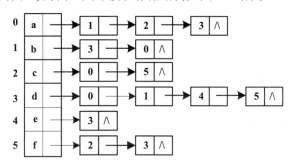

图 6.45 图 G₉ 的邻接表存储结构

求解从顶点 u 到顶点 v 的一条简单路径算法实现如下：

```
def BriefPath(self, u, v):
#求图 G 中从顶点 u 到顶点 v 的一条简单路径
    MAXSIZE=10
    visited=[]
    parent=[None for i in range(MAXSIZE)]    #存储已经访问顶点的前驱顶点
    S=Stack()
    T=Stack()
    for k in range(self.vexnum):        #访问标志初始化
        visited.append(0)
    S.PushStack(u) #开始顶点入栈
    visited[u]=1 #访问标志置为1
    while S.StackEmpty()==False:        #广度优先遍历图，访问路径用 parent 存储
        k=S.PopStack()
        p = G.vertex[k].firstarc
        while p != None:
            if p.adjvex == v:            #如果找到顶点 v
                parent[p.adjvex]=k        #顶点 v 的前驱顶点序号是 k
                print("顶点%s 到顶点%s 的路径是："%(G.vertex[u].data,
G.vertex[v].data),end='')
                i = v
                flag=True
                while flag:        #从顶点 v 开始将路径中的顶点依次入栈
                    T.PushStack(i)
```

```
                    i= parent[i]
                    if i!=u:
                        flag=True
                    else:
                        flag=False
                        break
                T.PushStack(u)
                while T.StackEmpty()==False:  #从顶点 u 开始输出 u 到 v 中路径的顶点
                    i=T.PopStack()
                    print("%s "%self.vertex[i].data,end='')
                print()
            elif visited[p.adjvex] == 0:  #如果未找到顶点 v 且邻接点未访问过，则继续寻找
                visited[p.adjvex]=1
                parent[p.adjvex]=k
                S.PushStack(p.adjvex)
        p = p.nextarc
if __name__ == '__main__':
    print("创建一个无向图 G：")
    G=AdjGraph()
    G.CreateGraph()
    print("输出图的顶点和弧：")
    G.DisplayGraph()
    G.BriefPath(0,4)      #求图 G 中距离第 0 个顶点到第 4 个顶点的简单路径
```

程序运行结果如图 6.46 所示。

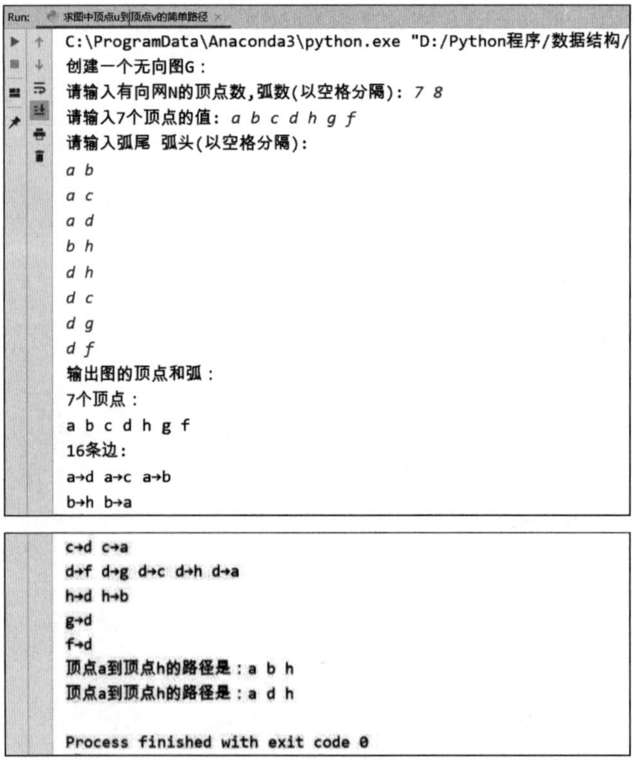
```
C:\ProgramData\Anaconda3\python.exe "D:/Python程序/数据结构/
创建一个无向图G：
请输入有向网N的顶点数,弧数(以空格分隔): 7 8
请输入7个顶点的值: a b c d h g f
请输入弧尾 弧头(以空格分隔):
a b
a c
a d
b h
d h
d c
d g
d f
输出图的顶点和弧：
7个顶点：
a b c d h g f
16条边:
a→d a→c a→b
b→h b→a
c→d c→a
d→f d→g d→c d→h d→a
h→d h→b
g→d
f→d
顶点a到顶点h的路径是：a b h
顶点a到顶点h的路径是：a d h

Process finished with exit code 0
```

图 6.46　程序运行结果

思政元素：从 A 到 B 可能存在的路径有多条，如何找到最短的那一条？迪杰斯特拉和弗洛伊德算法告诉我们对每一步采用贪心算法可得到最短路径。这不仅体现出整体和部分的关系，在求解的过程中，还要求每一步都要保持路径最短，这个过程更体现出做任何事情要精益求精、追求卓越的品质。因此，在做任何事情的时候，我们应该养成精益求精、追求卓越的科学精神，只有这样，才能把事情做到最好，才能到达成功的彼岸。

6.8　小　结

图在数据结构中占据着非常重要的地位，图反映的是一种多对多的关系。

图由顶点和边（弧）构成，根据边的有向和无向可以将图分为两种：有向图和无向图。

图的存储结构有 4 种：邻接矩阵存储结构、邻接表存储结构、十字链表存储结构和邻接多重表存储结构。其中，最常用的是邻接矩阵存储和邻接表存储。邻接矩阵采用嵌套列表即矩阵存储图，用行号表示在弧尾的顶点序号，用列号表示弧头的顶点序号，在矩阵中对应的值表示边的信息。图的邻接表表示是利用一个列表存储图中的各个顶点，各个顶点的后继分别指向一个链表，链表中的结点表示与该顶点相邻接的顶点。

图的遍历分为两种：广度优先遍历和深度优先遍历。图的广度优先遍历类似于树的层次遍历，图的深度优先遍历类似于树的先根遍历。

一个连通图的生成树是指一个极小连通子图，假设图中有 n 个顶点，则它包含图中 n 个顶点和构成一棵树的 n-1 条边。最小生成树是指带权的无向连通图的所有生成树中代价最小的生成树，所谓代价最小，是指构成最小生成树的边的权值之和最小。

构造最小生成树的算法主要有两个：普里姆算法和库鲁斯卡尔算法。普里姆算法思想是：从一个顶点 v_0 出发，将顶点 v_0 加入集合 U，图中的其余顶点都属于 V，然后从集合 U 和 V 中分别选择一个顶点（两个顶点所在的边属于图），如果边的代价最小，则将该边加入集合 TE，顶点也并入集合 U。库鲁斯卡尔算法思想是：将所有的边的权值按照递增顺序排序，从小到大选择边，同时需要保证边的邻接顶点不属于同一个集合。

关键路径是指路径最长的路径，关键路径表示完成工程的最短工期。通常用图的顶点表示事件，弧表示活动，权值表示活动的持续时间。关键路径的活动称为关键活动，关键活动可以决定整个工程完成任务的日期。非关键活动不能决定工程的进度。

最短路径是指从一个顶点到另一个顶点路径长度最小的一条路径。最短路径的算法主要有两个：迪杰斯特拉算法和弗洛伊德算法。迪杰斯特拉算法思想是：每次都要选择从源点到其他各顶点路径最短的顶点，然后利用该顶点更新当前的最短路径。弗洛伊德算法思想是：每次通过添加一个中间顶点，比较当前的最短路径长度与刚添加进去中间顶点构成的路径的长度，选择最小的一个。

6.9　习　题

一、选择题

1. 对于具有 n 个顶点的图，若采用邻接矩阵表示，则该矩阵的大小为（　　）。

A. n　　　　　　B. n^2　　　　　　C. n-1　　　　　　D. $(n-1)^2$

2. 如果从无向图的任一顶点出发，进行一次深度优先搜索即可访问所有顶点，则该图一定是（　　）。

    A. 完全图　　　　B. 连通图　　　　C. 有回路　　　　D. 一棵树

3. 关键路径是事件结点网络中（　　）。

    A. 从源点到汇点的最长路径　　　　B. 从源点到汇点的最短路径

    C. 最长的回路　　　　D. 最短的回路

4. 在以下算法中，（　　）可以判断出一个有向图中是否有环（回路）。

    A. 广度优先遍历　　　　B. 拓扑排序

    C. 求最短路径　　　　D. 求关键路径

5. 带权有向图 G 用邻接矩阵 A 存储，则顶点 i 的入度等于 A 中（　　）。

    A. 第 i 行非无穷的元素之和　　　　B. 第 i 列非无穷的元素个数之和

    C. 第 i 行非无穷且非 0 的元素个数　　　　D. 第 i 行与第 i 列非无穷且非 0 的元素之和

6. 采用邻接表存储的图，其深度优先遍历类似于二叉树的（　　）。

    A. 中序遍历　　　　B. 先序遍历　　　　C. 后序遍历　　　　D. 按层次遍历

7. 无向图的邻接矩阵是一个（　　）。

    A. 对称矩阵　　　　B. 零矩阵　　　　C. 上三角矩阵　　　　D. 对角矩阵

8. 下列关于最小生成树的叙述中，正确的是（　　）。

    I. 最小生成树的代价唯一

    II. 所有权值最小的边一定会出现在所有的最小生成树中

    III. 使用 Prim 算法从不同顶点开始得到的最小生成树一定相同

    IV. 使用 Prim 和 Kruskal 算法得到的最小生成树一定相同

    A. I　　　　B. II　　　　C. III　　　　D. IV

9. 若用邻接矩阵存储有向图，矩阵中主对角线以下的元素均为零，则关于该图拓扑序列的结论是（　　）。

    A. 存在，且唯一

    B. 存在，且不唯一

    C. 存在，可能不唯一

    D. 无法确定是否存在

10. 在图 6.47 中的有向图所示的拓扑排序的结果序列是（　　）。

    A. 125634　　　　B. 516234　　　　C. 123456　　　　D. 521643

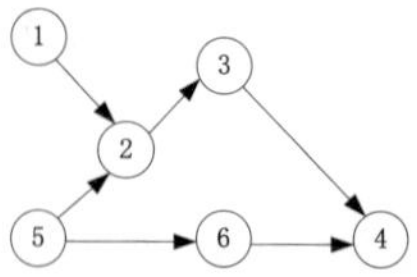

图 6.47　有向图

11. 对有 n 个顶点、e 条边且使用邻接表存储的有向图进行广度优先遍历，其时间复杂度为（   ）。

    A. O(n)　　　　　　　B. O(e)　　　　　　　C. O(n+e)　　　　　　D. O(n*e)

12. 设 G1=(V1,E1)和 G2=(V2,E2)为两个图，如果 V1⊆V2，E1⊆E2，则称（   ）。

    A. G1 是 G2 的子图　　　　　　　　B. G2 是 G1 的子图

    C. G1 是 G2 的连通分量　　　　　　D. G2 是 G1 的连通分量

13. 已知一个有向图的邻接矩阵表示，要删除所有从第 i 个结点发出的边，应该（   ）。

    A. 将邻接矩阵的第 i 行删除　　　　B. 将邻接矩阵的第 i 行元素全部置为 0

    C. 将邻接矩阵的第 i 列删除　　　　D. 将邻接矩阵的第 i 列元素全部置为 0

14. 任一个有向图的拓扑序列（   ）。

    A. 不存在　　　　B. 有一个　　　　C. 一定有多个　　　D. 有一个或多个

15. 下列关于图遍历的说法不正确的是（   ）。

    A. 连通图的深度优先搜索是一个递归过程

    B. 图的广度优先搜索中邻接点的寻找具有"先进先出"的特征

    C. 非连通图不能用深度优先搜索法

    D. 图的遍历要求每一顶点仅被访问一次

16. 对于如图 6.48 所示的有向图，若采用 Dijkstra 算法求从源点 A 到其他各顶点的最短路径，则得到的第一条最短路径的目标顶点是 B，第二条最短路径的目标顶点是 C，后续得到的其余各最短路径（从小到大）的目标顶点依次是（   ）。

    A. D, E, F　　　　B. E, D, F　　　　C. F, D, E　　　　D. F, E, D

17. 采用邻接表存储的图的广度优先遍历算法类似于二叉树的（   ）。

    A. 先序遍历　　　　B. 中序遍历　　　　C. 后序遍历　　　　D. 按层次遍历

18. 若对图 6.49 所示的无向图进行遍历，则下列选项中，不是广度优先遍历序列的是（   ）。

    A. a,b,h,e,c,d,f,g　　　　　　　　B. e,a,f,g,b,h,c,d

    C. d,b,c,a,h,e,f,g　　　　　　　　D. a,b,c,d,h,e,f,g

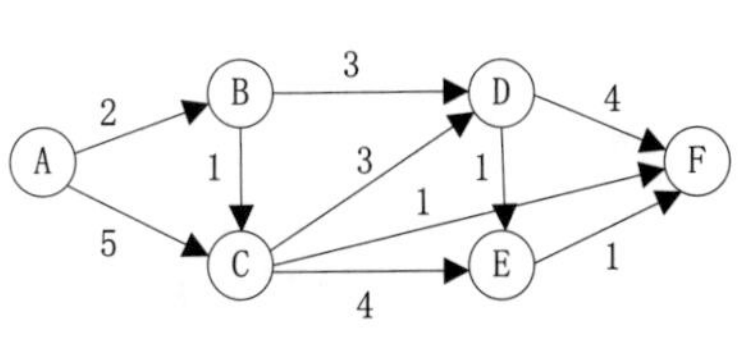

图 6.48　有向图 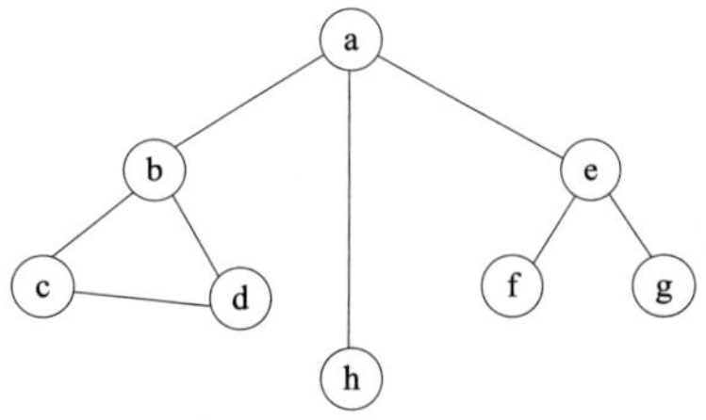　　　　　　　　　　图 6.49　无向图

二、综合分析题

1. 已知图 G 的邻接矩阵如图 6.50 所示：

（1）求从顶点 1 出发的广度优先搜索序列。

（2）根据 Prim 算法，求图 G 从顶点 1 出发的最小生成树，要求表示出其每一步生成过程。（用图或者表的方式均可）。

$$\begin{bmatrix} \infty & 6 & 1 & 5 & \infty & \infty \\ 6 & \infty & 5 & \infty & 3 & \infty \\ 1 & 5 & \infty & 5 & 6 & 4 \\ 5 & \infty & 5 & \infty & \infty & 2 \\ \infty & 3 & 6 & \infty & \infty & 6 \\ \infty & \infty & 4 & 2 & 6 & \infty \end{bmatrix}$$

图 6.50　图 G 的邻接矩阵

2. 写出图 6.51 中全部可能的拓扑排序序列。

3. 已知如图 6.52 所示的有向图 G，根据 Dijkstra 算法求顶点 v0 到其他顶点的最短距离。（要求给出求解过程）

4. 已知如图 6.53 所示的无向图 G，根据 Prim 算法，构造最小生成树。（要求给出生成过程）

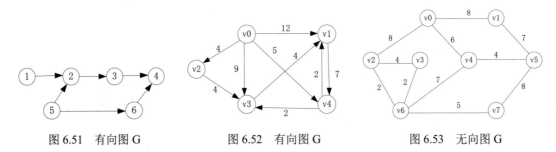

图 6.51　有向图 G　　　　图 6.52　有向图 G　　　　图 6.53　无向图 G

5. 已知如图 6.54 所示的 AOE 网：

（1）求事件的最早开始时间 ve 和最晚开始时间 vl。

（2）求出关键路径。

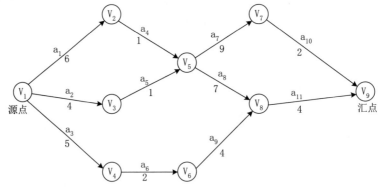

图 6.54　AOE 网

三、算法设计题

1. 编写一个算法，判断有向图是否存在回路。

2. 编写一个算法，判断无向图是否是一棵树，如果是树，则返回 1，否则返回 0。

3. 编写一个算法，判断无向图是否是连通图，如果是连通图，则返回 1，否则返回 0。

4. 采用邻接表创建一个无向图 G_6，并实现对图的深度优先遍历和图的广度优先遍历。

5. 采用邻接表创建如图 6.29 所示的有向网，并求网中顶点的拓扑序列，然后计算该有向网的关键路径。

6. 创建如图 6.32 所示的有向网，并利用 Floyd 算法求解各个顶点之间的最短路径长度，并输出最短路径所经过的顶点。

第7章

查 找

第2~6章已经介绍了各种线性和非线性数据结构，本章将讨论另一种在软件开发过程中大量使用的查找技术。在计算机处理非数值问题时，查找是一种经常使用的操作，例如，在学生信息表中查找叫"张三"的学生信息，在某员工信息表中查找专业为"通信工程"的职工信息。本章将系统介绍静态查找、动态查找、哈希查找等各种查找法。

学习目标：

- 查找的基本概念
- 有序表的查找和索引顺序表的查找
- 二叉排序树和平衡二叉树
- B-树和B+树
- 哈希表

7.1 查找的基本概念

在介绍有关查找的算法之前，先介绍与查找相关的基本概念。

查找表（Search Table）：是由同一种类型的数据元素构成的集合。查找表中的数据元素是完全松散的，数据元素之间没有直接的联系。

查找：根据关键字在特定的查找表中找到一个与给定关键字相同的数据元素的操作。如果在表中找到相应的数据元素，则称查找是成功的，否则称查找是失败的。例如，表 7.1 所示为学生学籍信息，如果要查找入学年份为"2008年"并且姓名是"刘华平"的学生，则可以先利用姓名将记录定位（如果有重名的），然后在入学年份中查找为"2008"的记录。

表7.1 学生学籍信息表

学号	姓名	性别	出生年月	所在院系	家庭住址	入学年份
200609001	张 力	男	1988.09	信息管理	陕西西安	2006
200709002	王 平	女	1987.12	信息管理	四川成都	2007
200909107	陈 红	女	1988.01	通信工程	安徽合肥	2009
200809021	刘华平	男	1988.11	计算机科学	江苏常州	2008
200709008	赵 华	女	1987.07	法学院	山东济宁	2007

关键字（Key）与主关键字（Primary Key）：关键字就是数据元素中某个数据项。如果该关键字可以将所有的数据元素区别开来，也就是说可以唯一标识一个数据元素，则该关键字被称为主关键字，否则被称为次关键字。特别地，如果数据元素只有一个数据项，则数据元素的值即是关键字。

静态查找（Static Search Table）：指的是仅仅在数据元素集合中查找是否存在与关键字相等的数据元素。在静态查找过程中的存储结构称为静态查找表。

动态查找（Dynamic Search Table）：在查找过程中，同时在数据元素集合中插入数据元素，或者在数据元素集合中删除某个数据元素，这样的查找称为动态查找。动态查找过程中所使用的存储结构称为动态查找表。

通常为了讨论查找的方便，要查找的数据元素中仅仅包含关键字。

平均查找长度（Average Search Length）：是指在查找过程中，需要比较关键字的平均次数，它是衡量查找算法的效率标准。平均查找长度的数学定义为：$ASL=\sum_{i=1}^{n}P_iC_i$。其中，P_i 表示查找表中第 i 个数据元素的概率，C_i 表示在找到第 i 个数据元素时，与关键字比较的次数。

7.2 静态查找

静态查找主要包括顺序表、有序顺序表和索引顺序表的查找。

7.2.1 顺序表的查找

顺序表的查找是指从表的一端开始，逐个与关键字进行比较，如果某个数据元素的关键字与给定的关键字相等，则查找成功，函数返回该数据元素所在的顺序表的位置；否则查找失败，返回 0。

为了算法实现方便，我们直接用数据元素代表数据元素的关键字。顺序表的存储结构描述如下：

```
class SSTable:
    def __init__(self):
        self.list=[]
        self.length=0
```

顺序表的查找算法描述如下：

```
def SeqSearch(self,x):
#在顺序表中查找关键字为 x 的元素，如果找到返回该元素在表中的位置，否则返回 0
    i=0
    while i<self.length and self.list[i]!=x: #从顺序表的第一个元素开始比较
```

```
        i+=1
    if i>=self.length:
        return 0
    elif self.list[i]==x:
        return i+1
```

以上算法也可以通过设置监视哨的方法实现，其算法描述如下：

```
def SeqSearch2(self,x):
#设置监视哨 S.list[0]，在顺序表中查找关键字为 x 的元素，如果找到返回该元素在表中的位置，否
则返回 0
    i = self.length
    self.list[0] = x                    #将关键字存放在第 0 号位置，防止越界
    while self.list[i] != x:            #从顺序表的最后一个元素开始向前比较
        i-=1
    return i
```

其中，S.list[0]被称为监视哨，可以防止出现列表下标越界。

在通过监视哨方法进行查找时，需要从列表的下标为 1 开始存放顺序表中的元素，下标为 0 的
位置需要预留出，以存放待查找元素，创建顺序表的算法实现如下：

```
def CreateTable(self,data):
    self.list.append(None)
    for e in data:
        self.list.append(e)
    self.length=len(self.list)-1
```

下面分析带监视哨查找算法的效率。假设表中有 n 个数据元素，且数据元素在表中出现的概率
都相等即 $\dfrac{1}{n}$，则顺序表在查找成功时的平均查找长度为：

$$ASL_{成功}=\sum_{i=1}^{n}P_iC_i=\sum_{i=1}^{n}\frac{1}{n}*(n-i+1)=\frac{n+1}{2}$$

即查找成功时平均比较次数约为表长的一半。在查找失败时，即要查找的元素没有在表中，则
每次比较都需要进行 n+1 次。

7.2.2 有序顺序表的查找

所谓有序顺序表，就是顺序表中的元素是以关键字进行有序排列的。对于有序顺序表的查找有
两种方法：顺序查找和折半查找。

1. 顺序查找

有序顺序表的顺序查找算法与顺序表的查找算法类似。但是在通常情况下，不需要比较表中的
所有元素。如果要查找的元素在表中，则返回该元素的序号，否则返回 0。例如，一个有序顺序表
的数据元素集合为{10,20,30,40,50,60,70,80}，如果要查找数据元素关键字为 56，从最后一个元素开
始与 50 比较，当比较到 50 时就不需要再往前比较了。前面的元素值都小于关键字 56，因此，该表
中不存在要查找的关键字。设置监视哨的有序顺序表的查找算法描述如下：

```
def SeqSearch3(self,x):
    #在有序顺序表中查找关键字为 x 的元素，监视哨为 S.list[0]，如果找到，则返回该元素在表中
的位置，否则返回 0
    i = S.length
    S.list[0]= x                #将关键字存放在第 0 号位置，防止越界
    while S.list[i] > x:        #从有序顺序表的最后一个元素开始向前比较
        i-=1
        if self.list[i]==x:
            return i
    return 0
```

假设表中有 n 个元素且要查找的数据元素在数据元素集合中出现的概率相等即为 $\frac{1}{n}$，则有序顺序表在查找成功时的平均查找长度为：$ASL_{成功} = \sum_{i=1}^{n} P_i C_i = \sum_{i=1}^{n} \frac{1}{n} * (n-i+1) = \frac{n+1}{2}$，即查找成功时平均比较次数约为表长的一半。在查找失败时，即要查找的元素没有在表中，因为顺序表中元素是有序的，所以可以提前结束比较，这个查找过程可以画成一个查找树，每一层一个结点，共 n 层，查找失败需要比较 $n+1$ 个元素结点，故查找概率为 $\frac{1}{n+1}$，比较次数是比较失败时的上一个元素结点，则有序顺序表在查找失败时的平均查找长度为：$ASL_{失败} = \sum_{i=1}^{n} P_i C_i = \frac{1}{n+1} * (1+2+\cdots+n+n) = \frac{n}{2} + \frac{n}{n+1} \approx \frac{n}{2}$，即查找失败时平均比较次数也同样约为表长的一半。

2. 折半查找

折半查找的前提条件是表中的数据元素有序排列。所谓折半查找就是在所要查找元素集合的范围内，依次与表中间的元素进行比较，如果找到与关键字相等的元素，则说明查找成功，否则利用中间位置将表分成两段。如果查找关键字小于中间位置的元素值，则进一步与前一个子表的中间位置元素比较；否则与后一个子表的中间位置元素进行比较。重复以上操作，直到找到与关键字相等的元素，表明查找成功。如果子表为空表，表明查找失败。折半查找又称为二分查找。

例如，一个有序顺序表为(9,23,26,32,36,47,56,63,79,81)，如果要查找 56。利用以上折半查找思想，折半查找的过程如图 7.1 所示。其中，图中 low 和 high 表示两个指针，分别指向待查找元素的下界和上界，mid 指向 low 和 high 的中间位置，即 mid=(low+high)/2。

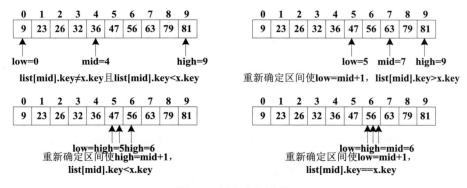

图 7.1 折半查找过程

在图 7.1 中，当 mid=4 时，因为 36<56，说明要查找的元素应该在 36 之后的位置，所以需要将

low 移动到 mid 的下一个位置，即 low=5，而 high 不需要移动。这时有 mid=(5+9)/2=7，而 63>56，说明要查找的元素应该在 mid 之前，因此需要将 high 移动到 mid 前一个位置，即 high=mid-1=6。这时有 mid=(5+6)/2=5，又因为 47<56，需要修改 low，使 low=6。这时有 low=high=6、mid=(6+6)/2=6，有 list[mid].key==x.key。所以查找成功。如果 low>high，则表示表中没有与关键字相等的元素，查找失败。

折半查找的算法描述如下：

```python
def BinarySearch(self,x):
#在有序顺序表中折半查找关键字为 x 的元素，如果找到返回该元素在表中的位置，否则返回 0
    low = 0
    high = self.length - 1            #设置待查找元素范围的下界和上界
    while low <= high:
        mid = (low + high) // 2
        if self.list[mid] == x:       #如果找到元素，则返回该元素所在的位置
            return mid + 1
        elif self.list[mid] < x:      #如果 mid 所指示的元素小于关键字，则修改 low
            low = mid + 1
        elif self.list[mid]> x:       #如果 mid 所指示的元素大于关键字，则修改 high
            high = mid - 1
    return 0
```

用折半查找算法查找关键字 56 的元素时，需要比较的次数为 4 个。从图 7.1 中可以看出，查找元素 36 时需要比较 1 次，查找元素 63 时需要比较 2 次，查找元素 47 时需要比较 3 次，查找 56 需要比较 4 次。整个查找过程可以用图 7.2 所示的二叉判定树来表示。树中的每个结点表示表中的元素的关键字。

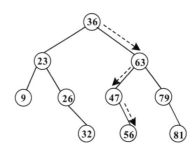

图 7.2　折半查找关键字为 56 的过程的判定树

从图 7.2 所示的判定树可以看出，查找关键字为 56 的过程正好是从根结点到元素值为 56 的结点的路径。所要查找元素所在判定树的层次就是折半查找要比较的次数。因此，假设表中具有 n 个元素，折半查找成功时，至多需要比较次数为 $\lfloor \log_2 n \rfloor +1$。

对于具有 n 个结点的有序表刚好能够构成一个深度为 h 的满二叉树，则有 $h=\lfloor \log_2 (n+1) \rfloor$。二叉树中第 i 层的结点个数是 2^{i-1}，假设表中每个元素的查找概率相等，即 $P_i=\dfrac{1}{n}$，则有序表的折半查找成功时的平均查找长度为：$ASL_{成功}=\sum_{i=1}^{n}P_iC_i=\sum_{i=1}^{h}\dfrac{1}{n}*i*2^{i-1}=\dfrac{n+1}{n}\log_2(n+1)-1$。在查找失败时，即要查找的元素没有在表中，则有序顺序表的折半查找失败时的平均查找长度为：$ASL_{失败}=\sum_{i=1}^{n}P_iC_i=$

$$\sum_{i=1}^{h} \frac{1}{n} * \log_2(n+1) \approx \log_2(n+1) \text{。}$$

7.2.3 索引顺序表的查找

索引顺序表的查找就是将顺序表分成几个单元,然后为这几个单元建立一个索引,利用索引在其中一个单元中进行查找。索引顺序表查找也称为分块查找,主要应用在表中存在大量的数据元素的时候,通过为顺序表建立索引和分块来提高查找的效率。

通常将为顺序表提供索引的表称为索引表,索引表分为两个部分:一个用来存储顺序表中每个单元的最大的关键字,另一个用来存储顺序表中每个单元的第一个元素的下标。索引表中的关键字是有序的,后一个单元中的所有元素的关键字都大于前一个单元中的元素的关键字。一个索引顺序表如图 7.3 所示。

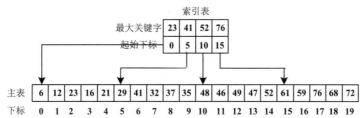

图 7.3 索引顺序表

从图 7.3 中可以看出,索引表将主表分为 4 个单元,每个单元有 5 个元素。要查找主表中的某个元素,需要分为两步查找,第一步需要确定要查找元素所在的单元,第二步在该单元进行查找。例如,要查找关键字为 47 的元素,首先需要将 47 与索引表中的关键字进行比较,因为 41<关键字 47<52,所以需要在第 3 个单元中查找,该单元的起始下标是 10,因此从主表中的下标为 10 的位置开始查找,直到找到关键字为 47 的元素为止。如果主表中不存在该元素,则只需要将关键字 47 与第 3 个单元中的 5 个元素进行比较,如果都不相等,则说明查找失败。

因为索引表中的元素是按照关键字有序排列的,所以在确定元素所在的单元时,可以用顺序查找索引表,也可以采用折半查找法查找索引表。但是在主表中的元素是无序的,因此只能够采用顺序法查找。索引顺序表的平均查找长度可以表示为:$ASL=L_{index}+L_{unit}$。其中,L_{index} 是索引表的平均查找长度,L_{unit} 是单元中元素的平均查找长度。

假设主表中的元素个数为 n,并将该主表平均分为 b 个单元,且每个单元有 s 个元素,即 b=n/s。如果表中的元素查找概率相等,则每个单元中元素的查找概率就是 1/s,主表中每个单元的查找概率是 1/b。如果用顺序查找法查找索引表中的元素,则索引顺序表查找成功时的平均查找长度为:$ASL_{成功}=L_{index}+L_{unit}=\dfrac{1}{b}\sum\limits_{i=1}^{b}i+\dfrac{1}{s}\sum\limits_{j=1}^{s}j=\dfrac{b+1}{2}+\dfrac{s+1}{2}=\dfrac{1}{2}*(\dfrac{n}{s}+s)+1$。

如果用折半查找法查找索引表中的元素,则有 $L_{index}=\dfrac{b+1}{b}\log_2(b+1)+1\approx\log_2(b+1)-1$,将其带入到:$ASL_{成功}=L_{index}+L_{unit}$ 中,则索引顺序表查找成功时的平均查找长度为:$ASL_{成功}=L_{index}+L_{unit}=\log_2(b+1)-1+\dfrac{1}{s}\sum\limits_{j=1}^{s}j=\log_2(b+1)-1+\dfrac{s+1}{2}\approx\log_2(n/s+1)+\dfrac{s}{2}$。

当然,如果主表中每个单元中的元素个数不相等的时候,就需要在索引表中增加一项,即用来存储主表中每个单元元素的个数。将这种利用索引表示的顺序表称为不等长索引顺序表。例如，一个不等长的索引表如图 7.4 所示。

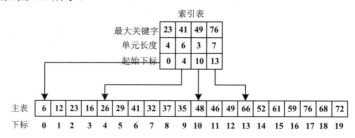

图 7.4 不等长索引顺序表

7.3 动 态 查 找

动态查找是指在查找的过程中动态生成表结构，对于给定的关键字，如果表中存在则返回其位置，表示查找成功，否则插入该关键字的元素。动态查找包括二叉树和树结构两种类型的查找。

7.3.1 二叉排序树

二叉排序树也称为二叉查找树。二叉排序树的查找是一种常用的动态查找方法。下面介绍二叉排序树的查找过程、二叉排序树的插入和删除。

1. 二叉排序树的定义与查找

所谓二叉排序树，或者是一棵空二叉树，或者二叉树具有以下性质：

（1）如果二叉树的左子树不为空，则左子树上的每一个结点的值都小于其对应根结点的值。

（2）如果二叉树的右子树不为空，则右子树上的每一个结点的值都大于其对应根结点的值。

（3）该二叉树的左子树和右子树也满足性质（1）和（2），即左子树和右子树也是一棵二叉排序树。

显然，这是一个递归的定义。图 7.5 所示为一棵二叉排序树。图中的每个结点是对应元素关键字的值。

从图 7.5 中可以看出，图中的每个结点的值都大于其所有左子树结点的值，而小于其所有右子树中结点的值。如果要查找与二叉树中某个关键字相等的结点，可以从根结点开始，与给定的关键字比较，如果相等，则查找成功。如果给定的关键字小于根结点的值，则在该根结点的左子树中查找。如果给定的关键字大于根结点的值，则在该根结点的右子树中查找。

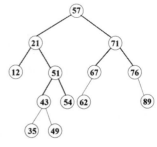

图 7.5 二叉排序树

采用二叉树的链式存储结构，二叉排序树的类型定义如下：

```python
class BiTreeNode:
    def __init__(self,data,lchild=None,rchild=None):
        self.data=data
```

```
                self.lchild=lchild
                self.rchild=rchild
```

二叉排序树的查找算法描述如下：

```
def BSTSearch(self,x):
#二叉排序树的查找，如果找到元素 x，则返回指向结点的指针，否则返回 None
    T=self.root
    if T!=None:            #如果二叉排序树不为空
        p=T
    while p!=None:
        if p.data==x:    #如果找到，则返回指向该结点的指针
            return p
        elif x<p.data:   #如果关键字小于 p 指向的结点的值，则在左子树中查找
            p=p.lchild
        else:
            p=p.rchild   #如果关键字大于 p 指向的结点的值，则在右子树中查找
    return None
```

利用二叉排序树的查找算法思想，如果要查找关键字为 x.key=62 的元素。从根结点开始，依次将该关键字与二叉树的根结点比较。因为有 62>57，所以需要在结点为 57 的右子树中进行查找。因为有 62<71，所以需要在以 71 为结点的左子树中继续查找。因为有 62<67，所以需要在结点为 67 的左子树中查找。因为该关键字与结点为 67 的左孩子结点对应的关键字相等，所以查找成功，返回结点 62 对应的指针。如果要查找关键字为 23 的元素，当比较到结点为 12 的元素时，因为关键字 12 对应的结点不存在右子树，所以查找失败，返回 None。

在二叉排序树的查找过程中，查找某个结点的过程正好是走了从根结点到要查找结点的路径，其比较的次数正好是路径长度+1，这类似于折半查找，区别在于，由 n 个结点构成的判定树是唯一的，而由 n 个结点构成的二叉排序树则不唯一（与结点的顺序有关）。例如，图 7.6 所示为两棵二叉排序树，其元素的关键字序列分别是 {57,21,71,12,51,67,76} 和 {12,21,51,57,67,71,76}。

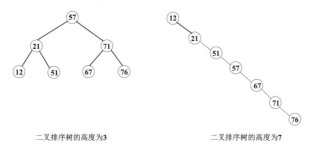

二叉排序树的高度为3   二叉排序树的高度为7

图 7.6　两种不同形态的二叉排序树

在图 7.6 中，假设每个元素的查找概率都相等，则左边的图的平均查找长度为 $ASL_{成功}=\frac{1}{7}\times(1+2\times2+4\times3)=\frac{17}{7}$，右边的图的平均查找长度为 $ASL_{成功}=\frac{1}{7}\times(1+2+3+4+5+6+7)=\frac{28}{7}$。因此，树的平均查找长度与树的形态有关。如果二叉排序树有 n 个结点，则在最坏的情况下，平均查找长度为 $\frac{n+1}{2}$。在最好的情况下，平均查找长度为 $\log_2 n$。

2. 二叉排序树的插入操作

二叉排序树的插入操作过程其实就是二叉排序树的建立过程。在二叉树的插入操作从根结点开始，首先要检查当前结点是否是要查找的元素，如果是，则不进行插入操作，否则将结点插入到查找失败时结点的左指针或右指针处。在算法的实现过程中，需要设置一个指向下一个要访问结点的双亲结点指针 parent，就是需要记下前驱结点的位置，以便在查找失败时进行插入操作。

假设当前结点指针 cur 为空，则说明查找失败，需要插入结点。如果 parent.data 小于要插入的结点 x，则需要将 parent 的左指针指向 x，使 x 成为 parent 的左孩子结点；如果 parent.data 大于要插入的结点 x，则需要将 parent 的右指针指向 x，使 x 成为 parent 的右孩子结点；如果二叉排序树为空树，则使当前结点成为根结点。在整个二叉排序树的插入过程中，其插入操作都是在叶子结点处进行的。

二叉排序树的插入操作算法描述如下：

```python
def BSTInsert(self,x):
    #二叉排序树的插入操作，如果树中不存在元素 x，则将 x 插入到正确的位置并返回 1，否则返回 0
    if self.root is None:
        self.root = BiTreeNode(x)
        return

    parent = self.root
    while True:
        e = parent.data
        if x < e: #如果关键字 x 小于 parent 指向的结点的值，则在左子树中查找
            if parent.lchild is None:
                parent.lchild = BiTreeNode(x)
            else:
                parent = parent.lchild
        elif x > e: #如果关键字 x 大于 parent 指向的结点的值，则在右子树中查找
            if parent.rchild is None:
                parent.rchild = BiTreeNode(x)
            else:
                parent = parent.rchild
        else:
            return
```

对于一个关键字序列{37,32,35,62,82,95,73,12,5}，根据二叉排序树的插入算法思想，对应的二叉排序树插入过程如图 7.7 所示。

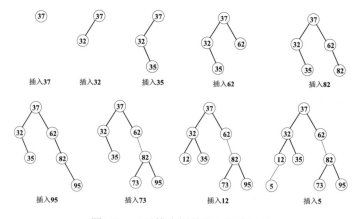

图 7.7 二叉排序树的插入操作过程

从图 7.7 中可以看出,通过中序遍历二叉排序树,可以得到一个关键字有序的序列{5,12,32,35,37,62, 73,82,95}。因此,构造二叉排序树的过程就是对一个无序的序列排序的过程,且每次插入结点都是叶子结点,在二叉排序树的插入操作过程中,不需要移动结点,仅需要移动结点指针,实现起来较为容易。注意:即使结点相同,插入的结点顺序不同,其二叉排序树形态也不一样。

3. 二叉排序树的删除操作

在二叉排序树中删除一个结点后,剩下的结点仍然构成一棵二叉排序树即保持原来的特性。删除二叉排序树中的一个结点可以分为三种情况讨论。假设要删除的结点由 s 指示,p 指向 s 的双亲结点,设 s 为 p 的左孩子结点。二叉排序树的各种删除情形如图 7.8 所示。

（1）如果 s 指向的结点为叶子结点,其左子树和右子树为空,删除叶子结点不会影响到树的结构特性,因此只需要修改 p 的指向即可。

（2）如果 s 指向的结点只有左子树或只有右子树,在删除了结点 s 后,只需要将 s 的左子树 s_L 或右子树 s_R 作为 p 的左孩子即 p.lchild=s.lchild 或 p.lchid=s.rchild。

（3）如果 s 左子树和右子树都存在,在删除结点 S 之前,二叉排序树的中序序列为 $\{...Q_LQ...X_LXY_LYSS_RP...\}$,因此,在删除结点 S 之后,有两种方法调整使该二叉树仍然保持原来的性质不变。第一种方法是使结点 S 的左子树作为结点 P 的左子树,结点 S 的右子树成为结点 Y 的右子树。第二种方法是使结点 S 的直接前驱取代结点 S,并删除 S 的直接前驱结点 Y,然后令结点 Y 原来的左子树作为结点 X 的右子树。通过这两种方法均可以使二叉排序树的性质不变。

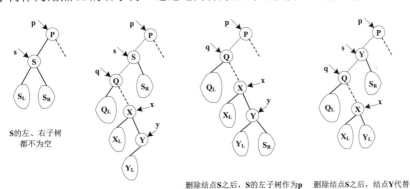

图 7.8　二叉排序树的删除操作的各种情形

二叉排序树的删除操作算法描述如下:

```
def BSTDelete2(self,x):
#在二叉排序树 T 中存在值为 x 的数据元素时，删除该数据元素结点，并返回1，否则返回0
    p,s=None,self.root
    if not s:                        #如果二叉树为空，不存在值为 x 的数据元素，则返回0
        print('二叉树为空，不能进行删除操作')
        return 0
    else:
        while s:
            if s.data!=x:
```

```
                p = s
            else:                          #如果找到值为 x 的数据元素，则 s 为要删除的结点
                break
        if x < s.data:       #如果当前元素值大于 x 的值，则在该结点的左子树中查找并删除之
            s = s.lchild
        else:                              #如果当前元素值小于 x 的值，则在该结点的右子树中查找并删除之
            s = s.rchild
#从二叉排序树中删除结点 s，并使该二叉排序树性质不变
    if not s.lchild:     #如果 s 的左子树为空，则使 s 的右子树成为被删除结点双亲结点的左子树
        if p is None:
            self.root=s.rchild
        elif s== p.lchild:
            p.lchild=s.rchild
        else:
            p.rchild=s.rchild
        return
    if not s.rchild:     #如果 s 的右子树为空，则使 s 的左子树成为被删结点双亲结点的左子树
        if p is None:
            self.root=s.lchild
        elif s== p.lchild:
            p.lchild=s.lchild
        else:
            p.rchild=s.lchild
        return

    #如果 s 的左、右子树都存在，则使 s 的直接前驱结点代替 s，并使其直接前驱结点的左子树成为其
双亲结点的右子树结点
    x_node=s
    y_node=s.lchild
    while y_node.rchild:
        x_node=y_node
        y_node = y_node.rchild
    s.data=y_node.data                          #结点 s 被 y_node 取代
    if x_node!=s:                               #如果结点 s 的左孩子结点存在右子树
        x_node.rchild = y_node.lchild           #使 y_node 的左子树成为 x_node 的右子树
    else:                                       #如果结点 s 的左孩子结点不存在右子树
        x_node.lchild = y_node.lchild           #使 y_node 的左子树成为 x_node 的左子树
```

删除二叉排序树中的任意一个结点后，二叉排序树性质保持不变。

4. 二叉排序树的应用举例

【例 7.1】给定一组元素序列{37, 32, 35, 62, 82, 95, 73, 12, 5}，利用二叉排序树的插入算法创建一棵二叉排序树，然后查找元素值为 32 的元素，并删除该元素，然后以中序序列输出该元素序列。

分析：通过给定一组元素值，利用插入算法将元素插入到二叉树中构成一棵二叉排序树，然后利用查找算法实现二叉排序树的查找。

```
if __name__ == '__main__':
    table=[37, 32, 35, 62, 82, 95, 73, 12, 5]
    S=BiSearchTree()
```

```
    #S=S.CreateBiSearchTree(table)
    for i in range(len(table)):
        S.BSTInsert(table[i])
    T=S.root
    print("中序遍历二叉排序树得到的序列为：")
    S.InOrderTraverse(T)
    x = int(input('\n 请输入要查找的元素：'))
    p=S.BSTSearch(x)
    if p != None:
        print("二叉排序树查找，关键字%d 存在！"%x)
    else:
        print("查找失败！")
    S.BSTDelete3(x)
    print('删除%d 后，二叉树排序树元素序列：'%x)
    S.InOrderTraverse(T)
def InOrderTraverse(self,T):
#中序遍历二叉排序树的递归实现
    if T!=None:                                   #如果二叉排序树不为空
        self.InOrderTraverse(T.lchild)            #中序遍历左子树
        print("%d"%T.data,end=' ')                #访问根结点
        self.InOrderTraverse(T.rchild)            #中序遍历右子树
```

程序运行结果如图 7.9 所示。

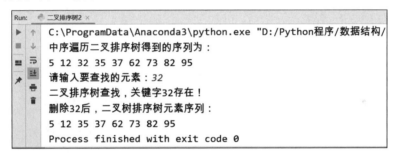

图 7.9　程序运行结果

7.3.2　平衡二叉树

　　二叉排序树查找在最坏的情况下，二叉排序树的深度为 n，其平均查找长度为 n。因此，为了减小二叉排序树的查找次数，需要进行平衡化处理，平衡化处理得到的二叉树称为平衡二叉树。

1. 平衡二叉树的定义

　　平衡二叉树或者是一棵空二叉树，或者是具有以下性质的二叉树：平衡二叉树的左子树和右子树的深度之差的绝对值小于等于 1，且左子树和右子树也是平衡二叉树。平衡二叉树也称为 AVL 树。

　　如果将二叉树中结点的平衡因子定义为结点的左子树和右子树高度之差，则平衡二叉树中每个结点的平衡因子的值只有三种可能：-1、0 和 1。例如，图 7.10 所示为平衡二叉树，结点的右边表示平衡因子，因为该二叉树既是二叉排序树又是平衡树，因此，该二叉树称为平衡二叉排序树。如

果在二叉树中有一个结点的平衡因子的绝对值大于 1，则该二叉树是不平衡的。例如，图 7.11 所示为不平衡的二叉树。

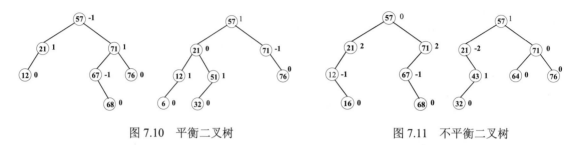

图 7.10　平衡二叉树　　　　　　　　　　图 7.11　不平衡二叉树

如果二叉排序树是平衡二叉树，则其平均查找长度与 $\log_2 n$ 是同数量级的，就可以尽量减少与关键字比较的次数。

2. 二叉排序树的平衡处理

在二叉排序树中插入一个新结点后，如何保证该二叉树是平衡二叉排序树呢？假设有一个关键字序列{5,34,45,76,65}，依照此关键字序列建立二叉排序树，且使该二叉排序树是平衡二叉排序树。构造平衡二叉排序树的过程如图 7.12 所示。

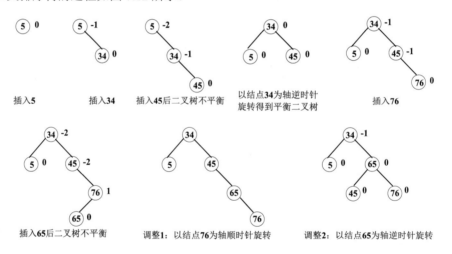

图 7.12　平衡二叉树的调整过程

初始时，二叉树是空树，因此是平衡二叉树。在空二叉树中插入结点 5，该二叉树依然是平衡的。当插入结点 34 后，该二叉树仍然是平衡的，结点 5 的平衡因子变为-1。当插入结点 45 后，结点 5 的平衡因子变为-2，二叉树不平衡，需要进行调整。只需要以结点 34 为轴进行逆时针旋转，将二叉树变为以 34 为根，这时各个结点的平衡因子都为 0，二叉树转换为平衡二叉树了。

继续插入结点 76，二叉树仍然是平衡的。当插入结点 65 时，该二叉树失去了平衡，如果仍然按照上述方法仅仅以结点 45 为轴进行旋转，就会失去二叉排序树的性质。为了保持二叉排序树的性质，又要保证该二叉树是平衡的，需要进行两次调整：先以结点 76 为轴进行顺时针旋转，然后以结点 65 为轴进行逆时针旋转。

　　一般情况下，新插入结点可能使二叉排序树失去平衡，通过使插入点最近的祖先结点恢复平衡，从而使上一层祖先结点恢复平衡。因此，为了使二叉排序树恢复平衡，需要从离插入点最近的结点开始调整。失去平衡的二叉排序树类型及调整方法可以归纳为以下四种情形。

　　（1）LL 型。LL 型是指在离插入点最近的失衡结点的左子树的左子树中插入结点，导致二叉排序树失去平衡。如图 7.13 所示。距离插入点最近的失衡结点为 A，插入新结点 X 后，结点 A 的平衡因子由 1 变为 2，该二叉排序树失去平衡。为了使二叉树恢复平衡且保持二叉排序树的性质不变，可以使结点 A 作为结点 B 的右子树，结点 B 的右子树作为结点 A 的左子树。这样就恢复了该二叉排序树的平衡，这相当于以结点 B 为轴，对结点 A 进行顺时针旋转。

　　为平衡二叉排序树的每个结点增加一个域 bf，用来表示对应结点的平衡因子，则平衡二叉排序树的类型定义描述如下：

```python
class BSTNode:                          #平衡二叉排序树的类型定义
    def __init__(self,data=None,bf=None):
        self.data=data
        self.bf=bf                      #结点的平衡因子
        self.lchild=None                #右孩子指针
        self.rchild=None                #右孩子指针
```

当二叉树失去平衡时，对 LL 型二叉排序树的调整，算法实现如下：

```python
b=p.lchild                              #b 指向 p 的左子树的根结点
p.lchild=b.rchild                       #将 b 的右子树作为 p 的左子树
b.rchild=p
p.bf,b.bf=0,0                           #修改平衡因子
```

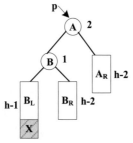
插入结点X后二叉树失去平衡

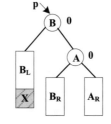
以结点B为轴进行顺时针旋转
调整，使二叉树恢复平衡

图 7.13　LL 型二叉排序树的调整

　　（2）LR 型。LR 型是指在离插入点最近的失衡结点的左子树的右子树中插入结点，导致二叉排序树失去平衡。如图 7.14 所示。

　　距离插入点最近的失衡结点为 A，在 C 的左子树 C_L 下插入新结点 X 后，结点 A 的平衡因子由 1 变为 2，该二叉排序树失去平衡。为了使二叉树恢复平衡且保持二叉排序树的性质不变，可以使结点 B 作为结点 C 的左子树，结点 C 的左子树作为结点 B 的右子树。将结点 C 作为新的根结点，结点 A 作为 C 的右子树的根结点，结点 C 的右子树作为 A 的左子树。这样就恢复了该二叉排序树的平衡。这相当于以结点 B 为轴，对结点 C 先做了一次逆时针旋转；然后以结点 C 为轴对结点 A 做了一次顺时针旋转。

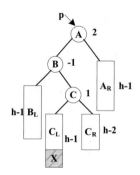 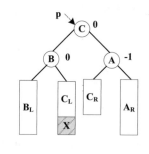

图 7.14　LR 型二叉排序树的调整

相应地，对于 LR 型的二叉排序树的调整，算法实现如下：

```
b=p.lchild
c=b.rchild
b.rchild=c.lchild        #将结点 C 的左子树作为结点 B 的右子树
p.lchild=c.rchild        #将结点 C 的右子树作为结点 A 的左子树
c.lchild=b               #将 B 作为结点 C 的左子树
c.rchild=p               #将 A 作为结点 C 的右子树
#修改平衡因子
p.bf=-1
b.bf=0
c.bf=0
```

（3）RL 型。RL 型是指在离插入点最近的失衡结点的右子树的左子树中插入结点，导致二叉排序树失去平衡。如图 7.15 所示。

距离插入点最近的失衡结点为 A，在 C 的右子树 C_R 下插入新结点 X 后，结点 A 的平衡因子由 -1 变为-2，该二叉排序树失去平衡。为了使二叉树恢复平衡且保持二叉排序树的性质不变，可以使结点 B 作为结点 C 的右子树，结点 C 的右子树作为结点 B 的左子树。将结点 C 作为新的根结点，结点 A 作为 C 的右子树的根结点，结点 C 的左子树作为 A 的右子树。这样就恢复了该二叉排序树的平衡。这相当于以结点 B 为轴，对结点 C 先做了一次顺时针旋转；然后以结点 C 为轴对结点 A 做了一次逆时针旋转。

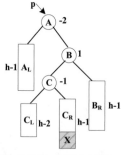 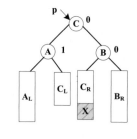

图 7.15　RL 型二叉排序树的调整

相应地，对于 RL 型的二叉排序树的调整，算法实现如下：

```
b=p.lchild
c=b.rchild
b.rchild=c.lchild      #将结点 C 的左子树作为结点 B 的右子树
p.lchild=c.rchild      #将结点 C 的右子树作为结点 A 的左子树
c.lchild=b             #将 B 作为结点 C 的左子树
c.rchild=p             #将 A 作为结点 C 的右子树
#修改平衡因子
p.bf=-1
b.bf=0
c.bf=0
```

（4）RR 型。RR 型是指在离插入点最近的失衡结点的右子树的右子树中插入结点，导致二叉排序树失去平衡。如图 7.16 所示。

距离插入点最近的失衡结点为 A，在结点 B 的右子树 B_R 下插入新结点 X 后，结点 A 的平衡因子由-1 变为-2，该二叉排序树失去平衡。为了使二叉树恢复平衡且保持二叉排序树的性质不变，可以使结点结点 A 作为 B 的左子树的根结点，结点 B 的左子树作为 A 的右子树。这样就恢复了该二叉排序树的平衡。这相当于以结点 B 为轴，对结点 A 做了一次逆时针旋转。

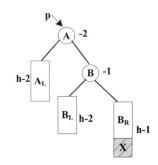
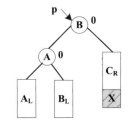

插入结点 X 后二叉树失去平衡　　　　以结点 B 为轴对 A 进行逆时针旋转

图 7.16　RR 型二叉排序树的调整

相应地，对于 RL 型的二叉排序树的调整可以用以下语句实现：

```
b=p.rchild
p.rchild=b.lchild      #将结点 B 的左子树作为结点 A 的右子树
b.lchild=p             #将 A 作为结点 B 的左子树
#修改平衡因子
p.bf=0
b.bf=0
```

综合以上四种情况，在平衡二叉排序树中插入一个新结点 e 的算法描述如下：

（1）如果平衡二叉排序树是空树，则插入的新结点作为根结点，同时将该树的深度增 1。

（2）如果二叉树中已经存在与结点 e 的关键字相等的结点，则不进行插入。

（3）如果结点 e 的关键字小于要插入位置的结点的关键字，则将 e 插入到该结点的左子树位置，并将该结点的左子树高度增 1，同时修改该结点的平衡因子；如果该结点的平衡因子绝对值大于 1，则需要进行平衡化处理。

（4）如果结点 e 的关键字大于要插入位置的结点的关键字，则将 e 插入到该结点的右子树位置，并将该结点的右子树高度增 1，同时修改该结点的平衡因子；如果该结点的平衡因子绝对值大于 1，则需要进行平衡化处理。

二叉排序树的平衡化处理算法实现包括两个部分：平衡二叉排序树的插入操作和平衡处理。平衡二叉排序树的插入算法实现如下：

```python
def InsertAVL(self, T, e, taller):
#如果在平衡的二叉排序树 T 中不存在与 e 有相同关键字的结点，则将 e 插入并返回 1，否则返回 0
#如果插入新结点后使二叉排序树失去平衡，则进行平衡旋转处理
    if T==None:              #如果二叉排序树为空，则插入新结点，将 taller 置为 1
        T=BSTNode()
        T.data=e
        T.bf=0
        taller=1
    else:
        if e==T.data:        #如果树中存在和 e 的关键字相等，则不进行插入操作
            taller=0
            return 0
        if e<T.data:         #如果 e 的关键字小于当前结点的关键字，则继续在 T 的左子树中进行查找
            if self.InsertAVL(T.lchild,e,taller)==0:
                return 0
            if taller:       #已插入到 T 的左子树中且左子树"长高"
                if T.bf==1:  #检查 T 的平衡度，在插入之前，左子树比右子树高，需要作左平衡处理
                    self.LeftBalance(T)
                    taller=0
                elif T.bf==0:  #在插入之前，左、右子树等高，树增高将 taller 置为 1
                    T.bf=1
                    taller=1
                elif T.bf==-1:  #在插入之前，右子树比左子树高，现左、右子树等高
                    T.bf=0
                    taller=0
        else:
            #应继续在 T 的右子树中进行搜索
            if self.InsertAVL(T.rchild,e,taller)==0:
                return 0
            if taller:       #已插入到 T 的右子树且右子树"长高"
                if T.bf==1:  #检查 T 的平衡度，在插入之前，左子树比右子树高，现左、右子树等高
                    T.bf=0
                    taller=0
                elif T.bf==0:  #在插入之前，左、右子树等高，现因右子树增高而使树增高
                    T.bf=-1
                    taller=1
                elif T.bf==-1:  #在插入之前，右子树比左子树高，需要作右平衡处理
                    self.RightBalance(T)
                    taller=0
    return 1
```

二叉排序树的平衡处理算法实现包括四种情形：LL 型、LR 型、RL 型和 RR 型。

（1）LL 型的平衡处理

对于 LL 型的失去平衡的情形，只需要对离插入点最近的失衡结点进行一次顺时针旋转处理即可。其实现代码如下：

```
def RightRotate(self,p):
#对以 p 为根的二叉排序树进行右旋，处理之后 p 指向新的根结点，即旋转处理之前的左子树的根结点
    lc=p.lchild            #lc 指向 p 的左子树的根结点
    p.lchild=lc.rchild     #将 lc 的右子树作为 p 的左子树
    lc.rchild=p
    p.bf=0
    lc.bf=0
    p=lc                   #p 指向新的根结点
```

（2）LR 型的平衡处理

对于 LR 型的失去平衡的情形，需要进行两次旋转处理：需要先进行一次逆时针旋转，然后再进行一次顺时针旋转处理。其实现代码如下：

```
def LeftBalance(self,T):
#对以 T 所指结点为根的二叉树进行左旋转平衡处理，并使 T 指向新的根结点
    lc=T.lchild            #lc 指向 T 的左子树根结点
    if lc.bf==1:           #检查 T 的左子树的平衡度，并作相应平衡处理，调用 LL 型失衡处理。新结
点插入 T 的左孩子的左子树上，需要进行单右旋处理
        T.bf=0
        lc.bf=0
        self.RightRotate(T)
    elif lc.bf==-1:  #LR 型失衡处理。新结点插入在 T 的左孩子的右子树上，要进行双旋处理
        rd=lc.rchild   #rd 指向 T 的左孩子的右子树的根结点
        if rd.bf==1:   #修改 T 及其左孩子的平衡因子
            T.bf=-1
            lc.bf=0
        elif rd.bf==0:
            T.bf=0
            lc.bf=0
        elif rd.bf==-1:
            T.bf=0
            lc.bf=1
        rd.bf=0
        self.LeftRotate(T.lchild)     #对 T 的左子树作左旋平衡处理
        self.RightRotate(T)           #对 T 作右旋平衡处理
```

（3）RL 型的平衡处理

对于 RL 型的失去平衡的情形，需要进行两次旋转处理：需要先进行一次顺时针旋转，然后再进行一次逆时针旋转处理。其实现代码如下：

```
def RightBalance(self,T):
#对以 T 所指结点为根的二叉树作右旋转平衡处理，并使 T 指向新的根结点
    rc=T.rchild            #rc 指向 T 的右子树根结点
    if rc.bf==-1:          #调用 RR 型平衡处理。检查 T 的右子树的平衡度，并作相应平衡处理，新结
点插入在 T 的右孩子的右子树上，要作单左旋处理
```

```
        T.bf=0
        rc.bf=0
        self.LeftRotate(T)
    elif rc.bf==1:       #RL 型平衡处理。新结点插入 T 的右孩子的左子树上，需要进行双旋处理
        rd=rc.lchild     #rd 指向 T 的右孩子的左子树的根结点
        if rd.bf==-1:    #修改 T 及其右孩子的平衡因子
            T.bf=1
        elif rd.bf==0:
            T.bf=0
            rc.bf=0
        elif rd.bf==1:
            T.bf=0
            rc.bf=-1
        rd.bf=0
        self.RightRotate(T.rchild)    #对 T 的右子树作右旋平衡处理
        self.LeftRotate(T)            #对 T 作左旋平衡处理
```

（4）RR 型的平衡处理

对于 RR 型的失去平衡的情形，只需要对离插入点最近的失衡结点进行一次逆时针旋转处理即可。其实现代码如下：

```
def LeftRotate(self,p):
#对以 p 为根的二叉排序树进行左旋，处理之后 p 指向新的根结点，即旋转处理之前的右子树的根结点
    rc=p.rchild             #rc 指向 p 的右子树的根结点
    p.rchild=rc.lchild      #将 rc 的左子树作为 p 的右子树
    rc.lchild=p
    p=rc                    #p 指向新的根结点
```

在平衡二叉排序树的查找过程与二叉排序树类似，其比较次数最多为树的深度，如果树的结点个数为 n，则时间复杂度为 $O(\log_2 n)$。

思政元素：有序顺序表、索引顺序表、二叉排序树的查找均体现出发现规律、掌握规律的重要性。对于有序顺序表的查找，通过发现查找表中元素的规律而设置哨兵，以减少查找过程中的比较次数，从而提高查找效率。对于索引顺序表，通过构造索引缩小查找范围以提高查找效率。对于二叉排序树的查找，通过构造出的二叉树满足性质：左孩子结点元素值≤根结点元素值≤右孩子结点元素值，在查找时按照比较结果确定待查找元素所在的子树，以缩小查找范围。这些查找策略都是充分利用了事物的规律而设计的。

7.4 B-树与B+树

B-树与 B+是两种特殊的动态查找树。

7.4.1 B-树

B-树与二叉排序树类似，它是一种特殊的动态查找树，也是一种 m 叉排序树。下面介绍 B-树的定义、查找、插入与删除操作。

1. B-树的定义

B-树是一种平衡的排序树，也称为 m 路（阶）查找树。一棵 m 阶 B-树或者是一棵空树，或者是满足以下性质的 m 叉树：

（1）树中的任何一个结点最多有 m 棵子树。

（2）根结点或者是叶子结点，或者至少有两棵子树。

（3）除了根结点之外，所有的非叶子结点至少应有 $\lceil m/2 \rceil$ 棵子树。

（4）所有的叶子结点处于同一层次上，且不包括任何关键字信息。

（5）所有的非叶子结点的结构如下：

n	P_0	K_1	P_1	K_2	⋯	K_n	P_n

其中，n 表示对应结点中的关键字的个数，P_i 表示指向子树的根结点的指针，并且 P_i 指向的子树中每一个结点的关键字都小于 $K_{i+1}(i=0,1,\ldots,n-1)$。

例如，一棵深度为 4 的 4 阶 B-树如图 7.17 所示。

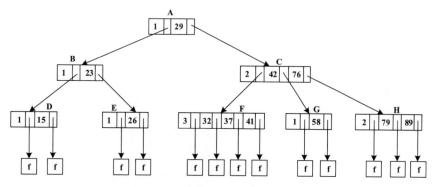

图 7.17　一棵深度为 4 的 4 阶 B-树

2. B-树的查找

在 B-树中，查找某个关键字的过程与二叉排序树的查找过程类似。在 B-树中的查找过程如下：

（1）若 B-树为空，则查找失败，否则将待比较元素的关键字 key 与根结点元素的每个关键字 $K_i(1 \leq i \leq n-1)$ 进行比较。

（2）若 key 与 K_i 相等，则查找成功。

（3）若 key<K_i，则在 P_{i-1} 指向的子树中查找。

（4）若 K_i <key<K_{i+1}，则在 P_i 指向的子树中查找。

（5）若 key>K_{i+1}，则在 P_{i+1} 指向的子树中查找。

例如，要查找关键字为 41 的元素，首先从根结点开始，将 41 与 A 结点的关键字 29 比较，因为 41>29，所以应该在 P_1 所指向的子树内查找。P_1 指向结点 C，因此需要将 41 与结点 C 中的关键字逐个比较，因为有 41<42，所以应该在 P_0 指向的子树内查找。P_0 指向结点 F，因此需要将 41 与结点 F 中的关键字逐个进行比较，在结点 F 中存在关键字为 41 的元素，因此查找成功。

在 B-树中的查找过程其实就是对二叉排序树中查找的扩展，与二叉排序树不同的是，在 B-树中，每个结点有不止一个子树。在 B-树中进行查找需要顺着 P_i 找到对应的结点，然后在结点中顺序查找。

B-树的类型描述如下：

```python
class BTNode:                    #B-树类型定义
    def __init__(self):
        self.keynum=0            #每个结点中的关键字个数
        self.parent=None         #指向双亲结点
        self.data=[]             #结点中关键字信息
        self.ptr=[]              #指针向量
```

B-树的查找算法描述如下。

```python
class Result:                    #返回结果类型定义
    def __init__(self):
        self.pt=None             #指向找到的结点
        self.pos=None            #关键字在结点中的序号
        self.flag=None           #查找成功与否标志
    def BTreeSearch(self,T,k):
        #在 m 阶 B-树 T 上查找关键字 k，返回结果为 r(pt,pos,flag)。如果查找成功，则标志 flag 为
        #1，pt 指向关键字为 k 的结点，否则特征值 tag=0，等于 k 的关键字应插入在指针 Pt 所指结点中第 pos 和
        #第 pos+1 个关键字之间
        p=T
        q=None
        i=0
        found=0
        r=Result()
        while p and found==0:
            i=self.Search(p,k)           #p->data[i]≤k<p->data[i+1]
            if i>0 and p.data[i]==k:     #如果找到要查找的关键字，标志 found 置为 1
                found=1
            else:
                q=p
                p=p.ptr[i]
        if found:                        #查找成功，返回结点的地址和位置序号
            r.pt=p
            r.flag=1
            r.pos=i
        else:                            #查找失败，返回 k 的插入位置信息
            r.pt=q
            r.flag=0
            r.pos=i
        return r
    def Search(self,T, k):               #在 T 指向的结点中查找关键字为 k 的序号
        i=1
```

```
n=T.keynum
while i<=n and T.data[i]<=k:
    i+=1
return i-1
```

3. B-树的插入操作

B-树的插入操作与二叉排序树的插入操作类似，都是使插入后，结点的左边的子树中每一个结点关键字小于根结点的关键字，右边子树的结点关键字大于根结点的关键字。而与二叉排序树不同的是，插入的关键字不是树的叶子结点，而是树中处于最低层的非叶子结点，同时该结点的关键字个数最少应该是 $\lceil m/2 \rceil$-1，最大应该是 m-1，否则需要对该结点进行分裂。

例如，图 7.18 所示为一棵 3 阶 B-树（省略了叶子结点），在该 B-树中依次插入关键字 42、25、78 和 43。

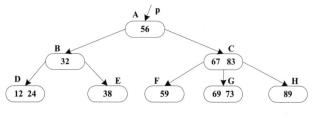

图 7.18　一棵 3 阶 B-树

插入关键字 42：首先需要从根结点开始，确定关键字 42 应插入的位置应该是结点 E。因为插入后结点 E 中的关键字个数大于 1（$\lceil m/2 \rceil$-1）小于 2（m-1），所以插入成功。插入后 B-树如图 7.19 所示。

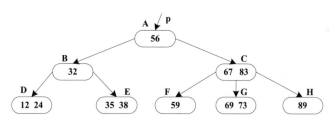

图 7.19　插入关键字 42 的过程

插入关键字 25：从根结点开始确定关键字 25 应插入的位置为结点 D。因为插入后结点 D 中的关键字个数大于 2，需要将结点 D 分裂为两个结点，关键字 24 被插入到双亲结点 B 中，关键字 12 被保留在结点 D 中，关键字 25 被插入到新生成的结点 D'中，并使关键字 24 的右指针指向结点 D'。插入关键字 25 的过程如图 7.20 所示。

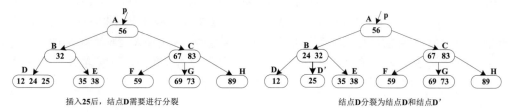

插入 25 后，结点 D 需要进行分裂　　　　　结点 D 分裂为结点 D 和结点 D'

图 7.20　插入关键字 25 的过程

插入关键字 78：从根结点开始确定关键字 78 应插入的位置为结点 G。因为插入后结点 G 中的关键字个数大于 2，所以需要将结点 G 分裂为两个结点，其中关键字 73 被插入到结点 C 中，关键字 69 被保留在结点 F 中，关键字 78 被插入到新的结点 G'中，并使关键字 73 的右指针指向结点 G'。插入关键字 78 的过程及结点 C 分裂过程如图 7.21 所示。

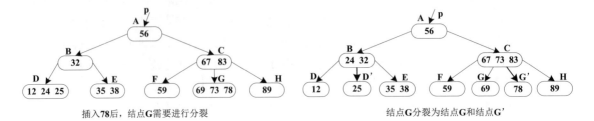

图 7.21　插入关键字 78 及结点 C 的分裂过程

此时，结点 C 的关键字个数大于 2，因此，需要将结点 C 进行分裂为两个结点。将中间的关键字 73 插入到双亲结点 A 中，关键字 83 保留在 C 中，关键字 67 被插入到新结点 C'中，并使关键字 56 的右指针指向结点 C'，关键字 73 的右指针指向结点 C。结点 C 的分裂过程如图 7.22 所示。

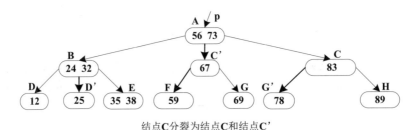

结点C分裂为结点C和结点C'

图 7.22　结点 C 分裂为结点 C 和 C'的过程

插入关键字 43：从根结点开始确定关键字 43 应插入的位置为结点 E。如图 7.23 所示。因为插入后结点 E 中的关键字个数大于 2，所以需要将结点 E 分裂为两个结点，其中中间关键字 38 被插入到双亲结点 B 中，关键字 43 被保留在结点 E 中，关键字 35 被插入到新的结点 E'中，并使关键字 32 的右指针指向结点 E'，关键字 38 的右指针指向结点 E。结点 E 被分裂的过程如图 7.24 所示。

此时，结点 B 中的关键字个数大于 2，需要进一步分解结点 B，其中关键字 32 被插入到双亲结点 A 中，关键字 24 被保留在结点 B 中，关键字 32 被插入到新结点 B'中，关键字 24 的左、右指针分别指向结点 D 和 D'，关键字 32 的左、右指针分别指向结点 E 和 E'。结点 B 被分裂的过程如图 7.25 所示。

关键字 32 被插入到结点 A 中后，结点 A 的关键字个数大于 2，因此，需要对结点 A 分裂为两个结点，因为结点 A 是根结点，所以需要生成一个新结点 R 作为根结点，将结点 A 中的中间的关键字 56 插入到 R 中，关键字 32 被保留在结点 A 中，关键字 73 被插入到新结点 A'中，关键字 56 的左、右指针分别指向结点 A 和 A'。关键字 32 的左、右指针分别指向结点 B 和 B'，关键字 73 的左、右指针分别指向结点 C 和 C'。结点 A 被分裂的过程如图 7.26 所示。

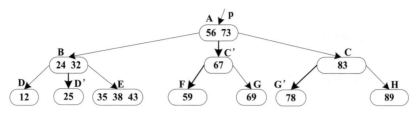

插入关键字**43**后，结点**E**需要分裂

图 7.23　插入关键字 43 的过程

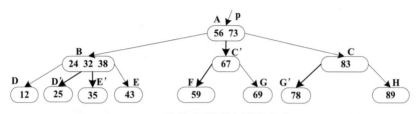

结点**E**分裂为结点**E**和结点**E'**

图 7.24　结点 E 的分裂过程

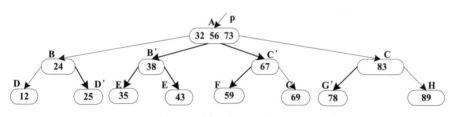

结点**B**分裂为结点**B**和结点**B'**

图 7.25　结点 B 的分裂过程

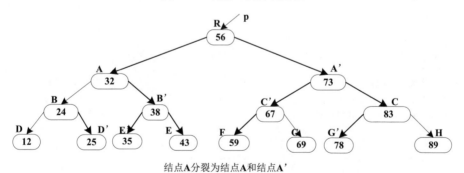

结点**A**分裂为结点**A**和结点**A'**

图 7.26　结点 A 的分裂过程

在 B-树的插入关键字的算法如下：

```
def BTreeInsert(self,T,k,p,i):
#在 m 阶 B-树 T 上结点 p 插入关键字 k。如果结点关键字个数>m-1，则进行结点分裂调整
    ap = None
    finished = 0
    if T == None:    #如果树 T 为空，则生成的结点作为根结点
```

```
            T=BTNode()
            T.keynum=1
            T.parent=None
            T.data[1]=k
            T.ptr[0]=None
            T.ptr[1]=None
        else:
          rx=k
          while p and finished==0:
              self.Insert(p, i, rx, ap)#将 rx 和 ap 分别插入到 p.ptr[i+1]和 p.ptr[i+1]中
              if p.keynum < m:  #如果关键字个数小于 m，则表示插入完成
                  finished = 1
              else:     #分裂结点 p
                  s = (m + 1) / 2
                  self.split(p, ap)    #将 p.key[s + 1..m], p.ptr[s..m]和 p.ptr[s + 1..m]
移入新结点 ap
                  rx = p.data[s]
                  p = p.parent
                  if p:
                      i=self.Search(p, rx)   #在双亲结点 p 中查找 rx 的插入位置
          if finished==0:  #生成含信息(T, rx, ap)的新的根结点 T，原 T 和 ap 为子树指针
              newroot = BTNode()
              newroot.keynum = 1
              newroot.parent = None
              newroot.data[1] = rx
              newroot.ptr[0] = T
              newroot.ptr[1] = ap
              T = newroot

    def Insert(self, p,i, k, ap):#将 k 和 ap 分别插入到 p.data[i + 1]和 p.ptr[i + 1]中
        for j in range(p.keynum,i,-1): #空出 p->data[i+1]
            p.data[j + 1] = p.data[j]
            p.ptr[j + 1] = p.ptr[j]
        p.data[i + 1] = k
        p.ptr[i + 1] = ap
        p.keynum +=1
    def split(self,p, ap):
        #将结点 p 分裂成两个结点，前一半保留，后一半移入新生成的结点 ap
        s = (m + 1) / 2
        ap = BTNode()                   #生成新结点 ap
        ap.ptr[0] = p.ptr[s]            #后一半移入 ap
        for i in range(s+1,m+1):
            ap.data[i - s] = p.data[i]
            if ap.ptr[i-s]:
                ap.ptr[i-s].parent= ap
        ap.keynum = m - s
        ap.parent = p.parent
        p.keynum = s - 1                #p 的前一半保留，修改 keynum
```

4. B-树的删除操作

对于要在 B-树中删除一个关键字的操作，首先利用 B-树的查找算法，找到关键字所在的结点，然后将该关键字从该结点删除。如果删除该关键字后，该结点中的关键字个数仍然大于等于 $\lceil m/2 \rceil$ -1，则删除完成，否则需要进行合并结点。

B-树的删除操作有以下三种可能：

（1）要删除的关键字所在结点的关键字个数大于等于 $\lceil m/2 \rceil$，则只需要将关键字 K_i 和对应的指针 P_i 从该结点中删除即可。因为删除该关键字后，该结点的关键字个数仍然不小于 $\lceil m/2 \rceil - 1$。例如，图 7.27 显示了从结点 E 中删除关键字 35 的过程。

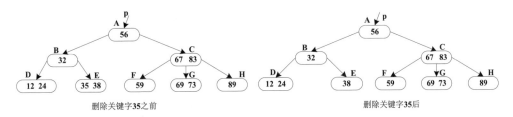

图 7.27　删除关键字 35 的过程

（2）要删除的关键字所在结点的关键字个数等于 $\lceil m/2 \rceil - 1$，而与该结点相邻的兄弟结点（左兄弟或右兄弟）中的关键字个数大于 $\lceil m/2 \rceil - 1$，则删除关键字后，需要将其兄弟结点中最小（或最大）的关键字移动到双亲结点中，将小于（或大于）并且离移动的关键字最近的关键字移动到被删关键字所在的结点中。例如，将关键字 89 删除后，需要将关键字 73 向上移动到双亲结点 C 中，并将关键字 83 下移到结点 H 中，得到如图 7.28 所示的 B-树。

（3）要删除的关键字所在结点的关键字个数等于 $\lceil m/2 \rceil - 1$，而与该结点相邻的兄弟结点（左兄弟或右兄弟）中的关键字个数也等于 $\lceil m/2 \rceil - 1$，则删除关键字（假设该关键字由指针 P_i 指示）后，需要将剩余关键字与其双亲结点中的关键字 K_i 与兄弟结点（左兄弟或右兄弟）中的关键字进行合并，同时将与其双亲结点的指针 P_i 一块合并。例如，将关键字 83 删除后，需要将关键字 83 的左兄弟结点的关键字 69 与其双亲结点中的关键字 73 合并到一起，得到如图 7.29 所示的 B-树。

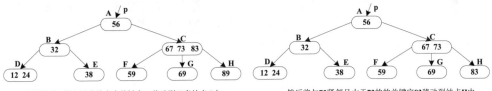

图 7.28　删除关键字 89 的过程

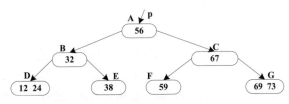

删除关键字**83**后，将其双亲结点与左兄弟结点中的关键字合并

图 7.29　删除关键字 83 的过程

7.4.2　B+树

B+树是 B-树的一种变型。它与 B-树的主要区别在于：

（1）如果一个结点有 n 棵子树，则该结点也必有 n 个关键字，即关键字个数与结点的子树个数相等。

（2）所有的非叶子结点包含子树的根结点的最大或者最小的关键字信息，因此所有的非叶子结点可以作为索引。

（3）叶子结点包含所有关键字信息和关键字记录的指针，所有叶子结点中的关键字按照从小到大的顺序依次通过指针链接。

由此可以看出，B+树的存储方式类似于索引顺序表的存储结构，所有的记录存储在叶子结点中，非叶子结点作为一个索引表。图 7.30 所示为一棵 3 阶 B+树。

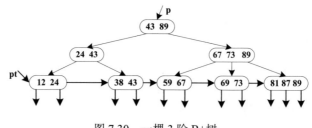

图 7.30　一棵 3 阶 B+树

在图 7.30 中，B+树有两个指针：一个指向根结点的指针，另一个指向叶子结点的指针。因此，对 B+树的查找可以从根结点开始，也可以从指向叶子结点的指针开始。从根结点开始的查找是一种索引方式的查找，而从叶子结点开始的查找是顺序查找，类似于链表的访问。

从根结点对 B+树进行查找给定的关键字，是从根结点开始经过非叶子结点到叶子结点。查找每一个结点，无论查找是否成功，都是走了一条从根结点到叶子结点的路径。在 B+树上插入一个关键字和删除一个关键字都是在叶子结点中进行，在插入关键字时，要保证每个结点中的关键字个数不能大于 m，否则需要对该结点进行分裂。在删除关键字时，要保证每个结点中的关键字个数不能小于 $\lceil m/2 \rceil$，否则需要与兄弟结点合并。

7.5　哈　希　表

前面讨论过的查找算法都经过了一系列与关键字比较的处理过程，这一类算法是建立在"比较"的基础上的，查找算法效率的高低取决于比较的次数。而比较理想的情况是不经过比较就能直接确定要查找元素的位置，这就必须在记录的存储位置和它的关键字之间建立一个确定的对应关系，使得每一个关键字和记录中的存储位置相对应，通过数据元素的关键字直接确定其存放的位置。这就是本节将要介绍的哈希表。

7.5.1　哈希表的定义

如何在查找元素的过程中，不与给定的关键字进行比较，就能确定所查找元素的存放位置。这就需要在元素的关键字与元素的存储位置之间建立起一种对应关系，使得元素的关键字与唯一的存储位置对应。有了这种对应关系，在查找某个元素时，只需要利用这种确定的对应关系，由给定的关键字就可以直接找到该元素。用 key 表示元素的关键字，f 表示对应关系，则 f(key) 表示元素的存储地址，将这种对应关系 f 称为哈希（Hash）函数，利用哈希函数可以建立哈希表。哈希函数也称为散列函数。

例如，一个班级有 30 名学生，将这些学生用各自姓氏的拼音排序，其中姓氏首字母相同的学生放在一起。根据学生姓名的拼音首字母建立的哈希表如表 7.2 所示。

表7.2   哈希表示例

序号	姓氏拼音	学生姓名
1	A	安紫衣
2	B	白小翼
3	C	陈立本、陈冲
4	D	邓华
5	E	
6	F	冯高峰
7	G	耿敏、弓宁
8	H	何山、郝国庆
...	...	...

这样，如在查找姓名为"冯高峰"的学生时，就可以从序号为 6 的一行直接找到该学生。这种方法要比在一堆杂乱无章的姓名中查找要方便得多，但是，如果要查找姓名为"郝国庆"的学生时，拼音首字母为"H"的学生有多个，这就需要在该行中顺序查找。像这种不同的关键字 key 出现在同一地址上，即有 key1≠key2、f(key1)=f(key2) 的情况称为哈希冲突。

在一般情况下，尽可能避免冲突的发生或者尽可能少发生冲突。元素的关键字越多，越容易发生冲突。只有少发生冲突，才能尽可能快地利用关键字找到对应的元素。因此，为了更加高效地查找集合中的某个元素，不仅需要建立一个哈希函数，还需要一个解决哈希函数冲突的方法。所谓哈希表，就是根据哈希函数和解决冲突的方法，将元素的关键字映射在一个有限且连续的地址，并将元素存储在该地址上的表。

7.5.2　哈希函数的构造方法

构造哈希函数主要是为了使哈希地址尽可能地均匀分布以减少冲突的可能性，并使计算方法尽可能地简便以提高运算效率。哈希函数的构造方法有许多，常见的构造哈希函数的方法介绍如下：

1. 直接定址法

直接定址法就是直接取关键字的线性函数值作为哈希函数的地址。直接定址法可以表示如下：

```
h(key)=x*key+y
```

其中 x 和 y 是常数。直接定址法的计算比较简单且不会发生冲突。但是，由于这种方法会使产生的哈希函数地址比较分散，造成内存的大量浪费。例如，如果任给一组关键字 {230,125,456,46,320,760,610,109}，如果令 x=1、y=0，则需要 714（最大的关键字减去最小的关键字即 760-46）个内存单元存储这 8 个关键字。

2. 平方取中法

平方取中法就是将关键字的平方得到的值的其中几位作为哈希函数的地址。由于一个数经过平方后，每一位数字都与该数的每一位相关，因此，采用平方取中法得到的哈希地址与关键字的每一位都相关，达到了哈希地址有了较好的分散性，从而避免冲突的发生。

例如，如果给定关键字 key=3456，则关键字取平方后，即 key^2=11943936，取中间的四位得到哈希函数的地址，即 h(key)=9439。在得到关键字的平方后，具体取哪几位作为哈希函数的地址根据具体情况决定。

3. 折叠法

折叠法是将关键字平均分割为若干等分，最后一个部分如果不够可以空缺，然后将这几个等分叠加求和作为哈希地址。这种方法主要用在关键字的位数特别多且每一个关键字的位数分布大体相当的情况。例如，给定一个关键字 23478245983，可以按照 3 位将该关键字分割为几个部分，其折叠计算方法如下：

$$
\begin{array}{r}
234 \\
782 \\
459 \\
83 \\
\hline
h(key)=1558
\end{array}
$$

然后去掉进位，将 558 作为关键字 key 的哈希地址。

4. 除留余数法

除留余数法主要是通过对关键字取余，将得到的余数作为哈希地址。其主要方法为：设哈希表长为 m，p 为小于等于 m 的数，则哈希函数为 h(key)=key%p。除留余数法是一种常用的求哈希函数方法。

例如，给定一组关键字{75,149,123,183,230,56,37,91}，设哈希表长 m 为 14，取 p=13，则这组关键字的哈希地址存储情况为：

	0	1	2	3	4	5	6	7	8	9	10	11	12	13
hash 地址	91	183			56		123	149		230	75	37		

在求解关键字的哈希地址时，一般情况下，p 为小于等于表长的最大质数。

7.5.3 处理冲突的方法

在构造哈希函数的过程中，不可避免地会出现冲突的情况。所谓处理冲突就是在有冲突发生时，为产生冲突的关键字找到另一个地址存放该关键字。在解决冲突的过程中，可能会得到一系列哈希地址 h_i(i=1,2,…,n)，也就是发生第一冲突时，经过处理后得到第一新地址记作 h_1，如果 h_1 仍会冲突，则处理后得到第二个地址 h_2，以此类推，直到 h_n 不产生冲突，将 h_n 作为关键字的存储地址。

处理冲突的方法比较常用的主要有：开放定址法、再哈希法和链地址法。

1. 开放定址法

开放定址法是解决冲突比较常用的方法。开放定址法就是利用哈希表中的空地址存储产生冲突的关键字。当冲突发生时，按照下列公式处理冲突：

$h_i = (h(key) + d_i)\%m$，其中 $i = 1,2,…,m-1$

其中，h(key) 为哈希函数，m 为哈希表长，d_i 为地址增量。地址增量 d_i 可以通过三种方法获得：

（1）线性探测再散列：在冲突发生时，地址增量 d_i 依次取 1,2,…,m-1 自然数列，即 $d_i=1,2,…,m-1$。

（2）二次探测再散列：在冲突发生时，地址增量 d_i 依次取自然数的平方，即 $d_i=1^2,-1^2,2^2,-2^2,…,k^2,-k^2$。

（3）伪随机数再散列：在冲突发生时，地址增量 d_i 依次取随机数序列。

例如，在长度为 14 的哈希表中，在将关键字 183、123、230、91 存放在哈希表中的情况如图 7.31 所示。

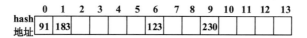

图 7.31　哈希表冲突发生前

当要插入关键字 149 时，由哈希函数 h(149)=149%13=6，而单元 6 已经存在关键字，产生冲突，利用线性探测再散列法解决冲突，即 $h_1=(6+1)\%14=7$，将 149 存储在单元 7 中，如图 7.32 所示。

图 7.32　插入关键字 149 后

当要插入关键字 227 时，由哈希函数 h(227)=227%13=6，而单元 6 已经存在关键字，产生冲突，利用线性探测再散列法解决冲突，即 $h_1=(6+1)\%14=7$，仍然冲突，继续利用线性探测法，即 $h_2=(6+2)\%14=8$，单元 8 空闲，因此将 227 存储在单元 8 中，如图 7.33 所示。

图 7.33　插入关键字 227 后

当然，在冲突发生时，也可以利用二次探测再散列解决冲突。如图 7.32 所示，如果要插入关键字 227，因为产生冲突，利用二次探测再散列法解决冲突，即 $h_1=(6+1)\%14=7$，再次产生冲突时，有 $h_2=(6-1)\%14=5$，将 227 存储在单元 5 中，如图 7.34 所示。

图 7.34　利用二次探测再散列解决冲突

2. 再哈希法

再哈希法就是在冲突发生时，利用另外一个哈希函数再次求哈希函数的地址，直到冲突不再发生为止，即：

```
hᵢ=rehash(key)，i=1,2,…,n
```

其中，rehash 表示不同的哈希函数。这种再哈希法一般不容易再次发生冲突，但是需要事先构造多个哈希函数，这是一件不太容易也不现实的事情。

3. 链地址法

链地址法就是将具有相同散列地址的关键字用一个线性链表存储起来。每个线性链表设置一个头指针指向该链表。链地址法的存储表示类似于图的邻接表表示。在每一个链表中，所有的元素都是按照关键字有序排列。链地址法的主要优点是在哈希表中增加元素和删除元素很方便。

例如，一组关键字序列{23,35,12,56,123,39,342,90,78,110}，按照哈希函数 h(key)=key%13 和链地址法处理冲突，其哈希表如图 7.35 所示。

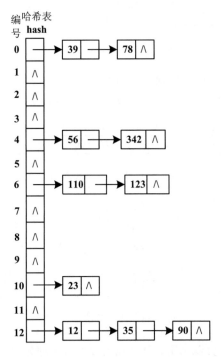

图 7.35　链地址法处理冲突的哈希表

7.5.4　哈希表查找与分析

哈希表的查找过程与哈希表的构造过程类似，对于给定的关键字 key，按照哈希函数获得哈希地址；若哈希地址所指位置已有记录，且其关键字不等于给定值 key，则根据冲突处理方法求出 key 应存放的下一地址，直到求得的哈希地址空闲或存储的关键字等于给定的 key 为止。若求得的哈希地址对应内存单元中存储的关键字等于 key，则表明查找成功；若求得的哈希地址对应的存储单元空闲，则查找失败。

在哈希查找过程中，查找效率的高低除了与解决冲突的方法有关外，在处理冲突方法相同的情况下，其平均查找时间还依赖于哈希表的装填因子，哈希表的装填因子 α 定义为：

$$\alpha = \frac{\text{表中填入的记录数}}{\text{哈希表长度}}$$

装填因子越小，表中填入的记录就越小，发生冲突的可能性就会越小；反之，表中已填入的记录越多，再继续填充记录时，发生冲突的可能性就越大，则查找时进行关键字查找的比较次数就会越多。

（1）查找成功时的平均查找长度定义如下：

$$ASL_{\text{成功}} = \frac{1}{\text{表中的元素总个数n}} \times \sum_{i=1}^{n} C_i$$

其中，C_i 为查找第 i 个元素时所需的比较次数。

（2）查找失败时的平均查找长度定义如下：

$$ASL_{\text{失败}} = \frac{1}{\text{哈希函数取值个数r}} \times \sum_{i=1}^{n} C_i$$

其中，C_i 为哈希函数取值为 i 时查找失败的比较次数。

对于图 7.35 所示采用链地址法处理冲突时，对于每个单链表中的第一个关键字，即 39、56、110、23、12，查找成功时只需要比较 1 次。对于每个链表的第二个关键字，即 78、342、123、35，查找成功时只需要比较 2 次。对于关键字 90，需要比较 3 次可确定查找成功。因此，查找成功时的平均查找长度为：

$$ASL_{\text{成功}} = \frac{1}{10} * (1*5 + 2*4 + 3) = 1.6$$

对于图 7.35 所示采用链地址法处理冲突时，若待查找的关键字不在表中，当 h(key)=1，其所指向的单链表有 2 个结点，所以需要比较 3 次才能确定查找失败；当 h(key)=1，其指针域为空，只需比较 1 次即可确定查找失败。依次类推，对 h(key)=2,3,...,12 的情况分别进行分析，可得查找失败时的平均查找长度为：

$$ASL_{\text{失败}} = \frac{1}{13} * (1*8 + 3 + 3 + 3 + 2 + 4) = 1.77$$

7.5.5 哈希表应用举例

【例 7.2】给定一组元素的关键字 hash[]={23,35,12,56,123,39,342,90}，表长为 11，利用除留余数法和线性探测再散列法将元素存储在哈希表中，并查找给定的关键字，求解查找成功时的平均查找长度，最后编程验证。

分析：主要考察哈希函数的构造方法、冲突解决的办法。算法实现主要包括几个部分：构建哈希表、在哈希表中查找给定的关键字、输出哈希表及求平均查找长度。由于哈希表的长度 m 为 11，则 p 取 11，利用除留余数法求哈希函数，即 h(key)=key%p，利用线性探测再散列解决冲突，即 $h_i=(h(key)+d_i)$，哈希表如图 7.36 所示。

	0	1	2	3	4	5	6	7	8	9	10
hash 地址		23	35	12	56	123	39	342	90		
冲突次数		1	1	3	4	4	1	7	7		

图 7.36 哈希表

哈希表的查找过程就是利用哈希函数和处理冲突创建哈希表的过程。例如，要查找 key=12，由哈希函数 h(12)=12%11=1，此时与第 1 号单元中的关键字 23 比较，因为 23≠12，又 h_1=(1+1)%11=2，所以将第 2 号单元的关键字 35 与 12 比较，因为 35≠12，又 h_2=(1+2)%11=3，所以将第 3 号单元中关键字 12 与 key 比较，因为 key=12，所以查找成功，返回序号 2。

尽管利用哈希函数可以利用关键字直接找到对应的元素，但是不可避免地仍然会有冲突产生，在查找的过程中，比较仍然不可避免，因此，仍然以平均查找长度衡量哈希表查找的效率高低。假设每个关键字的查找概率都是相等的，则在图 7.37 中的哈希表中，查找某个元素成功时的平均查找长度 ASL 成功=$\frac{1}{8}$*(1*3+3+4*2+7*2)=3.5。

1. 哈希表的操作

这部分主要包括包括哈希表的创建、查找与求哈希表平均查找长度。

```python
class HashData: #元素类型定义
    def __init__(self,hi=0,key=None):
        self.hi=hi #冲突次数
        self.key=key
class HashTable: #哈希表类型定义
    def __init__(self,tableSize=0,curSize=0):
        self.data=[]
        self.tableSize=tableSize    #哈希表的长度
        self.curSize=curSize        #表中关键字个数
    def CreateHashTable(self,m,p,hash,n):
        #构造一个空的哈希表，并处理冲突
        k=1
        for i in range(m): #初始化哈希表
            hd=HashData(0,-1)
            self.data.append(hd)
        for i in range(n): #求哈希函数地址并处理冲突
            sum=0       #冲突的次数
            addr=hash[i]%p  #利用除留余数法求哈希函数地址
            di=addr
            if self.data[addr].key==-1:        #如果不冲突则将元素存储在表中
                self.data[addr].key=hash[i]
                self.data[addr].hi=1
            else:               #用线性探测再散列法处理冲突
                while self.data[di].key!=-1:
                    di=(di+k)%m
```

```
            sum+=1
        self.data[di].key=hash[i]
        self.data[di].hi=sum+1
    self.curSize=n        #哈希表中关键字个数为n
    self.tableSize=m      #哈希表的长度

def SearchHash(self, k):#在哈希表H中查找关键字k的元素
    m=self.tableSize
    d=k%m
    d1=k%m      #求k的哈希地址
    while self.data[d].key!=-1:
        if self.data[d].key==k:        #如果是要查找的关键字k，则返回k的位置
            return d
        else:              #继续往后查找
            d=(d+1)%m
        if d==d1:           #如果查找了哈希表中的所有位置，没有找到则返回0
            return 0
    return 0                #该位置不存在关键字k
def HashASL(self, m):  #求哈希表的平均查找长度
    average=0
    for i in range(m):
        average+=self.data[i].hi
    average=average/self.curSize
    print("平均查找长度ASL=%.2f"%average)
```

2. 测试部分

```
    def DisplayHash(self,m):  #输出哈希表
        print("哈希表地址： ",end='')
        for i in range(m):
            print("%-5d"%i,end='')
        print("")
        print("关键字key: ",end='')
        for i in range(m):
            print("%-5d"%self.data[i].key,end='')
        print("")
        print("冲突次数：    ",end='')
        for i in range(m):
            print("%-5d"%self.data[i].hi,end='')
        print("")
if __name__ == '__main__':
    hash = [23, 35, 12, 56, 123, 39, 342, 90]
    m = 11
    p = 11
    n = 8
    hashtable=HashTable()
    hashtable.CreateHashTable(m, p, hash, n)
    hashtable.DisplayHash(m)
    k = 123
    pos = hashtable.SearchHash(k)
    print("关键字%d在哈希表中的位置为：%d"%(k, pos))
```

```
hashtable.HashASL(m)
```

程序运行结果如图 7.37 所示。

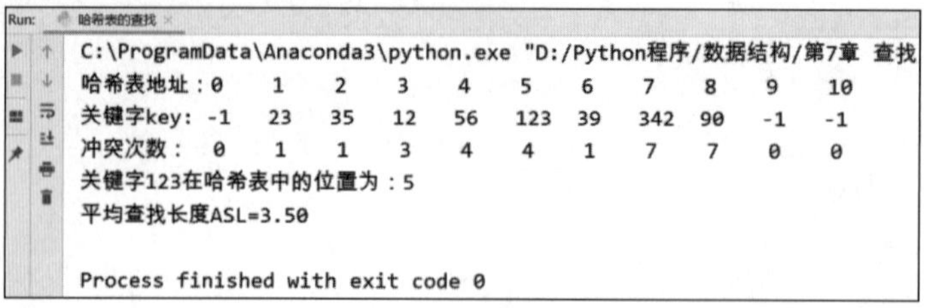

图 7.37　程序运行结果

思政元素：在查找过程中，静态查找和动态查找各有其优势。对于数据元素不变的情况，可采用静态查找方式；对于数据元素不确定的情况，可采用动态查找，边查找边建立查找结构——树，如果树中不存在待查找元素，可将该元素插入到树中。对于动态查找，树的结构是不断变化的，而查找过程中，它又是静止的。静态查找和动态查找体现出动态与静止、特殊与一般的辩证关系，以及静止和动态的关系。只有承认相对静止，才能区分事物，才能理解物质的多样性。

7.6　小　结

查找分为两种：静态查找与动态查找。静态查找是指在数据元素集合中查找与给定的关键字相等的元素。而动态查找是指在查找过程中，如果数据元素集合中不存在与给定的关键字相等的元素，则将该元素插入到数据元素集合中。

静态查找主要有顺序表、有序顺序表和索引顺序表的查找。对于有序顺序表的查找，在查找的过程中如果给定的关键字大于表的元素，就可以停止查找，说明表中不存在该元素（假设表中的元素按照关键字从小到大排列，并且查找从第一个元素开始比较）。索引顺序表的查找是为主表建立一个索引，根据索引确定元素所在的范围，这样可以有效地提高查找的效率。

动态查找主要包括二叉排序树、平衡二叉树、B-树和 B+树。这些都是利用二叉树和树的特点对数据元素集合进行排序，通过将元素插入到二叉树或树中建立二叉树或树，然后通过对二叉树或树的遍历按照从小到大输出元素的序列。其中，B-树和 B+树又利用了索引技术，这样可以提高查找的效率。静态查找中顺序表的平均查找长度为 $O(n)$，折半查找的平均查找长度为 $O(\log_2 n)$。动态查找中的二叉排序树的查找类似于折半查找，其平均查找长度为 $O(\log_2 n)$。

哈希表是利用哈希函数的映射关系直接确定要查找元素的位置，大大减少了与元素的关键字的比较次数。建立哈希表的方法主要有：直接定址法、平方取中法、折叠法和除留余数法等。

在进行哈希查找过程中，解决冲突最常用的方法主要有两个：开放定址法和链地址法。其中，开放定址法是利用哈希表中的空地址存储产生冲突的关键字，解决冲突可以利用地址增量解决，方法有两个：线性探测再散列和二次探测再散列。链地址法是将具有相同散列地址的关键字用一个线性链表存储起来。每个线性链表设置一个头指针指向该链表。在每一个链表中，所有的元素都是按照关键字有序排列。

7.7 习 题

一、选择题

1. 已知一个有序表为(11,22,33,44,55,66,77,88,99)，则折半查找 55 需要比较（   ）次。

    A. 1   B. 2   C. 3   D. 4

2. 设哈希表长 m=14,哈希函数 H(key)=key MOD 11。表中已有 4 个结点：addr(15)=4、addr(38)=5、addr(61)=6、addr(84)=7，其余地址为空，如果用二次探测再散列处理冲突，则关键字为 49 的地址为（   ）。

    A.8   B. 3   C. 5   D. 9

3. 在散列查找中，平均查找长度主要与（   ）有关。

    A. 散列表长度   B. 散列元素个数   C. 装填因子   D. 处理冲突方法

4. 已知一个长度为 16 的顺序表 L，其元素按关键字有序排列，若采用折半查找法查找一个 L 中不存在的元素，则关键字的比较次数最多是（   ）。

    A. 4   B. 5   C. 6   D. 7

5. 采用折半查找法查找长度为 n 的线性表时，每个元素的平均查找长度为（   ）。

    A. $O(n^2)$ B. $O(n\log_2 n)$ C. $O(n)$ D. $O(\log_2 n)$

6. 有一个有序表为{1,3,9,12,32,41,45,62,75,77,82,95,100}，当折半查找值为 82 的结点时，（   ）次比较后查找成功。

    A. 11   B. 5   C. 4   D. 8

7. 下面关于 B-树和 B+树的叙述中，不正确的结论是（   ）。

    A. B-树和 B+树都能有效地支持顺序查找   B. B-树和 B+树都能有效地支持随机查找
    C. B-树和 B+树都是平衡的多叉树   D. B-树和 B+树都可用于文件索引结构

8. 在一棵高度为 2 的 5 阶 B-树中，所含关键字个数最少是（   ）。

    A. 5   B. 7   C. 8   D. 14

9. 以下说法错误的是（   ）。

    A. 散列法存储的思想是由关键字值决定数据的存储地址
    B. 散列表的结点中只包含数据元素自身的信息，不包含指针。
    C. 负载因子是散列表的一个重要参数，它反映了散列表的饱满程度。
    D. 散列表的查找效率主要取决于散列表构造时选取的散列函数和处理冲突的方法。

10. 已知一棵 3 阶的 B-树中有 2047 个关键字，则此 B-树的最大高度为（   ），最小高度为（   ）。

    A. 11   B. 10   C. 8   D. 7

11. 查找效率最高的二叉排序树是（   ）。

    A. 所有结点的左子树都为空的二叉排序树

    B. 所有结点的右子树都为空的二叉排序树

    C. 平衡二叉树

    D. 没有左子树的二叉排序树

12. 有一个有序表为{1,3,9,12,32,41,45,62,75,77,82,95,100}，当折半查找值为82的结点时，（   ）次比较后查找成功。

    A. 1   B. 4   C. 2   D. 8

13. 下列二叉树中，不平衡的二叉树是（   ）。

 A.   B.   C.   D.

14. 对一棵二叉排序树按（   ）遍历，可得到结点值从小到大的排列序列。

    A. 先序   B. 中序   C. 后序   D. 层次

15. 解决散列法中出现的冲突问题常采用的方法是（   ）。

    A. 数字分析法、除余法、平方取中法   B. 数字分析法、除余法、线性探测法

    C. 数字分析法、线性探测法、多重散列法   D. 线性探测法、多重散列法、链地址法

16. 对线性表进行折半查找时，要求线性表必须（   ）。

    A. 以顺序方式存储

    B. 以链接方式存储

    C. 以顺序方式存储，且结点按关键字有序排序

    D. 以链接方式存储，且结点按关键字有序排序

17. 为提高散列（hash）表的查找效率，可以采取的正确措施是（   ）。

    I. 增大装填因子

    II. 设计冲突少的散列函数

    III. 处理冲突时避免产生聚集现象

    A. 仅I   B. 仅II   C. 仅I和II   D. 仅II和III

二、综合题

1. 选取哈希函数 H(k)=(k)MOD 11。用二次探测再散列处理冲突，试在 0~10 的散列地址空间中对关键字序列(22,41,53,46,30,13,01,67)构造哈希表，并求等概率情况下查找成功时的平均查找长度。

2. 设哈希表 HT 表长 m 为 13，哈希函数为 H(k)=k mod m，给定的关键值序列为{19,14,23,10,68,20,84,27,55,11}。试求出用线性探测法解决冲突时所构造的哈希表，并求出在等概率的情况下查找成功的平均查找长度 ASL。

3. 设散列表容量为 7（散列地址空间地址 0~6），给定表(30,36,47,52,34)，散列函数 H(K)=K mod

6，采用线性探测法解决冲突，要求：

（1）构造散列表。

（2）求查找数 34 需要比较的次数。

4. 已知下面二叉排序树的各结点的值依次为 1~9，请标出各结点的值。

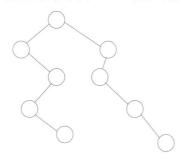

5. 已知关键字序列{11,2,13,26,5,18,4,9}，设哈希表表长为 16，哈希函数 H(key)=key MOD 13，处理冲突的方法为线性探测法，请给出哈希表，并计算在等概率的条件下的平均查找长度。

6. 设散列表的长度为 m=13，散列函数为 H(k)=k MOD m，给定的关键码序列为 19、14、23、1、68、20、84、27、55、11、13、7，试写出用线性探查法解决冲突时所构造的散列表。

三、算法设计题

1. 给定一个递增有序的元素序列，利用折半查找算法查找值为 x 的元素的递归算法。

2. 以图 7.38 所示的索引顺序表为例，编写一个查找关键字 52 的算法。

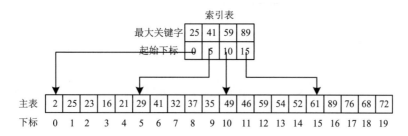

图 7.38　索引顺序表

3. 利用哈希函数 h(key)=3*k%11，采用链地址法处理冲突，对关键字集合{22,43,53,45,30,12,2,56}构造一个哈希表，并求出在查找每一个元素相等概率的情况下的平均查找长度。

第8章

排　序

排序（Sorting）是计算机程序设计中的一种重要技术，它的作用是将一个数据元素（或记录）的任意序列重新排列成一个按关键字有序的序列。它的应用领域也非常广泛，在数据处理过程中，对数据进行排序是不可避免的。在元素的查找过程中就涉及了对数据的排序，例如，排列有序的折半查找算法要比顺序查找的效率要高许多。排序按照内存和外存的使用情况，可分为内排序和外排序。

学习目标：

- 排序的基本概念
- 插入排序、选择排序、交换排序、归并排序、基数排序的算法思想及实现

8.1　排序的基本概念

在学习排序算法之前，先来介绍与排序相关的基本概念。

排序：把一个无序的元素序列按照元素的关键字递增或递减排列为有序的序列。设包含 n 个元素的序列 $(E_1,E_2,...,E_n)$，其对应的关键字为 $(k_1,k_2,...,k_n)$，为了将元素按照非递减（或非递增）排列，需要对下标 1,2,...,n 构成一种能够让元素按照非递减（或非递增）的排列，即 $p_1,p_2,...,p_n$，使关键字呈非递减（或非递增）排列，即 $k_{p1} \leqslant k_{p2} \leqslant ... \leqslant k_{pn}$，从而使元素构成一个非递减（或非递增）的序列，即 $(E_{p1},E_{p2},...,E_{pn})$。这样的一种操作被称为排序。

稳定排序和不稳定排序：在排列过程中，如果存在两个关键字相等即 $k_i=k_j(1 \leqslant i \leqslant n,1 \leqslant j \leqslant n,i \neq j)$，在排序之前，对应的元素 E_i 在 E_j 之前。在排序之后，如果元素 E_i 仍然在 E_j 之前，则称这种排序采用的方法是稳定的。如果经过排序之后，元素 E_i 位于 E_j 之后，则称这种排序方法是不稳定的。

无论是稳定的排序方法还是不稳定的排序方法，都能正确地完成排序。一个排序算法的好坏可以主要通过时间复杂度、空间复杂度和稳定性来衡量。

内排序和外排序：根据排序过程中，所利用的内存储器和外存储器的情况，将排序分为两类：

内部排序和外部排序。内部排序也称为内排序，外部排序也称为外排序。所谓内排序是指需要排序的元素数量不是特别大，在排序的过程中完全在内存中进行的方法。所谓外排序是指需要排序的数据量非常大，在内存中不能一次完成排序，需要不断地在内存和外存中交替才能完成的排序。

内排序的方法有许多，按照排序过程中采用的策略将排序分为几个大类：插入排序、选择排序、交换排序和归并排序。这些排序方法各有优点和不足，在使用时，可根据具体情况选择比较合适的方法。

在排序过程中，主要需要以下两种基本操作：

（1）比较两个元素相应关键字的大小。

（2）将元素从一个位置移动到另一个位置。

其中，第二种操作即移动元素通过采用链表存储方式可以避免，而比较关键字的大小，不管采用何种存储结构都是不可避免的。

待排序的元素的存储结构有两种方式：

（1）顺序存储。将待排序的元素存储在一组连续的存储单元中，这类似于线性表的顺序存储，元素 E_i 和 E_j 逻辑上相邻，其物理位置也相邻。在排序过程中，需要移动元素。

（2）链式存储。将待排序元素存储在一组不连续的存储单元中，这类似于线性表的链式存储，元素 E_i 和 E_j 逻辑上相邻，其物理位置不一定相邻。在进行排序时，不需要移动元素，只需要修改相应的指针即可。

为了方便描述，本章的排序算法主要采用顺序存储，相应的数据类型描述如下：

```python
class SqList:#顺序表类型定义
    def __init__(self,length=0):
        self.data=[]
        self.length=length
```

8.2　插　入　排　序

插入排序的算法思想：在一个有序的元素序列中，不断地将新元素插入到该已经有序的元素序列中的合适位置，直到所有元素都插入到合适位置为止。

8.2.1　直接插入排序

直接插入排序的基本思想：假设前 i-1 个元素已经有序，将第 i 个元素的关键字与前 i-1 个元素的关键字进行比较，找到合适的位置，将第 i 个元素插入。按照类似的方法，将剩下的元素依次插入到已经有序的序列中，完成插入排序。

假设待排序的元素有 n 个，对应的关键字分别是 $a_1, a_2, ..., a_n$，因为第 1 个元素是有序的，所以从第 2 个元素开始，将 a_2 与 a_1 进行比较。如果 $a_2 < a_1$，则将 a_2 插入到 a_1 之前，否则说明已经有序，不需要移动 a_2。

这样，有序的元素个数变为 2，然后将 a_3 与 a_2、a_1 进行比较，确定 a_3 的位置。首先将 a_3 与 a_2

比较，如果 $a_3 \geqslant a_2$，则说明 a_1、a_2、a_3 已经是有序排列。如果 $a_3 < a_2$，则继续将 a_3 与 a_1 比较，如果 $a_3 < a_1$，则将 a_3 插入到 a_1 之前，否则将 a_3 插入到 a_1 与 a_2 之间，即完成了 a_1、a_2、a_3 的排列。以此类推，直到最后一个关键字 a_n 插入到前 n−1 个有序排列。

例如，给定一个含有 8 个元素，对应的关键字序列(45,23,56,12,97,76,29,68)，将这些元素按照关键字从小到大进行直接插入排序的过程如图 8.1 所示。

序号	1	2	3	4	5	6	7	8
初始状态	[45]	23	56	12	97	76	29	68
i=2	[23	45]	56	12	97	76	29	68
i=3	[23	45	56]	12	97	76	29	68
i=4	[12	23	45	56]	97	76	29	68
i=5	[12	23	45	56	97]	76	29	68
i=6	[12	23	45	56	76	97]	29	68
i=7	[12	23	29	45	56	76	97]	68
i=8	[12	23	29	45	56	68	76	97]

图 8.1　直接插入排序过程

直接插入排序算法描述如下：

```python
def InsertSort(self):
    #直接插入排序
    for i in range(self.length-1):#前 i 个元素已经有序，从第 i+1 个元素开始与前 i 个有序的关键字比较
        t=self.data[i+1]                            #取出第 i+1 个元素，即待排序的元素
        j=i
        while j>-1 and t<self.data[j]:              #寻找当前元素的合适位置
            self.data[j+1]=self.data[j]
            j-=1
        self.data[j+1]=t                            #将当前元素插入合适的位置
```

从上面的算法可以看出，直接插入排序算法简单且容易实现。在最好的情况下，即所有的元素的关键字已经基本有序，直接插入排序算法的时间复杂度为 O(n)。在最坏的情况下，即所有元素的关键字都是按逆序排列，则内层 while 循环的比较次数均为 i+1，则整个比较次数为 $\sum_{i=1}^{n-1}(i+1) = \frac{(n+2)(n-1)}{2}$，移动次数为 $\sum_{i=1}^{n-1}(i+2) = \frac{(n+4)(n-1)}{2}$，即在最坏情况下的时间复杂度为 $O(n^2)$。如果元素的关键字是随机排列时，其比较次数和移动次数约为 $n^2/4$，此时直接插入排序的时间复杂度为 $O(n^2)$。直接插入排序算法的空间复杂度为 O(1)。直接插入排序是一种稳定的排序算法。

8.2.2　折半插入排序

在插入排序中，将待排序元素插入到已经有序的元素序列的正确位置，因此，在查找正确插入位置时，可以采用折半查找的思想寻找插入位置。这种插入排序算法称为折半插入排序。

对直接插入排序算法简单修改后，得到以下折半插入排序算法。

```python
def BinInsertSort(self):
```

```
#折半插入排序
    for i in range(self.length-1):   #前 i 个元素已经有序，从第 i+1 个元素开始与前 i 个
的有序的关键字比较
        t=self.data[i+1]              #取出第 i+1 个元素，即待排序的元素
        low,high=0,i
        while low <= high:            #利用折半查找思想寻找当前元素的合适位置
            mid = (low + high) // 2
            if self.data[mid] > t:
                high=mid-1
            else:
                low=mid+1
        for j in range(i,low-1,-1):   #移动元素，空出要插入的位置
            self.data[j+1]=self.data[j]
            self.data[low]=t           #将当前元素插入合适的位置
```

折半插入排序算法与直接插入排序算法的区别在于查找插入的位置，折半插入排序减少了关键字间的比较次数，每次插入一个元素，需要比较的次数为判定树的深度，其平均比较时间复杂度为 $O(n\log_2 n)$。但是，折半插入排序并没有减少移动元素的次数，因此，折半插入排序算法的整体平均时间复杂度为 $O(n^2)$。折半插入排序是一种稳定的排序算法。

8.2.3 希尔排序

希尔排序也称为缩小增量排序，它的基本思想是：通过将待排序的元素分为若干个子序列，利用直接插入排序思想对子序列进行排序。然后将该子序列缩小，接着对子序列进行直接插入排序。按照这种思想，直到所有的元素都按照关键字有序排列。

假设待排序的元素有 n 个，对应的关键字分别是 $a_1,a_2,...,a_n$，设距离（增量）为 $c_1=4$ 的元素为同一个子序列，则元素的关键字 $a_1,a_5,...,a_i,a_{i+5},...,a_{n-5}$ 为一个子序列，同理，关键字 $a_2,a_6,...,a_{i+1},a_{i+6},...,a_{n-4}$ 为一个子序列。然后分别对同一个子序列的关键字，利用直接插入排序进行排序。之后，缩小增量令 $c_2=2$，分别对同一个子序列的关键字进行插入排序。以此类推，最后令增量为 1，这时只有一个子序列，对整个元素进行排序。

例如，利用希尔排序的算法思想，对元素的关键字序列(56,22,67,32,59,12,89,26,48,37)进行排序，其排序过程如图 8.2 所示。

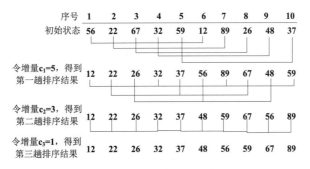

图 8.2　希尔排序过程

希尔排序的算法描述如下：

```
def ShellInsert(self,c):
    #对顺序表 L 进行一次希尔排序，c 是增量
    for i in range(c,self.length):        #将距离为 c 的元素作为一个子序列进行排序
        if self.data[i]< self.data[i-c]:   #如果后者小于前者，则需要移动元素
            t=self.data[i]
            j=i-c
            while j>-1 and t < self.data[j]:
                self.data[j+c]=self.data[j]
                j-=c
            self.data[j+c]=t               #依次将元素插入到正确的位置
def ShellInsertSort(self, delta,m):
    #希尔排序，每次调用算法 ShellInsert，delta 是存放增量的列表
    for i in range(m):                     #进行 m 次希尔插入排序
        self.ShellInsert(delta[i])
```

希尔排序的分析是一个非常复杂的事情，问题主要在于希尔排序选择的增量，但是经过大量的研究，当增量的序列为 $2^{m-k+1}-1$ 时，其中 m 为排序的次数，$1{\leqslant}k{\leqslant}t$，其时间复杂度为 $O(n^{3/2})$。希尔排序的空间复杂度为 $O(1)$。因此说明希尔排序是一种不稳定的排序算法。

8.2.4　插入排序应用举例

【例 8.1】利用直接插入排序、折半插入排序和希尔排序对关键字为(56,22,67,32,59,12,89,26,48,37)的元素序列进行排序。

```
if __name__=='__main__':
    a=[56,22,67,32,59,12,89,26,48,37]
    delta=[5,3,1]
    n,m=10,3
    #直接插入排序
    L=SqList()
    L.InitSeqList(a,n)
    print("排序前: ")
    L.DispList(n)
    L.InsertSort()
    print("直接插入排序结果: ")
    L.DispList(n)
    #折半插入排序
    L = SqList()
    L.InitSeqList(a,n)
    print("排序前: ")
    L.DispList(n)
    L.BinInsertSort()
    print("折半插入排序结果: ")
    L.DispList(n)
    #希尔排序
    L = SqList()
    L.InitSeqList(a, n)
    print("排序前: ")
    L.DispList(n)
```

```
    L.ShellInsertSort(delta,m)
    print("希尔排序结果：")
    L.DispList(n)
```

程序运行结果如图 8.3 所示。

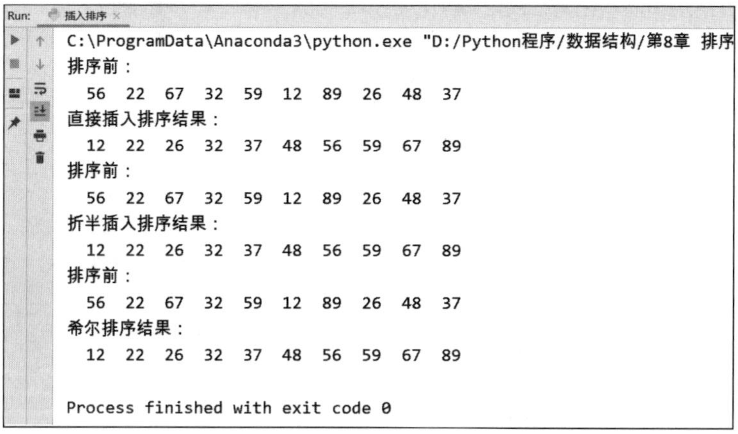

```
Run:    插入排序 ×
 ▶  ↑   C:\ProgramData\Anaconda3\python.exe "D:/Python程序/数据结构/第8章 排序
 ■  ↓   排序前：
 ☷  ⇥       56   22   67   32   59   12   89   26   48   37
 ⚲  ⬓   直接插入排序结果：
 ⚐  ⬒       12   22   26   32   37   48   56   59   67   89
    🖶   排序前：
    🗑       56   22   67   32   59   12   89   26   48   37
        折半插入排序结果：
            12   22   26   32   37   48   56   59   67   89
        排序前：
            56   22   67   32   59   12   89   26   48   37
        希尔排序结果：
            12   22   26   32   37   48   56   59   67   89

        Process finished with exit code 0
```

图 8.3　程序运行结果

8.3　选　择　排　序

选择排序的基本思想：不断地从待排序的元素序列中选择关键字最小（或最大）的元素，将其放在已排序元素序列的最前面（或最后面），直到待排序元素序列中没有元素。

8.3.1　简单选择排序

简单选择排序的基本思想：假设待排序的元素序列有 n 个，第一趟排序经过 n-1 次比较，从 n 个元素序列中选择关键字最小的元素，并将其放在元素序列的最前面即第一个位置。第二趟排序从剩余的 n-1 个元素中，经过 n-2 次比较选择关键字最小的元素，将其放在第二个位置。以此类推，直到没有待比较的元素，简单选择排序算法结束。

简单选择排序的算法描述如下：

```
def SelectSort(self):
#简单选择排序
    #将第 i 个元素与后面[i + 1...n]个元素比较，将值最小的元素放在第 i 个位置
    for i in range(self.length-1):
        j=i
        for k in range(i+1,self.length):      #值最小的元素的序号为 j
            if self.data[k] < self.data[j]:
                j=k
        if j!=i:        #如果序号 i 不等于 j，则需要将序号 i 和序号 j 的元素交换
            t=self.data[i]
            self.data[i]=self.data[j]
            self.data[j]=t
```

给定一组元素序列，其元素的关键字为(56,22,67,32,59,12,89,26)，简单选择排序的过程如图 8.4 所示。

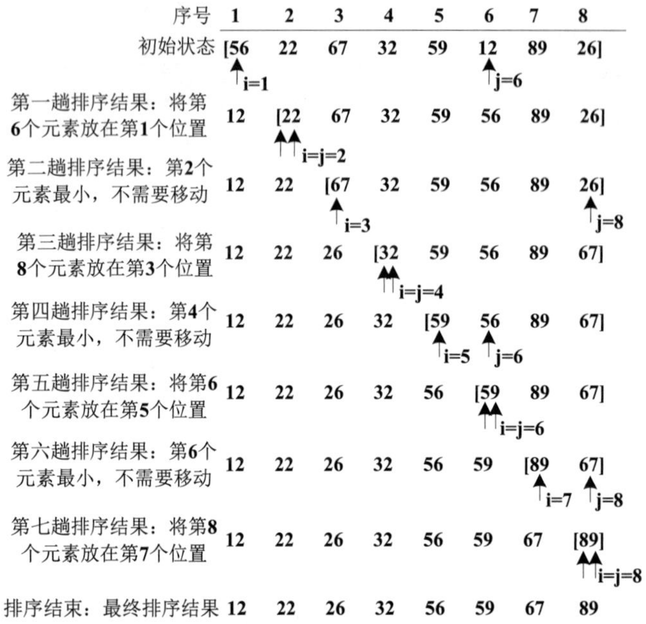

图 8.4 简单选择排序

简单选择排序的空间复杂度为 O(1)。简单选择排序在最好的情况下，其元素序列已经是非递减有序序列，则不需要移动元素。在最坏的情况下，其元素序列是按照递减排列，则在每一趟排序的过程中都需要移动元素，因此，需要移动元素的次数为 3(n-1)。而简单选择排序的比较次数与元素的关键字排列无关，在任何情况下，都需要进行 n(n-1)/2 次。因此，综合以上考虑，简单选择排序的时间复杂度为 O(n^2)。简单选择排序是一种稳定的排序算法。

8.3.2 堆排序

堆排序的算法思想主要是利用二叉树的性质进行排序。

1. 堆的定义

堆排序是利用了二叉树的树形结构进行排序。所谓堆排序的算法思想：堆排序主要是利用了二叉树的树形结构，按照完全二叉树的编号次序，将元素序列的关键字依次存放在相应的结点。然后从叶子结点开始，从互为兄弟的两个结点中（没有兄弟结点除外），选择一个较大（或较小）者与其双亲结点比较，如果该结点大于（或小于）双亲结点，则将两者进行交换，使较大（或较小）者成为双亲结点。将所有的结点都做类似操作，直到根结点为止。此时，根结点的元素值的关键字最大（或最小）。

这样就构成了堆，堆中的每一个结点都大于（或小于）其孩子结点。堆的数学形式定义为：假设存在 n 个元素，其关键字序列为($k_1,k_2,...,k_i,...,k_n$)，如果有：

$$\begin{cases} k_i \leqslant k_{2i} \\ k_i \leqslant k_{2i+1} \end{cases} \quad \text{或} \quad \begin{cases} k_i \geqslant k_{2i} \\ k_i \geqslant k_{2i+1} \end{cases}$$

其中，i=1,2…，$\left\lfloor \dfrac{n}{2} \right\rfloor$。则称此元素序列构成了一个堆。如果将这些元素的关键字存放在列表中，将此列表中的元素与完全二叉树一一对应起来,则完全二叉树中的每个非叶子结点的值都不小于（或不大于）孩子结点的值。

在堆中，堆的根结点元素值一定是所有结点元素值的最大值或最小值。例如，序列(87,64,53,51,23,21,48,32)和(12,35,27,46,41,39,48,55,89,76)都是堆，相应的完全二叉树表示如图 8.5 所示。

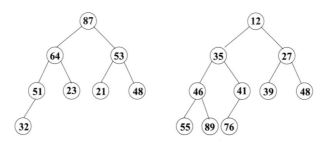

图 8.5　堆

在图 8.5 中，一个是非叶子结点的元素值不小于其孩子结点的值，这样的堆称为大顶堆。另一个是非叶子结点的元素值不大于其孩子结点的元素值，这样的堆称为小顶堆。

如果将堆中的根结点（堆顶）输出之后，然后将剩余的 n-1 个结点的元素值重新建立一个堆，则新堆的堆顶元素值是次大（或次小）值，将该堆顶元素输出。然后将剩余的 n-2 个结点的元素值重新建立一个堆，反复执行以上操作，直到堆中没有结点，就构成了一个有序序列，这样的重复建堆并输出堆顶元素的过程称为堆排序。

2. 建堆

堆排序的过程就是建立堆和不断调整使剩余结点构成新堆的过程。假设将待排序的元素的关键字存放在列表 a 中，第 1 个元素的关键字 a[1]表示二叉树的根结点，剩下的元素的关键字 a[2…n]分别与二叉树中的结点按照层次从左到右一一对应。例如，根结点的左孩子结点存放在 a[2]中，右孩子结点存放在 a[3]中，a[i]的左孩子结点存放在 a[2*i]中，右孩子结点存放在 a[2*i+1]中。

如果是大顶堆，则有 a[i].key≥a[2*i].key 且 a[i].key≥a[2*i+1].key(i=1,2,…，$\left\lfloor \dfrac{n}{2} \right\rfloor$)。如果是小顶堆，则有 a[i].key≤a[2*i].key 且 a[i].key≤a[2*i+1].key(i=1,2,…，$\left\lfloor \dfrac{n}{2} \right\rfloor$)。

建立一个大顶堆就是将一个无序的关键字序列构建为一个满足条件 a[i]≥a[2*i]与 a[i]≥a[2*i+1](i=1,2,…，$\left\lfloor \dfrac{n}{2} \right\rfloor$)的序列。

建立大顶堆的算法思想：从位于元素序列中的最后一个非叶子结点即第$\left\lfloor \dfrac{n}{2} \right\rfloor$个元素开始，逐层比较，直到根结点为止。假设当前结点的序号为 i，则当前元素为 a[i]，其左、右孩子结点元素分别为 a[2*i]和 a[2*i+1]。将 a[2*i].key 和 a[2*i+1].key 较大者与 a[i]比较，如果孩子结点元素值大于当前结点值，则交换两者，否则不进行交换。逐层向上执行此操作，直到根结点，这样就建立了一个大顶堆。建立小顶堆的算法与此类似。

例如，给定一组元素，其关键字序列为(21,47,39,51,39,57,48,56)，建立大顶堆的过程如图 8.6 所示。结点的旁边为对应的序号。

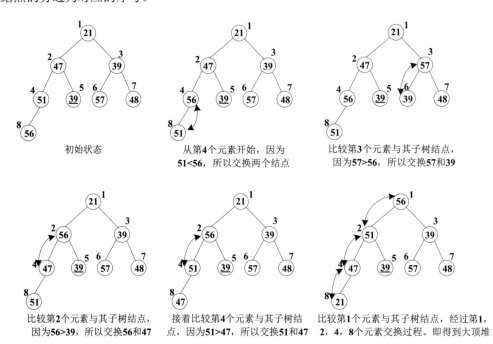

图 8.6 建立大顶堆的过程

从图 8.6 中可以看出，建立后的大顶堆，其非叶子结点的元素值均不小于左、右子树结点的元素值。

建立大顶堆的算法描述如下：

```python
def CreateHeap(self, n):
    #建立大顶堆
    for i in range(n//2-1,-1,-1):                       #从序号 n/2 开始建立大顶堆
        self.AdjustHeap(i, n-1)
def AdjustHeap(self, s, m):
    #调整 H.data[s...m]的关键字，使其成为一个大顶堆
    t = self.data[s]                                     #将根结点暂时保存在 t 中
    j=2*s+1
    while j<=m:
        if j<m and self.data[j]<self.data[j+1]:         #沿关键字较大的孩子结点向下筛选
            j +=1                                        #j 为关键字较大的结点的下标
        if t > self.data[j]:        #如果孩子结点的值小于根结点的值，则不进行交换
            break
        self.data[s] = self.data[j]
        s = j
        j*=2+1
```

```
    self.data[s] = t #将根结点插入到正确位置
```

3. 调整堆

建立好一个大顶堆后，当输出堆顶元素后，如何调整剩下的元素，使其构成一个新的大顶堆呢？其实，这也是一个建堆的过程，由于除了堆顶元素外，剩下的元素本身就具有 $a[i].key \geqslant a[2*i].key$ 且 $a[i].key \geqslant a[2*i+1].key(i=1,2,\ldots,\left\lfloor \dfrac{n}{2} \right\rfloor)$的性质，关键字按照由大到小逐层排列，因此，调整剩下的元素构成新的大顶堆，只需要从上往下进行比较，找出最大的关键字并将其放在根结点的位置，就又构成了新的堆。

具体实现：当堆顶元素输出后，可以将堆顶元素放在堆的最后，即将第 1 个元素与最后一个元素交换，则需要调整的元素序列就是 a[1...n-1]。从根结点开始，如果其左、右子树结点元素值大于根结点元素值，选择较大的一个进行交换。即如果 a[2]>a[3]，则将 a[1]与 a[2]比较，如果 a[1]>a[2]，则将 a[1]与 a[2]交换，否则不交换。如果 a[2]<a[3]，则将 a[1]与 a[3]比较，如果 a[1]>a[3]，则将 a[1]与 a[3]交换，否则不交换。重复执行此操作，直到叶子结点不存在，就完成了堆的调整，构成了一个新堆。

例如，一个大顶堆的关键字序列为(87,64,53,51,23,21,48,32)，当输出 87 后，调整剩余的关键字序列为一个新的大顶堆的过程如图 8.7 所示。

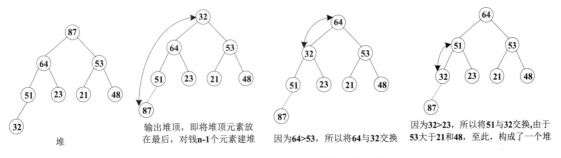

图 8.7 输出堆顶元素后，调整堆的过程

如果重复输出堆顶元素，即将堆顶元素与堆的最后一个元素交换，然后重新调整剩余的元素序列使其构成一个新的大顶堆，直到没有需要输出的元素为止。重复执行以上操作，就会把元素序列构成一个有序的序列，即完成一个排序的过程。

```
def HeapSort(self):                          #对顺序表 H 进行堆排序
    self.CreateHeap(self.length)             #创建堆
    for i in range(self.length-1,0,-1):      #将堆顶元素与最后一个元素交换，重新调整堆
        t=self.data[0]
        self.data[0]=self.data[i]
        self.data[i]=t
        self.AdjustHeap(0, i-1)              #将 data[1..i-1]调整为大顶堆
```

例如，一个大顶堆的元素的关键字序列为(87,64,49,51,49,21,48,32)，其相应的完整的堆排序过程如图 8.8 所示。

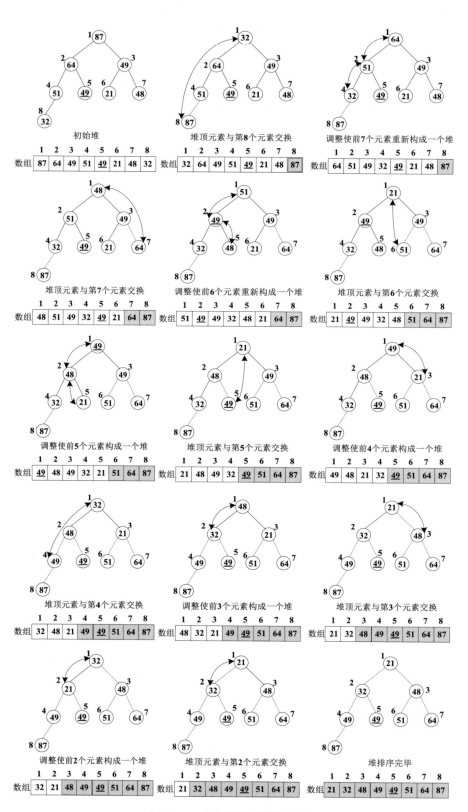

图 8.8　一个完整的堆排序过程

堆排序是一种不稳定的排序。堆排序的时间耗费主要是在建立堆和不断调整堆的过程。一个深度为 h，元素个数为 n 的堆，其调整算法的比较次数最多为 2(h-1)次，而建立一个堆，其比较次数最多为 4n。一个完整的堆排序过程总共的比较次数为 $2(\lfloor \log_2(n-1) \rfloor + \lfloor \log_2(n-2) \rfloor + ... + \lfloor \log_2 2) \rfloor) < 2n\log_2 n$，因此，堆排序在最坏的情况下时间复杂度为 $O(n\log_2 n)$。堆排序适合应用于待排序的数据量较大的情况。

【例 8.2】如果要在 10 万条记录中找出最小的两个记录，你认为采用哪个算法比较的次数最少？最多需要进行多少次比较？

分析：采用树形选择排序比较次数最少。因为只需要找出关键字最小的两个记录，不需要对所有记录都排序，冒泡排序、简单选择排序、树形选择排序和堆排序，都是经过一趟筛选可找到关键字最小的记录。假设记录个数为 n，则冒泡排序和简单选择排序最多都需要比较(n-1)*(n-2)次；对于树形选择排序，n 个记录构成的二叉树是一棵完全二叉树，树的高度为 $\log_2 n + 1$，找出关键字最大的记录最多需要比较 n-1 次，找出关键字次小的记录最多需要比较 $\lceil \log_2 n \rceil$ 次，总的比较次数就是 n-1+$\lceil \log_2 n \rceil$；对于堆排序，建堆的过程需要比较次数为 $2\sum_{i=1}^{n/2} \log_2 \frac{n}{i} \leq 4n$，即最多需要比较 4n 次，找关键字次小的元素最多需要比较 $2\lfloor \log_2 n \rfloor$ 次，故总的比较次数为 4n+$2\lfloor \log_2 n \rfloor$。因此，树形选择排序比较次数最少，最多需要比较 99999+$\lceil \log_2 100000 \rceil$。

8.4 交 换 排 序

交换排序的基本思想是：通过依次交换逆序的元素实现排序。

8.4.1 冒泡排序

冒泡排序的基本思想：从第一个元素开始，依次比较两个相邻的元素，如果两个元素逆序，则进行交换，即如果 L.data[i].key>L.data[i+1].key，则交换 L.data[i] 与 L.data[i+1]。假设元素序列中有 n 个待比较的元素，在第一趟排序结束，就会将元素序列中关键字最大的元素移到序列的末尾，即第 n 个位置。在第二趟排序结束，就会将关键字次大的元素移动到第 n-1 个位置。依次类推，经过 n-1 趟排序后，元素序列构成一个有序的序列。这样的排序类似于气泡慢慢向上浮动，因此称为冒泡排序。

例如，一组元素序列的关键字为(56,22,67,32,59,12,89,26,48,37)，对该关键字序列进行冒泡排序，第一趟排序过程如图 8.9 所示。

序号	1	2	3	4	5	6	7	8
初始状态	[56	22	67	32	59	12	89	26]
第一趟排序：将第1个元素与第2个元素交换	[22	56	67	32	59	12	89	26]
第一趟排序：a[2].key <a[3].key，不需要交换	[22	56	67	32	59	12	89	26]
第一趟排序：将第3个元素与第4个元素交换	[22	56	32	67	59	12	89	26]
第一趟排序：第4个元素与第5个元素交换	[22	56	32	59	67	12	89	26]
第一趟排序：将第5个元素与第6个元素交换	[22	56	32	59	12	67	89	26]
第一趟排序：a[6].key <a[7].key，不需要交换	[22	56	32	59	12	67	89	26]
第一趟排序：将第7个元素与第8个元素交换	[22	56	32	59	12	67	26	89]
第一趟排序结果	22	56	32	59	12	67	26	[89]

图 8.9　第一趟排序过程

从图 8.9 中可以看出，第一趟排序结束后，关键字最大的元素被移动到序列的末尾。按照这种方法，冒泡排序的全过程如图 8.10 所示。

序号	1	2	3	4	5	6	7	8
初始状态	[56	22	67	32	59	12	89	26]
第一趟排序结果：	22	56	32	59	12	67	26	[89]
第二趟排序结果：	22	32	56	12	59	26	[67	89]
第三趟排序结果：	22	32	12	56	26	[59	67	89]
第四趟排序结果：	22	12	32	26	[56	59	67	89]
第五趟排序结果：	12	22	26	[32	56	59	67	89]
第六趟排序结果：	12	22	[26	32	56	59	67	89]
第七趟排序结果：	12	[22	26	32	56	59	67	89]
最后排序结果：	12	22	26	32	56	59	67	89

图 8.10　冒泡排序的全过程

从图 8.10 中可以看出，在第五趟排序结束后，其实该元素已经有序，第六趟和第七趟排序就不需要进行比较了。因此，在设计算法时，可以设置一个标志为 flag，如果在某一趟循环中，所有元素已经有序，则令 flag=True，表示该序列已经有序，不需要再进行后面的比较了。

冒泡排序的算法实现如下：

```python
def BubbleSort(self):
#冒泡排序
    flag=True
    for i in range(n-1):                          #需要进行 n-1 趟排序
        if flag==True:
            flag=False
            for j in range(self.length-i-1):      #每一趟排序需要比较 n-i 次
                if self.data[j] > self.data[j+1]:
                    t=self.data[j]
                    self.data[j]=self.data[j+1]
                    self.data[j+1]=t
```

flag=**True**

可以发现，冒泡排序的空间复杂度为 O(1)。在进行冒泡排序过程中，假设待排序的元素序列为 n 个，则需要进行 n-1 趟排序，每一趟需要进行 n-i 次比较，其中 i=1,2,…,n-1。因此整个冒泡排序需要比较次数为 $\sum_{i=1}^{n-1} i = \frac{n(n-1)}{2}$，移动次数为 $3*\frac{n(n-1)}{2}$，冒泡排序的时间复杂度为 O(n²)。因此冒泡排序是一种稳定的排序算法。

8.4.2 快速排序

快速排序算法是冒泡排序的一种改进，与冒泡排序类似，只是快速排序是将元素序列中的关键字与指定的元素进行比较，将逆序的两个元素进行交换。快速排序的基本算法思想是：设待排序的元素序列的个数为 n，分别存放在列表 data[1…n]中，令第一元素作为枢轴元素，即将 a[1]作为参考元素，令 pivot=a[1]。初始时，令 i=1、j=n，然后按照以下方法操作：

（1）从序列的 j 位置往前，依次将元素的关键字与枢轴元素比较。如果当前元素的关键字大于等于枢轴元素的关键字，则将前一个元素的关键字与枢轴元素的关键字比较，否则，将当前元素移动到位置 i，即比较 a[j].key 与 pivot.key，如果 a[j].key≥pivot.key，则连续执行 j-=1 操作，直到找到一个元素使 a[j].key<pivot.key，则将 a[j]移动到 a[i]中，并执行一次 i+=1 操作。

（2）从序列的 i 位置开始，依次将该元素的关键字与枢轴元素比较。如果当前元素的关键字小于等于枢轴元素的关键字，则将后一个元素的关键字与枢轴元素的关键字比较，否则，将当前元素移动到位置 j，即比较 a[i].key 与 pivot.key，如果 a[i].key<=pivot.key，则连续执行 i+=1，直到遇到一个元素使 a[i].key≥pivot.key，则将 a[i]移动到 a[j]中，并执行一次 j-=1 操作。

（3）循环执行步骤（1）和步骤（2），直到出现 i≥j，则将元素 pivot 移动到 a[i]中。此时整个元素序列在位置 i 被划分成两个部分，前一部分的元素关键字都小于 pivot.key，后一部分元素的关键字都大于等于 pivot.key，即完成了一趟快速排序。

如果按照以上方法，在每一个部分继续进行以上划分操作，直到每一个部分只剩下一个元素不能继续划分为止，这样整个元素序列就构成以关键字非递增的排列。

例如，一组元素序列的关键字为(37,19,43,22,22,89,26,92)，根据快速排序算法思想，第一趟快速排序过程如图 8.11 所示。

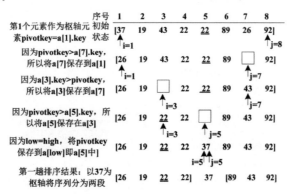

图 8.11 第一趟快速排序过程

从图 8.11 中可以看出，当一趟快速排序完成之后，整个元素序列被枢轴的关键字 37 划分为两个部分，前一个部分的关键字都小于 37，后一部分元素的关键字都大于等于 37。其实，快速排序的过程就是以枢轴为中心将元素序列划分的过程，直到所有的序列被划分为单独的元素，快速排序完毕。快速排序的全过程如图 8.12 所示。

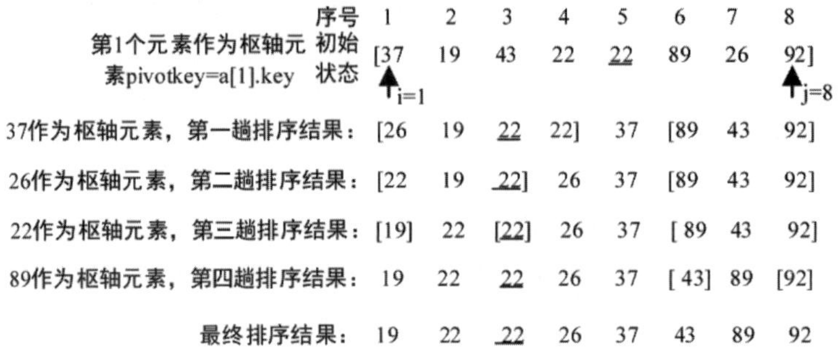

		序号	1	2	3	4	5	6	7	8
第1个元素作为枢轴元素pivotkey=a[1].key	初始状态		[37	19	43	22	22	89	26	92]
			i=1							j=8
37作为枢轴元素，第一趟排序结果：			[26	19	22	22]	37	[89	43	92]
26作为枢轴元素，第二趟排序结果：			[22	19	22]	26	37	[89	43	92]
22作为枢轴元素，第三趟排序结果：			[19]	22	[22]	26	37	[89	43	92]
89作为枢轴元素，第四趟排序结果：			19	22	22	26	37	[43]	89	[92]
最终排序结果：			19	22	22	26	37	43	89	92

图 8.12　快速排序的全过程

进行一趟快速排序，即将元素序列进行一次划分的算法描述如下：

```
def Partition(self,low,high):
#对顺序表 L.r[low..high]的元素进行一趟排序，使枢轴前面的元素关键字小于枢轴元素的关键字，
枢轴后面的元素关键字大于等于枢轴元素的关键字，并返回枢轴位置
    pivotkey = self.data[low]        #将表的第一个元素作为枢轴元素

    while low < high:                #从表的两端交替地向中间扫描
        while low < high and self.data[high] >= pivotkey:    #从表的末端向前扫描
            high -=1
        if low < high:               #将当前 high 指向的元素保存在 low 位置
            self.data[low] = self.data[high]
            low+=1
        while low < high and self.data[low] <= pivotkey:     #从表的始端向后扫描
            low +=1
        if low < high:               #将当前 low 指向的元素保存在 high 位置
            self.data[high] = self.data[low]
            high -=1
    self.data[low] = pivotkey        #将枢轴元素保存在 low = high 的位置
    return low      #返回枢轴所在位置
```

快速排序算法通过多次递归调用一次划分算法即一趟排序算法，可实现快速排序，其算法描述如下：

```
def QuickSort(self, low, high):
#对顺序表 L 进行快速排序
    if low < high: #如果元素序列的长度大于 1
        pivot = self.Partition( low, high)    #将待排序序列 L.r[low..high]划分为两
部分
        self.QuickSort( low, pivot - 1)       #对左边的子表进行递归排序，pivot 是枢轴
位置
        self.QuickSort( pivot + 1, high)      #对右边的子表进行递归排序
```

可以看出，快速排序是一种不稳定的排序算法，其空间复杂度为 O(log₂n)。

在最好的情况下，每趟排序均将元素序列正好划分为相等的两个子序列，这样快速排序的划分的过程就将元素序列构成一个完全二叉树的结构，分解的次数等于树的深度即 log₂n，因此快速排序总的比较次数为 T(n)≤n+2T(n/2)≤n+2*(n/2+2*T(n/4))=2n+4T(n/4)≤3n+8T(n/8)≤…≤nlog₂n+nT(1)。因此，在最好的情况下，时间复杂度为 O(nlog₂n)。

在最坏的情况下，待排序的元素序列已经是有序序列，则第一趟需要比较 n-1 次，第二趟需要比较 n-2 次，以此类推，共需要比较 n(n-1)/2 次，因此时间复杂度为 O(n²)。

在平均情况下，快速排序的时间复杂度为 O(nlog₂n)。

8.4.3　交换排序应用举例

【例 8.3】对于 n 个元素组成的线性表进行快速排序时，对关键字的比较次数是与这 n 个元素的初始排列有关的。若 n=7 时，请回答以下问题：

（1）在最好的情况下，需要对关键字进行多少次比较？请说明理由。

（2）给出一个最好情况的初始排序的实例。

（3）在最坏情况下需要对关键字进行多少次比较？请说明理由。

（4）请给出一个最坏情况下的初始排序实例。

分析：

（1）在最好的情况下，每次划分能得到两个长度相等的子序列。假设待排序元素个数为 n=2^k-1，那第一趟划分得到两个长度均为 $\lfloor \frac{n}{2} \rfloor$ 的子序列，第二趟划分后得到 4 个长度为 $\lfloor \frac{n}{4} \rfloor$ 的子序列，以此类推，总共进行 k=log₂(n+1) 趟划分，此时各子序列长度为 1。由于 n=7，即 k=3，最好情况下，第一趟划分需要将关键字比较 6 次，第二趟需要分别对两个子序列中的关键字各比较 2 次，因此，总共需要比较 10 次即可。

（2）在最好的情况下，快速排序初始序列为 4、1、3、2、6、5、7。

（3）在最坏的情况下，每次划分都以最小的元素或最大的元素作为枢轴元素，则经过一次划分后，得到的一个子序列，子序列中的元素比之前的序列中元素少一个。若原序列中的元素按关键字递减排列，而需要进行递增排列时，与冒泡排序的效率相同，时间复杂度为 O(n²)。当 n=7 时，最坏的情况下，关键字的比较次数为 21 次。

（4）在最坏的情况下，初始序列为 7、6、5、4、3、2、1。

【例 8.4】一组元素的关键字序列为(37,22,43,32,19,12,89,26,48,92)，使用冒泡排序和快速排序对该元素进行排序，并输出冒泡排序和快速排序的每趟排序结果。

```python
class SqList:                    #顺序表类型定义
    def __init__(self,length=0):
        self.data=[]
        self.length=length
    def InitSeqList(self,a,n):   #顺序表的初始化
        for i in range(1,n+1):
```

```python
            self.data.append(a[i-1])
        self.length=n
    def BubbleSort(self):              #冒泡排序
        flag = True
        count=1
        for i in range(n - 1):
            if flag == True:           #需要进行 n-1 趟排序
                flag = False
                for j in range(self.length - i - 1):  #每一趟排序需要比较 n-i 次
                    if self.data[j] > self.data[j + 1]:
                        t = self.data[j]
                        self.data[j] = self.data[j + 1]
                        self.data[j + 1] = t
                        flag = True
                self.DispList2(count)
                count +=1


    def Partition(self,low,high):
        # 对顺序表 L.r[low..high]的元素进行一趟排序，使枢轴前面的元素关键字小于枢轴元素的关键
字，枢轴后面的元素关键字大于等于枢轴元素的关键字，并返回枢轴位置
        pivotkey = self.data[low]      #将表的第一个元素作为枢轴元素
        t = self.data[low]
        while low < high:              #从表的两端交替地向中间扫描
            while low < high and self.data[high] >= pivotkey: #从表的末端向前扫描
                high -=1
            if low < high:             #将当前 high 指向的元素保存在 low 位置
                self.data[low] = self.data[high]
                low+=1
            while low < high and self.data[low] <= pivotkey: #从表的始端向后扫描
                low +=1
            if low < high:             #将当前 low 指向的元素保存在 high 位置
                self.data[high] = self.data[low]
                high -=1
        self.data[low] = t             #将枢轴元素保存在 low = high 的位置
        return low                     #返回枢轴所在位置

    def QuickSort(self, low, high):
        #对顺序表 L 进行快速排序
        count=1
        if low < high: #如果元素序列的长度大于 1
            pivot=self.Partition(low, high)#将待排序序列 L.r[low..high]划分为两部分
            self.DispList3(pivot, count)  #输出每次划分的结果
            count +=1
            self.QuickSort(low, pivot-1)#对左边的子表进行递归排序，pivot 是枢轴位置
            self.QuickSort( pivot + 1, high)    #对右边的子表进行递归排序
```

```python
    def DispList(self, n):   # 输出表中的元素
        for i in range(n):
            print("%4d" % self.data[i], end='')
        print()


    def DispList2(self,count):
        #输出表中的元素
        print("第%d趟排序结果:"%count,end='')
        for i in range(self.length):
            print("%4d"%self.data[i],end='')
        print()


    def DispList3(self,pivot,count):
        print("第%d趟排序结果: ["%count,end='')
        for i in range(pivot):
            print("%-4d"%self.data[i],end=' ')
        print("]",end='')
        print("%3d "%self.data[pivot],end='')
        print("[",end='')
        for i in range(pivot+1,self.length):
            print("%-4d"%self.data[i],end=' ')
        print("]",end='')
        print()


if __name__=='__main__':
    a=[37,22,43,32,19,12,89,26,48,92]
    # 冒泡排序
    n = len(a)
    L = SqList()
    L.InitSeqList(a, n)
    print("排序前: ",end='')
    L.DispList(n)
    L.BubbleSort()
    print("冒泡排序结果: ",end='')
    L.DispList(n)
    #快速排序
    n=len(a)
    L=SqList()
    L.InitSeqList(a,n)
    print("排序前: ",end='')
    L.DispList(n)
    L.QuickSort(0,n-1)
    print("快速排序结果: ",end='')
    L.DispList(n)
```

程序运行结果如图 8.13 所示。

```
    ▶  ↑   C:\ProgramData\Anaconda3\python.exe "D:/Python程序/数据结构/第8章  排序/
       ↓   排序前：  37  22  43  32  19  12  89  26  48  92
    ■  ⊐   第一趟排序结果：  22  37  32  19  12  43  26  48  89  92
    ✿  ☶   第二趟排序结果：  22  32  19  12  37  26  43  48  89  92
    ✕      第三趟排序结果：  22  19  12  32  26  37  43  48  89  92
       ⊟   第四趟排序结果：  19  12  22  26  32  37  43  48  89  92
           第五趟排序结果：  12  19  22  26  32  37  43  48  89  92
           第六趟排序结果：  12  19  22  26  32  37  43  48  89  92
           冒泡排序结果：  12  19  22  26  32  37  43  48  89  92
           排序前：  37  22  43  32  19  12  89  26  48  92
           第一趟排序结果：[26  22  12  32  19  ] 37 [89  43  48  92  ]
           第一趟排序结果：[19  22  12  ] 26 [32  37  89  43  48  92  ]
           第一趟排序结果：[12  ] 19 [22  26  32  37  89  43  48  92  ]
           第一趟排序结果：[12  19  22  26  32  48  43  ] 89 [92  ]
           第一趟排序结果：[12  19  22  26  32  37  43  ] 48 [89  92  ]
           快速排序结果：  12  19  22  26  32  37  43  48  89  92

           Process finished with exit code 0
```

图 8.13　程序运行结果

思政元素：插入、选择、交换排序算法策略虽然不尽相同，但它们的共同目标都是将元素放在相对合适的位置，最终使元素序列有序排列。在日常生活中，合理安排事情的优先顺序，有助于目标的达成。

8.5　归　并　排　序

归并排序的基本思想是：将两个或两个以上的元素有序序列组合，使其成为一个有序序列。其中最为常用的是 2 路归并排序。

2 路归并排序的主要思想：假设元素的个数是 n，将每个元素作为一个有序的子序列，然后将相邻的两个子序列两两合并，得到 $\left\lceil \dfrac{n}{2} \right\rceil$ 个长度为 2 的有序子序列。继续将相邻的两个有序子序列两两合并，得到 $\left\lceil \dfrac{n}{4} \right\rceil$ 个长度为 4 的有序子序列。以此类推，重复执行以上操作，直到有序序列合并为 1 个为止。这样就得到了一个有序序列。

一组元素序列的关键字序列为(37,19,43,22,57,89,26,92)，2 路归并排序的过程如图 8.14 所示。

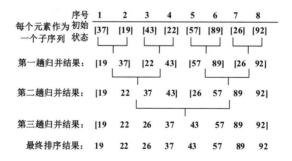

图 8.14　2 路归并排序过程

由图可以看出，2 路归并排序的过程其实就是不断地将两个相邻的子序列合并为一个子序列的过程。其合并算法如下：

```python
def Merge(self,s, t, low, mid, high):
#将有序的 s[low...mid]和 s[mid + 1..high] 归并为有序的 t[low..high]
    i = low
    j = mid + 1
    k = low
    while i <= mid and j <= high:     #将 s 中元素由小到大地合并到 t
        if s[i] <= s[j]:
            t[k] = s[i]
            i+=1
        else:
            t[k] = s[j]
            j+=1
        k +=1
    while i <= mid:                   #将剩余的 s[i..mid]复制到 t
        t[k] = s[i]
        k+=1
        i+=1
    while j <= high:                  #将剩余的 s[j..high]复制到 t
        t[k] = s[j]
        k+=1
        j+=1
```

以上是合并两个子表的算法，可通过递归调用以上算法合并所有子表从而实现 2 路归并排序。其 2 路归并算法描述如下：

```python
def MergeSort(self, s, t,low, high):
#2 路归并排序，将 s[low...high]归并排序并存储到 t[low...high]中
    t2 = [None for i in range(len(s))]
    if low==high:
        t[low]=s[low]
    else:
        mid=(low+high)//2  #将 s[low...high]分为 s[low...mid]和 s[mid+1..high]
        self.MergeSort(s,t2,low,mid)  #将 s[low...mid]归并为有序的 t2[low...mid]
        self.MergeSort(s,t2,mid+1,high) #将 s[mid+1...high]归并为有序的
t2[mid+1...high]
        self.Merge(t2,t,low,mid,high)   #将 t2[low...mid]和 t2[mid+1..high]归并
到 t[low...high]
```

归并排序的空间复杂度为 O(n)。由于 2 路归并排序过程中所使用的空间过大，因此，它主要被用在外部排序中。2 路归并排序算法需要多次递归调用自己，其递归调用的过程可以构成一个二叉树的结构，它的时间复杂度为 $T(n) \leq n+2T(n/2) \leq n+2*(n/2+2*T(n/4))=2n+4T(n/4) \leq 3n+8T(n/8) \leq ... \leq nlog_2n+nT(1)$，即 $O(nlog_2n)$。2 路归并排序是一种稳定的排序算法。

8.6　基 数 排 序

　　基数排序是一种与前面各种排序方法完全不同的方法，前面的排序方法是通过对元素的关键字进行比较，然后移动元素实现的。而基数排序则不需要进行对关键字进行比较。

8.6.1 基数排序算法

基数排序主要是利用多个关键字进行排序，在日常生活中，扑克牌就是一种多关键字的排序问题。扑克牌有 4 种花色即红桃、方块、梅花和黑桃，每种花色从 A 到 K 共 13 张牌。这 4 种花色就相当于 4 个关键字，而每种花色的 A 到 K 张牌就相当于对不同的关键字进行排序。

基数排序正是借助这种思想，对不同类的元素进行分类，然后对同一类中的元素进行排序，通过这样的一种过程，完成对元素序列的排序。在基数排序中，通常将对不同元素的分类称为分配，排序的过程称为收集。

具体算法思想：假设第 i 个元素 a_i 的关键字 key_i，key_i 是由 d 位十进制组成，即 $key_i=ki^dki^{d-1}…ki^1$，其中 ki^1 为最低位，ki^d 为最高位。关键字的每一位数字都可作为一个子关键字。首先将元素序列按照最低的关键字进行排序，然后从低位到高位直到最高位依次进行排序，这样就完成了排序过程。

例如，一组元素序列的关键字为(334,45,21,467,821,562,342,45)。这组关键字位数最多的是 3 位，在排序之前，首先将所有的关键字都看作是一个 3 位数字组成的数，即 (324,285,021,467,821,562,342,045)。对这组关键字进行基数排序需要进行 3 趟分配和收集。首先需要对该关键字序列的最低位进行分配和搜集，然后对十位数字进行分配和收集，最后是对最高位的数字进行分配和收集。一般情况下，采用链表实现基数排序。对最低位进行分配和收集的过程如图 8.15 所示。其中，列表 f[i]保存第 i 个链表的头指针，列表 r[i]保存第 i 个链表的尾指针。

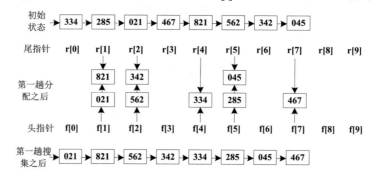

图 8.15　第 1 趟分配和收集过程

对十位数字分配和收集的过程如图 8.16 所示。

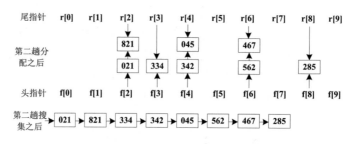

图 8.16　第 2 趟分配和收集过程

对百位数字分配和收集的过程如图 8.17 所示。

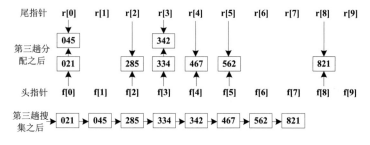

图 8.17　第 3 趟分配和收集过程

经过第 1 趟排序即对个位数作为关键字进行分配后，关键字被分为 10 类，个位数字相同的数字被划分为一类，然后对分配后的关键字进行收集之后，得到以个位数字非递减排序的序列。同理，经过第 2 趟分配和收集后，得到以十位数字非递减排序的序列。经过第 3 趟分配和收集后，得到最终的排序结果。

基数排序的算法主要包括分配和收集。链表类型描述如下：

```
class SListCell:          #链表的结点类型
    def __init__(self,next=None):
        self.key=[]       #关键字
        self.next=next
class SList:
    def __init__(self,keynum=0,length=0):
        self.data=[]                #存储元素,data[0]为头结点
        self.keynum=keynum          #每个元素的当前关键字个数
        self.length=length          #链表的当前长度
```

基数排序的分配算法实现如下：

```
def Distribute(self,data, i, f, r,radix=10):
#为 data 中的第 i 个关键字 key[i]建立 radix 个子表,使同一子表中元素的 key[i]相同
#f[0..radix - 1]和 r[0..radix - 1]分别指向各子表中第一个和最后一个元素
    for j in range(radix):          #将各子表初始化为空表
        f[j]=0
    p=data[0].next
    while p!=0:
        j=int(data[p].key[i])       #将对应的关键字字符转化为整数类型
        if f[j]==0:                 #f[j]是空表,则 f[j]指示第一个元素
            f[j]=p
        else:
            data[r[j]].next=p
        r[j]=p                      #将 p 所指的结点插入第 j 个子表中
        p = data[p].next
```

其中，列表 f[j]和列表 r[j]分别存放第 j 个子表的第一个元素的位置和最后一个元素的位置。基数排序的收集算法实现如下：

```
def Collect(self, data, f, r,radix=10):
#按 key[i]将 f[0..Radix - 1]所指各子表依次链接成一个链表
    j=0
    while f[j]==0:          #找第一个非空子表
        j+=1
    data[0].next=f[j]#data[0].next 指向第一个非空子表中第一个结点
```

```
    t = r[j]
    while j < radix - 1:
        j+=1
        while j < radix-1 and f[j]==0: #找下一个非空子表
            j+=1
        if f[j]:                    #将非空链表连接在一起
            data[t].next=f[j]
            t=r[j]
    data[t].next = 0      #t指向最后一个非空子表中的最后一个结点
```

基数排序通过多次调用分配算法和收集算法，从而实现排序，其算法实现如下：

```
def RadixSort(self,radix=10):
#对L进行基数排序，使得L成为按关键字非递减的链表，L.r[0]为头结点
    f=[]
    r=[]
    for j in range(radix):             #将各个子表初始化为空表
        f.append(0)
    for j in range(radix):             #将各个子表初始化为空表
        r.append(0)
    for i in range(self.keynum):       #由低位到高位依次对各关键字进行分配和收集
        self.Distribute(self.data, i, f, r)      #第i趟分配
        self.Collect(self.data, f, r)            #第i趟收集
        print("第%d趟收集后:"%(i + 1))
        self.PrintList2()
```

容易看出，基数排序需要 2*Radix 个队列指针，分别指向每个队列的队头和队尾。假设待排序的元素为 n 个，每个元素的关键字为 d 个，则基数排序的时间复杂度为 $O(d*(n+Radix))$。

8.6.2　基数排序应用举例

【例 8.5】一组元素序列的关键字为(268,126,63,730,587,184)，使用基数排序对该元素序列排序，并输出每一趟基数排序的结果。

分析：主要考察基数排序的算法思想。基数排序就是利用多个关键字先进行分配，然后再对每趟排序结果进行收集，通过多趟分配和收集后，得到最终的排序结果。十进制数有 0~9 共十个数字，利用 10 个链表分别存放每个关键字各个位为 0~9 的元素，然后通过收集，将每个链表连接在一起，构成一个链表，通过 3 次（因为最大关键字是 3 位数）分配和收集就完成了排序。

基数排序采用链表实现，算法的完整实现包括 3 个部分：基数排序的分配和收集算法、链表的初始化、测试代码部分。

1. 分配和收集算法

这部分主要包括基数排序的分配、收集。因为关键字中最大的是 3 位数，因此需要进行 3 趟分配和收集。其相关的实现代码如下：

```
def Distribute(self,data, i, f, r,radix=10):
#为data中的第i个关键字key[i]建立radix个子表，使同一子表中元素的key[i]相同
#f[0..radix - 1]和r[0..radix - 1]分别指向各个子表中第一个和最后一个元素
    for j in range(radix):            #将各个子表初始化为空表
        f[j]=0
```

```
        p=data[0].next
        while p!=0:
            j=int(data[p].key[i])          #将对应的关键字字符转化为整数类型
            if f[j]==0:                     #f[j]是空表，则 f[j]指示第一个元素
                f[j]=p
            else:
                data[r[j]].next=p
            r[j]=p                          #将 p 所指的结点插入第 j 个子表中
            p = data[p].next
    def Collect(self, data, f, r,radix=10):
        #按 key[i]将 f[0..Radix - 1]所指各子表依次链接成一个链表
        j=0
        while f[j]==0:                      #找第一个非空子表
            j+=1
        data[0].next=f[j]                   #data[0].next 指向第一个非空子表中第一个结点
        t = r[j]

        while j < radix - 1:
            j+=1
            while j < radix-1 and f[j]==0:       # 找下一个非空子表
                j+=1
            if f[j]:                        #将非空链表连接在一起
                data[t].next=f[j]
                t=r[j]
        data[t].next = 0                    #t 指向最后一个非空子表中的最后一个结点
```

2. 链表的初始化

这部分主要包括链表的初始化，主要功能包括：（1）求出关键字最大的元素，并通过该元素值得到子关键字的个数，通过对数函数实现；（2）将每个元素的关键字转换为字符类型，不足的位数用字符"0"补齐，子关键字即元素的关键字的每个位的值存放在 key 域中；（3）将每个结点通过链域链接起来，构成一个链表。

链表的初始化代码如下：

```
def InitList(self, a, n):
#初始化链表
    ch=[]
    max = a[0]
    for i in range(1,n):                    #将最大的关键字存入 max
        if max < a[i]:
            max=a[i]
    self.keynum=(int)(math.log10(max))+1    #求子关键字的个数
    self.length=n                           #待排序个数
    slistnode=SListCell()
    self.data.append(slistnode)
    for i in range(1,n+1):
        ch=str(a[i-1])                      #将整型转化为字符，并存入 ch
        for j in range(len(ch),self.keynum):   #如果 ch 的长度<max 的位数,则在 ch 前补'0'
            ch='0'+ch
        slistnode=SListCell()
        for j in range(self.keynum):        #将每个关键字的各个位数存入 key
            slistnode.key.append(ch[self.keynum-1-j])
        self.data.append(slistnode)
    for i in range(self.length):            # 初始化链表
```

```
        self.data[i].next=i+1
    self.data[self.length].next=0
```

3. 测试代码

```
if __name__=='__main__':
    d = [268, 126, 63, 730, 587, 184]
    N=6
    L=SList()
    L.InitList(d, N)
    print("待排序元素个数是%d个，关键字个数为%d个"%(L.length, L.keynum))
    print("排序前的元素:")
    L.PrintList2()
    L.RadixSort( )
    print("排序后元素:")
    L.PrintList2()
def PrintList2(self):            #按链表形式输出链表
    i = L.data[0].next
    while i!=0:
        for j in range(self.keynum-1,-1,-1):
            print("%c"%self.data[i].key[j],end='')
        print("",end=' ')
        i=L.data[i].next
    print()
def PrintList(self):            #按列表序号形式输出链表
    print("序号 关键字 地址")
    for i in range(1,self.length+1):
        print("%2d    "%i,end='')
        for j in range(self.keynum-1,-1,-1):
            print("%c"%L.data[i].key[j],end='')
        print("    %d"%self.data[i].next)
```

程序运行结果如图 8.18 所示。

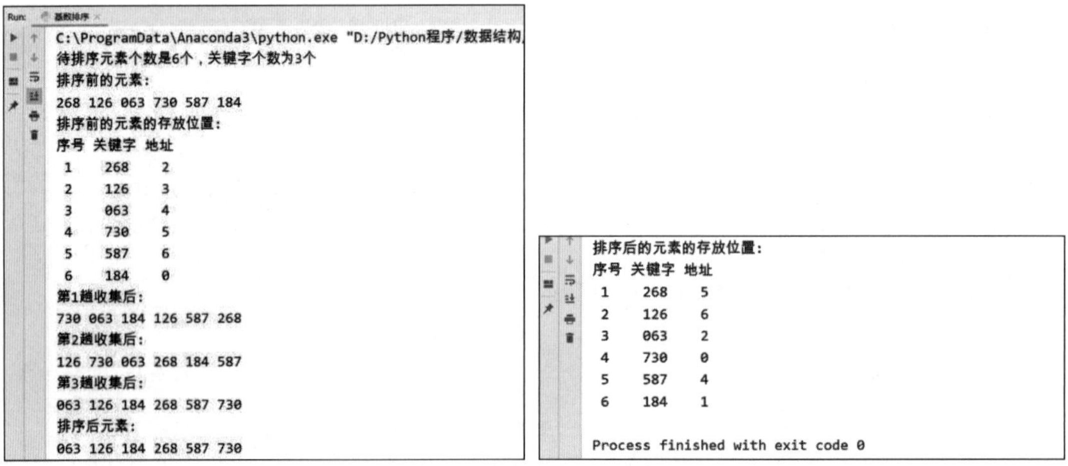

图 8.18　程序运行结果

思政元素： 归并排序通过选择增量，使当前元素子序列是有序的，通过不断缩小增量，直至增量为 1，使最终的元素序列有序。基数排序分布对百、十、个位上的数字进行分配和收集，最终使元素有序。这些排序算法先将原问题划分为子问题，分别对子问题进行排序，然后合并子问题，从而得到最终的排序结果。这充分说明了整体与部分的辩证关系，理解整体与部分的辩证关系，有利于分析并解决实际问题。

8.7　小　结

在计算机的非数值处理中，排序是一种非常重要且最为常用的操作。根据排序使用内存储器和外存储器的情况，可将排序分为内排序和外排序两种。待排序的数据量不是特别大的情况，一般采用内排序；反之，则采用外排序。衡量排序算法的主要性能是时间复杂度、空间复杂度和稳定性。

根据排序所采用的方法，内排序可分为插入排序、选择排序、交换排序、归并排序和基数排序。其中，插入排序可以分为直接插入排序、折半插入排序和希尔排序。直接插入排序的算法实现最为简单，其算法的时间复杂度在最好、最坏和平均情况下都是 $O(n^2)$，空间复杂度为 $O(1)$，是一种稳定的排序算法。希尔排序的平均时间复杂度是 $O(n^{1.3})$，空间复杂度为 $O(1)$，是一种不稳定的排序算法。

选择排序可分为简单选择排序、堆排序。简单选择排序算法的时间复杂度在最好、最坏和平均情况下都是 $O(n^2)$，而堆排序的时间复杂度在最好、最坏和平均情况下都是 $O(n\log_2 n)$。两者的空间复杂度都是 $O(1)$。

交换排序可分为冒泡排序和快速排序。冒泡排序在最好的情况下，即在已经有序的情况下，时间复杂度为 $O(n)$。其他情况下时间复杂度为 $O(n^2)$，空间复杂度为 $O(1)$，它是一种稳定的排序算法。快速排序在最好和平均情况下，时间复杂度为 $O(n\log_2 n)$，在最坏情况下时间复杂度为 $O(n^2)$。其空间复杂度为 $O(\log_2 n)$，它是一种不稳定的排序算法。

归并排序是将两个或两个以上的元素有序序列组合，使其成为一个有序序列。其中最为常用的是 2 路归并排序。归并排序在最好、最坏和平均情况下，时间复杂度均为 $O(n\log_2 n)$，其空间复杂度为 $O(n)$，它是一种稳定的排序算法。

基数排序则是一种不需要进行对关键字进行比较的排序方法。基数排序在任何情况下，时间复杂度均为 $O(d(n+rd))$，空间复杂度为 $O(n+rd)$，也是一种稳定的排序算法。

各种排序算法的综合性能比较如表 8.1 所示。

表8.1　各种排序算法的性能比较

排序方法	平均时间复杂度	最好情况下时间复杂度	最坏时间复杂度	辅助空间	稳定性
直接插入排序	$O(n^2)$	$O(n)$	$O(n^2)$	$O(1)$	稳定
折半插入排序	$O(n^2)$	$O(n\log_2 n)$	$O(n^2)$	$O(1)$	稳定
希尔排序	$O(n^{1.3})$	——	——	$O(1)$	不稳定
冒泡排序	$O(n^2)$	$O(n)$	$O(n^2)$	$O(1)$	稳定
快速排序	$O(n\log_2 n)$	$O(n\log_2 n)$	$O(n^2)$	$O(\log_2 n)$	不稳定
简单选择排序	$O(n^2)$	$O(n^2)$	$O(n^2)$	$O(1)$	稳定
堆排序	$O(n\log_2 n)$	$O(n\log_2 n)$	$O(n\log_2 n)$	$O(1)$	不稳定
归并排序	$O(n\log_2 n)$	$O(n\log_2 n)$	$O(n\log_2 n)$	$O(n)$	稳定
基数排序	$O(d(n+rd))$	$O(d(n+rd))$	$O(d(n+rd))$	$O(n+rd)$	稳定

从时间耗费上来看，快速排序、堆排序和归并排序最佳，但是快速排序在最坏情况下的时间耗费不如堆排序和归并排序。归并排序需要使用大量的存储空间，比较适合于外部排序。堆排序适合数据量较大的情况，直接插入排序和简单选择排序适合数据量较小的情况。基数排序适合数据量较大，而关键字的位数较小的情况。

从稳定性上来看，直接插入排序、折半插入排序、冒泡排序、简单选择排序、归并排序和基数排序是稳定的，希尔排序、快速排序、堆排序都是不稳定的。稳定性主要取决于排序的具体算法，通常情况下，对两个关键字相邻进行比较的排序方法都是稳定的，反之，则是不稳定的。每种排序方法都有各自的适用范围，各有所长，各有所短，在选择排序算法时，要根据具体情况进行选择。

8.8 习 题

一、选择题

1. 若需要在 $O(n\log_2 n)$ 的时间内完成对数组的排序，且要求排序是稳定的，则可选择的排序方法是（　　）。

  A. 快速排序　　　　　B. 堆排序　　　　　C. 归并排序　　　　　D. 直接插入排序

2. 下列排序方法中（　　）方法是不稳定的。

  A. 冒泡排序　　　　　B. 选择排序　　　　　C. 堆排序　　　　　D. 直接插入排序

3. 一个序列中有 10000 个元素，若只想得到其中前 10 个最小元素，则最好采用（　　）方法。

  A. 快速排序　　　　　B. 堆排序　　　　　C. 插入排序　　　　　D. 归并排序

4. 一组待排序序列为(46,79,56,38,40,84)，则利用堆排序的方法建立的初始堆为（　　）。

  A. 79,46,56,38,40,80　　　　　　　　B. 84,79,56,38,40,46

  C. 84,79,56,46,40,38　　　　　　　　D. 84,56,79,40,46,38

5. 快速排序方法在（　　）情况下最不利于发挥其长处。

  A. 要排序的数据量太大　　　　　　　B. 要排序的数据中有多个相同值

  C. 要排序的数据已基本有序　　　　　D. 要排序的数据个数为奇数

6. 排序时扫描待排序记录序列，顺次比较相邻的两个元素的大小，逆序时就交换位置，这是（　　）排序的基本思想。

  A. 堆排序　　　　B. 直接插入排序　　　　C. 快速排序　　　　D. 冒泡排序

7. 在任何情况下，时间复杂度均为 $O(n\log n)$ 的不稳定的排序方法是（　　）。

  A.直接插入　　　　B. 快速排序　　　　C. 堆排序　　　　　D. 归并排序

8. 如果将所有中国人按照生日来排序，则使用（　　）算法最快。

  A. 归并排序　　　B. 希尔排序　　　　C. 快速排序　　　　D. 基数排序

9. 在对 n 个元素的序列进行排序时，堆排序所需要的附加存储空间是（　　）。

A. O(log₂n)   B. O(1)   C. O(n)   D. O(nlog₂n)

10. 用某种排序方法对线性(25,84,21,47,15,27,68,35,20)进行排序时，元素序列的变化情况如下：

（1）25,84,21,47,15,27,68,35,20

（2）20,15,21,25,47,27,68,35,84

（3）15,20,21,25,35,27,47,68,84

（4）15,20,21,25,27,35,47,68,84

则所采用的排序方法是（   ）。

A. 选择排序   B. 希尔排序   C. 归并排序   D. 快速排序

11. 设有 1024 个无序的元素,希望用最快的速度挑选出其中前 5 个最大的元素,最好选用(   )。

A. 冒泡排序   B. 选择排序   C. 快速排序   D. 堆排序

12. 已知关键字序列 5、8、12、19、28、20、15、22 是小根堆，插入关键字 3，调整后得到的小根堆是（   ）。

A. 3、5、12、8、28、20、15、22、19

B. 3、5、12、19、20、15、22、8、28

C. 3、8、12、5、20、15、22、28、19

D. 3、12、5、8、28、20、15、22、19

二、综合题

1. 写出用直接插入排序将关键字序列{54,23,89,48,64,50,25,90,34}排序过程的每一趟结果。

2. 设待排序序列为{10,18,4,3,6,12,1,9,15,8}，请写出希尔排序每一趟的结果。增量序列为 5,3,2,1。

3. 已知关键字序列{418,347,289,110,505,333,984,693,177}，按递增排序，求初始堆（画出初始堆的状态）。

4. 有一关键字序列(265,301,751,129,937,863,742,694,076,438)，写出希尔排序的每趟排序结果。（取增量为 5、3、1）

5. 对关键子序列(72,87,61,23,94,16,05,58)进行堆排序，使之按关键字递减次序排列（最小堆），请写出排序过程中得到的初始堆和前三趟的序列状态。

三、算法设计题

1. 给定两个有序表 A=(4,8,34,56,89,103)和 B=(23,45,78,90)，编写一个算法，将其合并为一个有序表 C。

2. 采用链表作为存储结构,请编写冒泡排序算法,对元素的关键字序列(25,67,21,53,60,103,12,76}进行排序。

3. 采用非递归算法实现快速排序算法,对元素的关键字序列(34,92,23,12,60,103,2,56}进行排序。

4. 利用链表对给定元素的关键字序列(45,67,21,98,12,39,81,53)进行选择排序。

5. 利用链表对给定元素的关键字序列(87,34,22,93,102,56,39,21)进行插入排序。

参 考 文 献

[1] 严蔚敏. 数据结构[M]. 北京：清华大学出版社，2001.

[2] 耿国华. 数据结构[M]. 北京：高等教育出版社，2005.

[3] 李春葆. 数据结构程序设计题典[M]. 北京：清华大学出版社，2017.

[4] RobertSedgewick 著，谢路云译. 算法（第 4 版）[M]. 北京：人民邮电出版社，2017.

[5] 陈锐. 数据结构[M]. 北京：机械工业出版社，2020.

[6] 朱站立. 数据结构[M]. 西安：西安电子科技大学出版社，2003.

[7] 徐塞红. 数据结构考研辅导[M]. 北京：邮电大学出版社，2002.

[8] 陈锐. 数据结构与算法详解[M]. 北京：人民邮电出版社，2021.

[9] 董付国. Python 程序设计基础与应用[M]. 北京：机械工业出版社，2018.

[10] 杨明，杨萍. 研究生入学考试要点、真题解析与模拟考卷[M]. 北京：电子工业出版社，2003.

[11] 陈锐. 数据结构习题精解（C 语言实现+微课视频）[M]. 北京：清华大学出版社，2021.

[12] 张光河. 数据结构——Python 语言描述[M]. 北京：人民邮电出版社，2018.

[13] 陈守礼，胡潇琨，李玲. 算法与数据结构考研试题精析（第 2 版）[M]. 北京：机械工业出版社，2009.

[14] 陈锐. 零基础学数据结构（第 2 版）[M]. 北京：机械工业出版社，2014.

[15] 李春葆，尹为民，蒋晶珏. 数据结构联考辅导教程[M]. 北京：清华大学出版社，2011.

[16] Cormen T. H. 潘金贵译. 算法导论（原书第 2 版）[M]. 北京：机械工业出版社，2006.

[17] Robert Sedgewich 著. 霍红卫译. 算法：C 语言实现（第 1~4 部分）基础知识、数据结构、排序及搜索[M]. 北京：机械工业出版社，2009.

[18] Donald E.Knuth 著.计算机程序设计艺术 卷 1：基本算法（英文版 第 3 版） [M]. 北京：人民邮电出版社，2010.